색맹의 섬

The Island of the Colorblind

색맹의 섬

Oliver Sacks

올리버 색스 이민아 옮김

차례

2부 소철 섬 · 119

괌

머리말
어느 자연주의자의 우연한 여행

이 책은 사실 두 권으로, 두 차례의 미크로네시아 여행을 각각 기록한 별개의 이야기다. 불시에 이루어진 이들 섬 방문은 어떤 프로그램이나 계획의 일부도 아니고, 어떤 논문을 증명 혹은 반증하려는 것도 아닌, 순수하게 관찰을 위한 것이었다. 충동적이고 무계획한 여행이었지만 섬에서 얻은 경험은 강렬하고 풍부했으며, 계속해서 내가 상상도 하지 못한 방향으로 가지를 쳐나갔다.

나는 신경의神經醫 혹은 신경인류학자로서 희귀한 풍토병(핀지랩과 폰페이에서는 유전적 전색맹, 괌과 로타에서는 치명적인 진행성 신경퇴행성 장애)에 주민 개개인이 그리고 공동체 전체가 어떻게 대응하는지 보고 싶었다. 그러나 나는 이들 섬의 문화와 역사, 이곳에서만 서식하는 동식물군, 독특한 지질학적 기원에도 마음을 빼앗겼다. 환자를 만나고 고고학 유적지를 방문하고 열대우림 속을 거닐고 암초 밑을 헤엄쳐다니는 것이 처음에는 서로 관련이 없는 것 같았지만, 점차 어느 것 하나 따로 떼어낼 수 없는 하나의 경험으로, 섬의 삶 자체로 녹아들었다.

그러나 그 행위들의 연관성과 의미(혹은 의미의 일부)는 여행에서 돌아와 그 경험을 회상하고 또 곰곰 생각하면서 비로소 명확하게 보이기 시작했던 것 같다. 그러면서 그 경험을 글로 옮기고 싶은 충동이 일어났다. 지난 몇 달 동안 글을 쓰면서 나는 기억 속에서 그 섬들을 다시 찾을 수 있었고, 또 그래야 했다. 기억이란 에들먼의 말마따나 단순히 사실을 기록하고 재생하는 것만이 아니라 범주를 재구성—자신의 가치관과 관점에 따라 새로이 구성하고 상상—하는 능동적인 행위인즉 나는 기억 속에서 이 여행을 재창조했으며, 어찌 보면 내가 평생 간직해온 섬 사랑, 섬 식물 사랑에 심취하여 이들 섬을 괴짜스러울 수도 있는 내 개인 취향에 끼워 맞춰 바라봤을지도 모르겠다.

나는 아주 어려서부터 동물과 식물을 유달리 좋아했는데, 처음 이러한 생명 사랑을 키워준 것은 어머니와 이모였고, 다음으로는 내가 좋아하던 선생님들 그리고 그런 열정을 함께했던 학교 친구들(에릭 콘, 조너선 밀러, 딕 린덴바움)이었다. 우리는 채집통을 둘러메고 식물을 채집하러 나갔고, 이른 아침 냇물 탐험을 나가기도 했고, 해마다 봄철에는 보름간 밀포트로 해양식물 탐사를 나가곤 했다. 우리는 좋은 책을 찾아내 돌려 읽기도 했다. 내가 좋아하는 슈트라스부르거의 《식물학 교과서A Text-Book of Botany》를 1948년에 조너선에게서 빌려 (책날개부터) 읽었고, 그때 이미 애서가였던 에릭에게서 셀 수도 없이 많은 책을 빌려 읽었다. 우리는 동물원에서, 큐 식물원에서, 자연사박물관에서 많은 시간을 보냈고, 그럴 때마다 우리는 자연학자가 되어 리전트공원, 큐, 사우스켄싱턴에서 한 발짝도 밖으로 나가지 않은 채 우리가 좋아하는 섬들로 여행을 떠나곤 했다.

세월이 흘러 조너선은 편지에 그 시절 우리의 열정 그리고 그 시절을 풍미했던 빅토리아 시대풍 분위기를 회고했다. "그 먹물빛 시대가 몹시도 그립다네. … 사람들이나 가구나 이렇게 요란한 색깔에다 깨끗하기만 한 것을 보면 한탄이 절로 나와. 그 모든 곳을 1876년의 투박한 흑백풍에다 통째로 담갔다 꺼내고픈 마음이 얼마나 간절한지 모른다네."

에릭도 비슷한 마음이었고, 이것이 분명 그가 글쓰기와 책 수집과 매매를 생물학에 접맥해 다윈에 대한, 그리고 생물학과 자연과학의 역사 전체를 아우르는, 방대한 지식을 갖춘 고서적상이 된 한 가지 연유일 것이다. 우리는 모두 마음속 깊숙이 빅토리아 시대풍 자연주의자였다.

그러고 나서 미크로네시아 여행에 관한 글을 쓰면서, 나와 40년 동안 함께해왔던 옛 책들, 오랜 관심사들과 열정들을 돌이켜보았고 그것은 뒤이어 갖게 되었던 관심사들, 말하자면 의사로서의 본분과 결합되었다. 식물학과 의학은 완전히 무관하지는 않다. 최근에 알고서 기뻤던 일이 있는데, 영국 신경학의 아버지 W. R. 고어스가 이끼에 관한 짧은 식물학 논문을 쓴 적이 있다는 것이다. 맥도널드 크리츨리는 고어스의 전기에서 "그는 환자의 머리맡에서도 자연사가로서 솜씨를 발휘했다. 그에게 신경계통 질환은 열대밀림에 서식하는 식물과도 같았다"고 서술했다.

나는 이 책을 쓰면서 내 전공이 아닌 많은 영역을 넘나들며 많은 이로부터 도움을 받았는데, 특히 미크로네시아, 괌, 로타, 핀지랩, 폰페이의 많은 환자, 과학자, 의사, 식물학자 들에게 큰 신세를 졌다. 그 가운데 이 여행의 많은 부분에서 나와 함께했던 크누트 노르드뷔, 존 스틸, 봅 와서먼에게 특히 감사한다. 태평양에서 나를 반겨준 이들 가운데 특히 울라 크레이그, 그렉 데버, 델리다 아이작, 메이 오카히로, 빌

펙, 필 로베르토, 줄리아 스틸, 알마 반 더 벨데, 마조리 위팅에게 감사
드리며, 색맹과 핀지랩에 관한 이야기를 들려준 마크 퍼터먼, 제인 허
드, 캐서린 드 로라, 이렌 모메니, 존 몰런, 브리트 노르드뷔, 슈워츠 가
족, 어윈 시걸에게도 감사드린다. 특히나 크누트를 소개해주고 핀지랩
여행에 필요한 색안경과 장비를 준비하는 데 소중한 조언을 아끼지 않
았을 뿐만 아니라 자신의 색맹 경험을 기꺼이 이야기해준 프랜시스 퍼
터먼에게 특별한 감사의 인사를 보낸다.

또한 수 대니얼, 랠프 가루토, 칼턴 가이두섹, 히라노 아사오, 레
너드 컬랜드, 앤드루 리스, 도널드 멀더, 피터 스펜서, 버트 위더홀트,
해리 짐머먼 등 지난 시기 괌병 연구에 기여했던 연구자들에게도 도움
을 받았다. 그 밖에도 친구이자 동료인 케빈 케이힐(내가 섬에서 아메바증
에 걸렸을 때 치료해주었다), 엘리자베스 체이스, 존 클레이, 앨런 퍼벡, 스
티븐 제이 굴드, G. A. 홀런드, 이자벨 레이핀, 게이 색스, 허브 숌버그,
랠프 시걸, 패트릭 스튜어트, 끝으로 폴 서루에게서도 여러 방면에서
도움을 받았다.

나의 미크로네시아 방문은 1994년에 우리와 동행하여 처음부터
끝까지 함께했던 (그리고 녹록지 않은 환경에서도 많은 부분을 영상에 담았던)
다큐멘터리 영화 제작진 덕분에 아주 풍부해질 수 있었다. 에마 크라
이턴밀러가 먼저 이 지역 섬들과 여기 사람들을 꼼꼼하게 조사했고,
제작과 감독을 맡은 크리스 롤런스는 감수성 넘치면서도 대단히 지적
인 영화를 만들어냈다. 제작진(크리스와 에마, 데이비드 바커, 그렉 베일리, 소
피 가디너, 로빈 프로빈)은 뛰어난 능력과 우애로써 그리고 무엇보다도 친
구로서 우리의 여정에 활기를 불어넣었고, 그 이후 지금까지 다른 많
은 모험에도 나와 함께해오고 있다.

집필과 출판 과정에 도움을 주었던 니콜러스 블레이크, 수전 글

럭, 재키 그레이엄, 셸리 헤이건, 캐럴 하비, 클로딘 오헤언, 헤더 슈로더에게 감사하며, 특히나 예리한 판단력과 노련한 솜씨로 편집을 지휘했던 후안 마르티네스에게 감사한다.

이 책은 1995년 7월에 단숨에 썼지만 다 쓰고 나니 생각이, 제멋대로인 소철처럼, 사방팔방으로 곁가지가 뻗어나갔다. 그 곁가지의 분량이 원래 원고에 맞먹을 덩치가 되자 나는 그것이 본문에 방해가 되어서는 안 된다는 생각으로 책 뒤에 후주로 달았다. 어떤 것을 살리고 어떤 것을 빼야 할지, 다섯 부분으로 이루어진 이 이야기를 어떻게 구성할 것인지 하는 복잡한 문제는 케이트 에드거와 노프의 편집자 댄 프랭크의 예리한 판단력에 크게 신세를 졌다.

나는 토비어스 피커판《마귀의 주문에 걸린 섬The Encantadas》에 단단히 신세를 졌다. 피커의 음악과 멜빌의 글과 길구드의 목소리의 결합은 내 마음을 교란시키면서도 신비로운 생각에 빠져들게 했으며, 글을 쓰다가 기억이 나지 않을 때마다 이 곡은 흡사 프루스트적 기억술을 발휘하여 나를 마리아나제도와 캐롤라인제도로 데려다주곤 했다.

식물학적 주제, 특히 주로 양치류와 소철류 관련 문제에 전문 지식과 열정을 쏟아준 미크로네시아의 톰 미런다, 모비 와인스타인, 빌 레이너, 린 롤러슨, 애그니스 라인하트, 마이애미 페어차일드 열대식물원의 척 허버크, 뉴욕 식물원의 존 미켈과 데니스 스티븐슨에게도 고마운 마음을 전한다. 끝으로, 이 책의 원고를 처음부터 끝까지 꼼꼼하게 읽어준 스티븐 제이 굴드와 에릭 콘에게도 고마운 마음을 전한다. 지난 세월 나의 온 방면의 과학적 열정에 동반자가 되어준 가장 가깝고 가장 오랜 친구 에릭에게 이 책을 바친다.

O. W. S.

1996년 8월 뉴욕에서

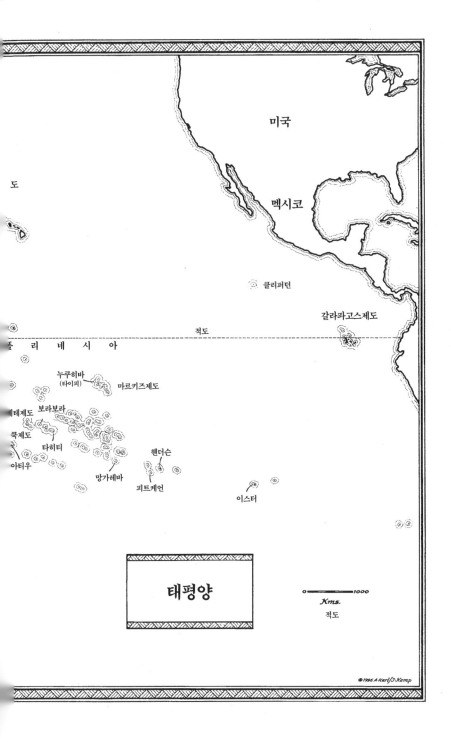

미국

멕시코

도

클리퍼턴

갈라파고스제도

적도

폴 리 네 시 아

누쿠히바
(타이피)   마르키즈제도

테제도   보라보라

쿡제도

타히티   헨더슨

아티우

망가레바

피트케언

이스터

태평양

0 ━━━━━━ 1000
Kms.
적도

© 1996 A-Karl/J-Kemp

1부

색맹의 섬

어른이라곤 보이지 않아 한순간 핀지랩이 어린이들의 섬인가 생각했다. 그리고 이 첫 대면의 순간, 아이들이 숲에서 튀어나오고 몇몇은 어깨동무를 하고 열대 초목은 사방으로 무성해서 그걸 바라보느라 길어진 첫 만남을 통해, 나는 원시의 사람과 자연의 아름다움에 사로잡혔다. 내 안에서 사랑이 물결쳤다. 이 아이들에게, 이 숲에, 이 섬에, 이 모든 광경에. 이곳은 낙원이었고, 이 순간은 마법에 가까운 현실이었다. 나는 다 왔다고 생각했다. 드디어 왔다고. 남은 인생을 여기서 살고 싶었다. 잘하면 이렇게 아름다운 아이들도 몇 얻고.

섬 돌이

섬에 매혹되다

나는 섬이라면 무작정 마음을 빼앗기곤 했다. 아마 누구라도 그러하리라. 내가 기억하는 첫 휴가는 와이트섬에 간 것이었고, 그때 나는 겨우 세 살이었다. 기억에 남아 있는 것은 편린들뿐이다. 색색의 모래 벼랑과 경이로운 바다는 난생처음 경험하는 것이었고, 그 고요함과 잔잔하게 일렁이던 물결과 아늑함에 나는 넋을 잃었으며, 바람이 몰아칠 때는 그 난폭함에 두려워 떨었다. 아버지는 내가 태어나기 전에 와이트섬 완주 수영 시합에서 일등 한 적이 있다고 말씀하셨는데 그 이야기를 듣고 난 뒤로는 아버지가 어떤 거인, 영웅같이 보였다.

섬과 바다, 배, 뱃사람 이야기는 아주 어릴 적부터 내 의식에 자리를 잡았다. 어머니는 쿡 선장, 마젤란과 타스만과 댐피어, 부갱빌에 대해서 그리고 그들이 발견한 모든 섬과 사람들에 대해서 이야기해주었고, 지구본에서 그 섬들이 어디 있는지 손으로 짚어 보여주시곤 했다. 나에게 섬은 외지고 수수께끼 같고 강렬한 매력을 지녔으면서도 동시에 두려움을 일으키는 특별한 곳이었다. 나는 어린이 백과사전에서 이스터섬 사람들이 그 섬에서 빠져나갈 힘을 잃고 다른 세계와 완전히 단절되어 철저히 고립된 채 죽어갈 수밖에 없었다는 이야기, 그 거대한 눈먼 조각상들이 바다를 바라보는 그림을 보면서 무서워 벌벌 떨던 일을 기억한다.[1]

나는 책에서 배가 난파당해 표류하게 된 사람들, 무인도, 죄수의 섬, 문둥이 섬 이야기를 읽었다. 코넌 도일의 《잃어버린 세계》를 읽고 공룡과 쥐라기 생물체가 가득한 남아메리카의 고립된 고원에서 벌어지는 모험 이야기에 홀딱 빠졌다. 사실 그 고원은 시간이 흐르면서 고립된 섬이 되었다(나는 그 책을 달달 욀 정도로 읽었고, 나중에 커서 챌린저 교수 같은 사람이 되겠노라 꿈꾸었다).

나는 다른 사람들이 지어낸 이야기를 쉽사리 내 것으로 받아들이는, 감수성 넘치는 아이였다. 특히 강력했던 것은 H. G. 웰스였다. 모든 무인도가 내게는 아이피오르니스섬이었고, 악몽일 때는 모로 박사의 섬이 되었다. 나중에 허먼 멜빌과 로버트 루이스 스티븐슨을 읽을 때는 머릿속에서 현실과 공상이 뒤죽박죽이 되어버렸다. 마르키즈제도가 실제로 있었나? 《오무Omoo》와 《타이피족Typee》은 진짜 있었던 모험 이야기였나? 내가 가장 헷갈린 것은 갈라파고스에 관한 이야기들이었는데, 다윈을 읽기 전까지는 거기가 전부 멜빌의 "마귀의 주문에 걸린" 섬인 줄로만 알았다.

조금 더 커서는 사실적이고 과학적인 이야기─다윈의 《비글호 항해기》, 월리스의 《말레이제도》 그리고 내가 제일 좋아하던 홈볼트의 《나의 이야기Personal Narrative》(테네리페에 있는 6,000년 묵은 용혈수 이야기를 특히 좋아했다)─가 내 독서 생활을 지배하게 되었는데, 그러면서 자라난 과학적 호기심이 낭만적이고 신화적이고 신비로운 이야기에 대

한 관심을 눌러버렸다.[2]

섬이란 말하자면 자연의 실험실로, 독특한 생물들의 보고라는 지리적인 특성으로 축복 혹은 저주를 받은 장소다. 마다가스카르의 다람쥐원숭이와 포토원숭이, 늘보원숭이, 여우원숭이와 갈라파고스의 코끼리거북이 그리고 뉴질랜드의 날지 못하는 거대한 새들, 이 모두가 자기들만의 고립된 서식지에서 독립된 진화의 길을 걸어온 단독 종 혹은 속이다.[3] 나는 다윈의 일기에 나온 한 문장을 보고 이상하게도 기분이 좋았는데, 오스트레일리아에서 캥거루를 한 마리 보고는 그것이 얼마나 기이하고 이국적이었는지 혹시 그것이 제2의 천지창조를 상징하는 것은 아닐까 의아했다는 이야기였다.[4]

색깔 없는 세상에서 산다는 것

어렸을 때 나는 편두통으로 시각 이상을 겪었다. 그럴 때면 눈앞에 별이 보이고 시야에 이상이 생기는 전형적인 증상뿐만 아니라 색각에도 이상이 생겼는데, 몇 분 동안 색각이 약해지거나 아니면 완전히 사라지는 증상이었다. 이런 증상을 겪을 때면 겁이 나면서도 한편으로는 몇 분 동안이 아니라 영원히 아무런 색깔 없는 세상을 사는 건 어떤 느낌인지 알고 싶어 애가 닳기도 했다. 결국 오랜 세월이 지나서야 한 환자에게서 부분적이나마 한 가지 답을 얻었는데, 그는 교통사고를 당하고(아마도 그때 뇌출혈을 일으켰을 것이다) 나서 완전히 색맹이 된 화가였다. 그가 색각을 잃어버린 것은 안구가 아니라 색각을 '구성하는' 뇌 부위에 손상이 일어난 때문으로 보였다. 그는 색을 보는 능력만이 아니라 색을 상상하거나 기억하는 능력까지, 심지어는 색을 꿈에서 보는 능력까지 상실한 것으로 보였다. 그럼에도, 기억상실증이 그렇듯이, 자신이 평생 빛깔을 보다가 어느 순간 그 능력을 잃어버렸다는 사실을 의식하면서 자신의 세계가 빈약해지고 괴기스러워지고 비정상이 된 것 같다는 느낌이 든다고 호소했다. 자기가 그리는 그림과 먹는 음식, 심지어 아내마저 '납빛'으로 보인다면서. 그러나 그가 느끼는 것은 색맹이 느끼는 것과 비슷한 듯했지만 전혀 달랐다. 그러니까 색이란 것을 생전 본 적이 없다는 것, 색의 근본적인 성질에 대한 최소한의 느낌이며 이 세계에서 빛깔이 의미하는 바 등을 알지 못한다는 것은 어떤 걸까 하는 궁금증은 이 환자를 만나고 나서도 풀리지 않았다.

 망막세포의 결함에서 오는 색맹은 대부분이 부분색맹이며 일부 유형은 아주 흔하다. 적록색맹은 대략 남성 20명당 한 명꼴로 나타난다(여성은 훨씬 드물다). 그러나 선천적인 전색맹은 극히 드물어서 3~4만 명당 한 명꼴밖에 되지 않는다. 저 완전한 색맹으로 태어난 사람들이 보는 세계는 어떤 것일까? 그 사람들은 뭔가가 부족하다는 것 자체를 느끼지 못하는 걸까? 그들도 우리가 보는 세계 못지않게 강렬하고 활기 넘치는 세계를 갖고 있을까? 어쩌면 그들은 명암과 질감과 움직임과 깊이를 뚜렷이 인지하는 능력이 더욱 발달하여 어떤 면에서는 우리 것보다 더 강렬한 세계, 실체가 강조된 세계—우리로서는 위대한 흑백사진 작품 안에 담긴 울림을 통해서 어렴풋이 알아챌 수밖에 없는 세계—에 사는 것은 아닐까? 어쩌면 그들은 눈에 보이는 세계의 사소한 것, 하나 마나 한 것에나 한눈을 파는 우리를 도리어 이상하게 여기는 것은 아닐까? 완전한 색맹으로 태어난 사람을 본 적이 없으니, 나로서는 그저 짐작만 할 따름이었다.

장님의 골짜기, 귀머거리의 섬

 H. G. 웰스의 많은 단편소설이 공상 작품이지만 내게는 일련의 신경장애와 정신장애에 관한 은유로도 읽힌다. 내가 제일 좋아했던 작

품 중에 〈눈먼 이들의 나라Country of the Blind〉가 있는데, 어느 길 잃은 여행자가 잘못해서 남아메리카의 외딴 골짜기로 흘러들어갔다가 기이하게 '알록달록한' 그 마을의 가옥에 매료되었다. 그는 집을 저렇게 지은 사람들은 시 박쥐나 다름없는 장님들일 거라고 생각했다. 그리고 머잖아 그 생각이 사실임을 알게 되는데, 실로 마을 사람 전체가 다 장님이었던 것이다. 그는 그들이 실명한 것이 300년 전에 돌았던 어떤 질병 때문이며, 세월이 흐르면서 무언가를 본다는 개념 자체가 사라졌음을 알게 되었다.

이 사람들은 열네 세대 동안 장님으로 살면서 시각 세계로부터 완전히 차단되어 있었다. 시각에 관련된 모든 명사가 사라지고 바뀌었다. … 그들의 상상력은 시력과 함께 못 쓰게 되었으며, 대신 더욱 섬세해진 귀와 손끝으로 새로운 상상력을 키워냈다.

웰스의 여행자는 처음에는 앞을 보지 못하는 것을 불쌍한 장애로 여기며 업신여겼다. 그러나 처지는 얼마 안 가서 뒤바뀌는데, 그 사람들이 오히려 그를 잠시도 가만있지 못하고 쉴 새 없이 움직이는, 얼굴에 달린 그 민감한 기관이 만들어내는 헛것에 지배당하는 실성한 사람으로 여기더라는 것이다(눈이 퇴화되어 보지 못하는 사람들은 시각을 미망의 원천으로 여길 따름이다). 그는 골짜기 마을의 한 여자와 사랑에 빠져 거기서 그 여자와 결혼하여 살리라고 마음먹었다. 마을의 원로들은 숙고한 끝에 그가 한 가지 조건에 동의한다면 그 혼인을 허락하기로 결정했다. 그가 가진 민감한 기관, 즉 그의 눈을 제거한다는 조건이었다.

이 이야기를 읽은 지 40년 만에 나는 노라 엘런 그로스가 마서즈비니어드섬의 청각장애에 관해 쓴 책을 읽었다. 켄트 출신의 한 선장 형제가 1690년대에 그 섬에 정착했던 것으로 보인다. 두 형제 다 청각은 정상이었으나 갈수록 귀가 먹는 퇴행성 유전자를 가지고 있었다. 마서즈비니어드섬에 고립된 채 오랜 세월 폐쇄된 공동체 내부의 혈족혼으로 대를 잇다 보니 후손의 대다수가 이 유전자를 물려받았고, 19세기 중반 무렵에는 섬 위쪽 마을 주민 4분의 1 이상이 완전한 청각장애로 태어났다.

들을 수 있는 사람들은 차별받기보다는 오히려 융합되었는데, 시각이 중요한 이곳 사회에서는 듣는 사람이나 듣지 못하는 사람이나 똑같이 수화를 사용하게 된 것이다. 그들은 수화로 이야기하고(이 방법은 많은 면에서 말로 이야기하는 것보다 유리한데, 이 낚싯배와 저 낚싯배가 의견을 교환해야 할 때라든가 교회에서 잡담할 때처럼 일정한 거리를 두고 의사소통해야 할 때가 좋은 예가 될 것이다) 수화로 논쟁하며 수화로 가르치고 수화로 생각하고 수화로 꿈꾸었다. 마서즈비니어드는 모든 사람이 수화로 이야기하는, 진정한 청각장애의 섬이었다. 알렉산더 그레이엄 벨은 1870년대에 이 섬을 찾았다가 아예 '귀머거리 인종'이 생겨나서 전 세계로 퍼져나가는 것은 아닐까 하고 고개를 갸웃거렸다.

그리고 나는 선천적 전색맹이 선천적 청각장애처럼 유전성이라는 점을 생각하니 지구상 어딘가에 색맹의 섬, 색맹의 마을, 색맹의 골짜기 같은 곳이 있지 않을까 하는 생각을 멈출 수 없었다.

색맹의 섬을 향하여

1993년 초 괌에 갔을 때, 미크로네시아 전역에서 신경질환을 진료하는 친구 존 스틸에게 충동적으로 이 질문을 던져보았다. 뜻밖에도 즉각적으로 긍정적인 대답이 왔다. 핀지랩섬에 정말로 그런 식으로 고립된 사회가 있다는 얘기였다. 거리는 가까운 편이라면서 "여기서 1,900킬로미터 정도밖에" 되지 않는다고 했다. 바로 며칠 전에 괌에 사는 한 색맹 소년을 진료했는데 핀지랩에서 부모와 함께 그를 찾아온 것이었다. "아주 끝내주지 뭐예요." 그는 말했다. "전형적인 선천성 전 색맹에 안진증과 환한 빛을 기피하는 증세까지요. 게다가 핀지랩에는 이런 사례의 발생률이 아주 높아서 전체 인구의 거의 10퍼센트나 된답니다." 나는 존의 이야기를 듣고 호기심이 동하여 (언젠가는) 남태평양으로 돌아가 핀지랩을 방문하리라고 다짐했다.

뉴욕으로 돌아오자 그 생각은 뒷전으로 물러났다. 그러다 몇 달 뒤에 버클리에 사는 프랜시스 퍼터먼이라는 이름의 완전한 색맹으로 태어난 여자로부터 편지를 한 통 받았다. 퍼터먼은 색맹 화가에 관한 내 논문을 읽었고 자신의 상황과 그 환자의 상황을 일일이 대조해보았는데, 자기는 생전 빛깔이라고는 모르고 살아왔지만 상실감을 느껴본 적도, 자기한테 색각이 없다는 생각도 해본 적이 없음을 강조했다. 하지만 선천성 색맹은 보통 색맹보다는 훨씬 많은 어려움을 겪는다는 점을 지적했다. 훨씬 힘든 것은 고통스러울 정도로 빛에 민감한 눈과 예민한 시력인데, 이러한 증세는 또 역으로 선천성 색맹에 해로운 영향을 미친다고 했다. 퍼터먼이 성장기를 보낸 텍사스는 그늘이 드문 곳이어서 항상 실눈을 뜨고 지내야 했고 외출은 주로 밤에 했다. 그녀는 색맹의 섬 이야기에 호기심이 나기는 하지만 태평양에 그런 곳이 있다는 소리는 들어본 적이 없다고 했다. 그렇다면 이것은 외로운 색맹들이 지어낸 환상이자 신화요 몽상일 뿐인가? 하지만 색맹에 관한 어떤 책에서 다른 섬 이야기는 읽은 적이 있다고 말했다. 유틀란트 반도의 협만에 있는 푸르라는 작은 섬인데, 여기 주민 가운데 선천성 전색맹이 많다고 했다. 그녀는 《야간 시력Night Vision》이라는 책을 아는지 물으면서 이 책의 편집자 가운데 크누트 노르드뷔라는 노르웨이

과학자도 색맹인데 어쩌면 그에게서 좀 더 자세한 얘기를 들을 수 있을지 모르겠다는 정보도 주었다.

나는 화들짝 놀라서(그렇게 짧은 기간 안에 색맹의 섬이 하나도 아닌 둘이 있다는 사실을 알게 되었으니 말이다) 좀 더 알아봐야겠다고 생각했다. 찾아보니 크누트 노르드뷔는 생리학자이자 정신물리학자로 오슬로 대학에서 시각을 연구하는데, 어느 정도는 타고난 조건 덕분이겠지만 색맹 분야 전문가였다. 이것은 특이하고도 중요한 개인 정보이자 공식 정보였다. 또《야간 시력》의 한 장을 구성하고 있는 짤막한 추억담을 읽으면서 그가 다정하고 열린 마음을 지닌 사람이라는 느낌이 들어서 용기를 내어 노르웨이로 편지를 띄워보기로 했다. "선생을 만나고 싶습니다. 푸르섬에도 가보고 싶습니다. 선생과 함께 갈 수 있다면 더할 나위 없이 좋겠고요."

생판 모르는 사람한테 충동적으로 보낸 편지였기에 선뜻 반응이 올 거라고는 기대하지 않았는데 며칠 만에 답장이 날아왔다. "제가 선생과 동행하여 한 이틀 그리로 갈 수 있다면 기쁘겠습니다." 푸르섬에 관해 연구한 것이 1940년대와 1950년대였으니 최근 정보도 좀 얻을 수 있을 것 같다는 편지였다. 한 달 뒤에 다시 연락이 왔다.

제가 방금 덴마크의 주요 색맹 전문가와 이야기를 나누었는데 푸르섬에는 색맹으로 알려진 주민이 없다고 그러더군요. 제가 처음 연구할 때 만났던 환자들 모두가 죽었든지 … 아니면 오래전에 섬을 떠났다고 합니다. 유감입니다. 이렇게 실망스러운 소식을 전하고 싶지는 않았습니다. 그곳에 남은 최후의 색맹을 찾아서 선생하고 같이 푸르섬으로 간다는 생각에 저도 무척 들떠 있었거든요.

나도 실망했지만 어쨌거나 가봐야 하지 않을까 생각했다. 나는 거기서 기이한 흔적을 발견하는 것을 상상했다. 그 알록달록한 집에 살았던 색맹의 유령들, 흑백의 식물군, 그들을 알았던 자들이 남긴 문서와 그림, 기억과 이야기를 말이다. 그러나 아직 핀지랩이 남아 있었다. 나는 거기에는 아직까지 색맹이 '다수' 있을 것이라고 확신하고 크누트에게 다시 편지를 써서 핀지랩까지 1만 6,000킬로미터 길, 그 과학 모험에 나와 함께하는 것은 어떻겠느냐고 물었고, 그는 좋다, 가고 싶다, 8월에 몇 주 동안 여행이 가능할 것 같다고 답했다.

색맹은 푸르와 핀지랩 두 곳에서 한 세기 이상 존재했으며 두 섬 다 각종 유전자 연구의 주제가 되어왔으나, 그곳 사람들에 관한 인간적 (말하자면, 웰스식의) 탐구며 색맹 사회에서 색맹으로 살아간다는 것, 그러니까 자기만 완전히 색을 못 보는 것이 아니라 색맹 부모와 조부모, 색맹 이웃, 선생님까지도 색맹인 곳, 색에 대한 개념 자체가 존재하지 않으며 그 대신 다른 형태의 지각 능력, 다른 형태의 관찰력이 증폭돼 발달한 문화의 일원으로 살아간다는 것은 어떤 것인가에 관한 연구는 전혀 없었다. 공상에 가깝긴 하지만 나는 자기네만의 독특한 멋과 예술, 음식, 의복을 지닌 완전한 색맹 문화를 상상했다. 감각기관, 상상력이 우리와는 상당히 다른 곳, '빛깔'이 가리키는 내용이나 의미가 전혀 없어 빛깔의 이름도 빛깔에 대한 은유도 빛깔을 표현하는 말도 없는, 그러나 우리가 그저 '잿빛' 한마디로 끝내버릴 질감과 농담濃淡에 관해서라면 제아무리 미묘한 것도 놓치지 않고 잡아내는 언어를 가진, 그런 문화 말이다.

나는 신나서 핀지랩 여행 계획을 짰다. 오랜 친구 에릭 콘(에릭은 작가이자 동물학자이며 고서적상이기도 하다)에게 전화를 걸어 핀지랩이나 캐롤라인제도에 관해 아는 것이 있는지 물었다. 두어 주 뒤에 우체국에서 소포를 하나 받았다. 거기에는 《뉴홀란드와 캐롤라인제도에서 보낸 11년, 제임스 F. 오코넬의 모험 이야기A Residence of Eleven Years in New Holland and the Caroline Islands, being the Adventures of James F. O'Connell》라는 제목이 붙은 얇은 가죽 장정 책이 들어 있었다. 서지 사항을 보니 1836년 보스턴에서 출판되었다는데 꽤나 낡은 책이었다(얼룩도 있었는데, 나는 격렬한 태평양 바다가 만든 것이라고 생각하고 싶었다). 오코넬은 태즈메이니아의 매쿼리타운에서 출항하여 태평양의 많은 섬을 방문하지만, 그의 배 존불호가 작은 섬이 옹기종기 모여 있는 캐롤라인제도의 한 지역에서 사고를 당하는데, 그는 이 섬에 보나비라는 이름을 붙여준다. 거기 사람들이 살아가는 이야기를 읽다 보니 나는 기쁘기 그지없었다. 이제 우리가 찾아갈 곳은 이 세상에서 가장 알려지지 않은 외진 곳이며, 아마도 오코넬이 갔을 때와 별반 달라진 것이 없을 것이다.

나는 친구이자 동료인 로버트 와서먼에게 같이 가겠느냐고 물었다. 안과 의사인 봅(로버트 와서먼)은 부분색맹 환자를 많이 본다. 봅도 나처럼 완전히 색맹으로 태어난 사람은 만나본 적이 없었다. 하지만 우리는 시력 관련 환자 여럿을 함께 치료한 적이 있는데, 색맹 화가 I도 그중 한 사람이었다. 풋내기 의사 시절이던 1960년대에 우리는 함께 신경병리학 특별연구원으로 있었는데, 봅이 그때 네 살이던 아들 에릭 이야기를 해준 기억이 난다. 어느 해 여름, 차를 몰아 메인주로 올라가는데 에릭이 외쳤다. "이야, 저 오렌지색 풀밭 예쁘다!" 봅은 아니라고, 그건 오렌지색이 아니라고, '오렌지색'은 우리가 먹는 과일 오렌지의 빛깔을 말하는 거라고 고쳐주었다. 아니라니까! 저건 오렌지하고 똑같은 오렌지색이야! 에릭은 소리 질렀다. 봅은 이때 자기 아들이 색맹이라는 사실을 처음 알았다. 에릭이 여섯 살 때 그림을 하나 그리고 〈잿빛 바위의 전투〉라는 제목을 붙였는데, 바위의 빛깔은 분홍이었다.

봅은 내가 예상했던 대로 우리는 크누트와 만날 것이고 핀지랩으로 항해를 떠날 것이라는 소리에 뛸 듯이 기뻐했다. 열렬한 윈드서핑 애호가이자 항해가인 그는 바다와 섬을 무척이나 좋아했고 태평양 일대에서 만들어진 보조 지지대 달린 마상이와 쾌속 범선의 진화사에 일가견이 있었는데, 언젠가 꼭 한번 그것을 실제로 보고 직접 몰아보고 싶다는 열망을 품고 있었다. 크누트와 한 팀이 된 우리는 이제 캐롤라인제도와 색맹의 섬을 향하여 신경병리학과 과학과 낭만이 함께하는 탐험을 떠날 것이었다.

크누트, 색맹의 동행자

우리는 하와이에 집결했다. 봅은 자줏빛 반바지와 요란한 열대 셔츠 차림에 제집처럼 편안한 모습이었지만, 와이키키의 눈부신 태양 아래에 선 크누트는 아무래도 그렇지 못한 모양이었다. 그는 평소 끼는 안경 위로 안경에 부착하는 편광 선글라스 한 쌍에 또 그 위로 대형 광각 선글라스 한 쌍(백내장 환자가 착용하는 것 같은 짙은 색 큰 안경이라고 생각하면 된다)을 겹쳐 쓰고 중무장하고 있었다. 그러고도 연신 눈을 깜빡이고, 내내 찌푸리고 있었다. 검은 색안경 뒤로 크누트의 눈알이 쉴 새 없이 경련을 일으키고 있었다. 안진증眼震症이었다. 그는 한숨 돌리자고 어느 길가의 조용한 (내 눈에는 조명이 꽤나 어두운) 작은 카페에 들어가서야 비로소 느긋해졌다. 거기서는 대형 광각 선글라스와 편광 선글라스를 벗을 수 있었고, 더 이상 눈살을 찌푸리지도 눈을 깜빡이지도 않았다. 그 카페에 막 들어섰을 때 나는 어찌나 어둡던지 손으로 앞을 더듬으면서 어정버정 걷다가 의자를 하나 쓰러뜨리고 말았다. 그러나 이중 색안경으로 이미 어둠에 적응돼 있는 데다 애초에 야간 시력이 더 좋았던 크누트는 그 어두컴컴한 조명 속에서 더없이 편안하게 행동했고, 심지어 우리를 자리로 안내하기까지 했다.

크누트의 눈에는 다른 선천성 색맹들과 마찬가지로 원뿔세포가 없다(적어도 기능을 하는 원뿔세포는 없다). 원뿔세포는 색맹이 아닌 눈의 경우에 중심오목(망막 한가운데의 아주 작은 민감한 부위)을 채우고 있는 세포로, 사물의 정교하고 미세한 부분과 빛깔을 인식하는 기능을 담당한다. 크누트는 막대세포에 포착된 불충분한 정보에 의존할 수밖에 없다. 막대세포는 색맹이나 비색맹이나 똑같이 중심 부분을 제외한 망막의 표면 전체에 넓게 분포되어 있는데, 이 세포는 색을 구분하지는 못하지만 빛에는 훨씬 민감하다. 우리가 (밤중에 길을 갈 때처럼) 빛이 약한 곳이나 깜깜한 곳에서 사용하는 것이 이 막대세포이며, 크누트가 시력을 사용할 수 있는 것도 이 세포 덕분이다. 그러나 원뿔세포가 중개를 해주지 않는 크누트의 막대세포는 빛이 환한 곳에서는 바로 하얗게 변해버려 제 기능을 하지 못한다. 그래서 크누트가 낮에 눈을 제대로 뜨지 못하는 것이며 햇빛이 강할 때는 시야가 즉각적으로, 없는 것에 전무에 가깝게 쪼그라들어 무언가로 눈을 보호해주지 않는 한 문자 그대로 눈이 멀고 마는 것이다.

중심오목에 원뿔세포가 없는 크누트의 시력은 정상 시력의 10분의 1밖에 되지 않는다. 크누트는 차림표를 받고서는 4배율 돋보기를 꺼내 들었고, 맞은편 벽에 걸린 칠판의 특선 메뉴를 볼 때는 (소형 모형 망원경처럼 생긴) 8배율 외알 망원경을 사용했다. 이러한 기구 없이는 작은 활자나 멀리 있는 글자는 거의 읽지 못한다. 그는 돋보기와 외알 망원경을 항상 갖고 다니는데, 선글라스나 대형 광각 선글라스와 마찬가지로 필수적인 시력 보조 기구다. 또한 중심오목이 제 기능을 하지 못하기 때문에 목표물에 시선을 고정시키는 데도 곤란을 겪는데, 빛이 환할 때는 고충이 한층 더 심하다. 눈이 흔들리는 안진증도 이 때문이다.

크누트는 막대세포가 과부하되지 않도록 조심해야 하며 무언가를 세밀하게 들여다봐야 할 경우에는 시력 보조 장치를 사용하든지 바짝 다가가든지 보고자 하는 대상을 확대시킬 방도를 찾는다. 그는 또한 의식적으로든 무의식적으로든 눈에 보이는 세계의 다른 측면, 다른 시각적 단서에서 정보를 얻어내는 방법을 찾아내야만 하는데, 색이 없을 때는 이러한 정보가 중요해질 것이기 때문이다. 그는 이렇게 해서 형태와 질감, 윤곽과 경계선, 명암, 깊이, 움직임에 관한 한 아무리 미세한 것이라도 극히 예리하게 관찰하며 포착해낸다. 우리는 이 사실을 대번에 알 수 있었다.

크누트는 우리와 다를 바 없이 눈에 보이는 세계를 즐긴다. 생기 넘치는 호놀룰루 길거리 장터, 우리를 에워싼 야자수와 열대식물군, 구름의 모양을 보며 즐거워했으며, 미인에 대해서도 뚜렷하고 정확한 눈을 갖고 있다(그는 동료 심리학자인 아름다운 노르웨이 여성을 아내로 맞았는데, 결혼 뒤에 한 친구가 "자네, 빨강 머리를 좋아하나 보군" 하는 말을 듣고 나서야 아내가 현란한 빨강 머리라는 사실을 알았다고 털어놓았다).

크누트는 뛰어난 흑백사진가다. 그는 사실 자신의 시력은 정색성整色性 흑백 필름과 비슷하게 색깔을 가려서 작용하는 것이라고 설명했는데, 다만 명암이나 농담의 범위는 자기가 흑백 필름보다 훨씬 더 넓다고 했다. "사람들이 잿빛이라고 말하는 색깔이 있지요? '잿빛'이라는 낱말 자체는 나한테 아무런 의미가 없어요. '파랑'이나 '빨강'이 아무 의미가 없는 것과 똑같지요." 그러나 그는 이렇게 덧붙였다. "나는 내가 보는 세계가 '칙칙하다'거나 어떤 면으로든 불완전하다고 느껴본 적이 없어요." 크누트는 빛깔이란 것을 본 적이 없지만 조금도 불편하게 느껴본 적이 없다. 그는 처음부터 자신의 눈에 보이는 세계의 긍정적인 면만을 경험했고, 자신이 가진 것을 바탕으로 아름다움과 질서와 의미를 지닌 세계를 만들어왔다.[5]

다음 날 비행을 앞두고 잠시 눈을 붙이러 호텔로 걸어 돌아올 때 어둠이 내리면서 보름달에 가까운 달이 하늘 높이 떠올라 달무리가 졌는데, 마치 야자수 가지에 달이 걸린 듯한 형상이었다. 크누트는 그 나무 아래 서서 눈에 외알 망원경을 대고 바다와 그림자에 대조해가면서 달을 뚫어져라 관찰했다. 그러더니 외알 망원경을 내려놓고는 우리를 둘러싼 하늘을 응시하다가 이렇게 말했다. "별이 수천 개나 보여요! 은하수 전체가 보여요!"

"그럴 리가요." 봅이 말했다. "별의 시야각이 너무 좁다고요. 선생의 시력은 정상 시력의 10분의 1밖에 되지 않잖아요."

크누트는 대답 대신 하늘 전체의 별자리를 알아맞혔다. 몇몇 별자리는 노르웨이 하늘에서 보던 것과는 꽤 다르게 보인다면서. 그는 안진증이 역으로 이점으로 작용한 것은 아닌지, 정상인한테는 보이지을 깨알 같은 상像을 눈동자의 경련이 확대시키는 것인지 아니면 어떤 다른 요인이 작용한 것인지 궁금해했다. 그렇게 낮은 시력으로 어떻게 하늘의 별을 볼 수 있는지 설명하기가 힘들다는 사실은 그 또한 인정했다. 그래도 어쨌거나 보이는 것은 사실이라고.

"안진증, 고 녀석 참 기특한걸요?" 봅이 말했다.[6]

독가스 가득한 해골 섬

동틀 무렵 우리는 공항으로 돌아와 한 주에 두 차례 몇 개의 태평양 섬을 도는 '아일랜드호퍼기'의 장시간 비행을 대비하고 있었다. 봅은 시차 때문에 피곤한지 의자에 쭈그려 잠을 청했다. 벌써부터 검은 안경을 착용한 크누트는 돋보기를 꺼내고 이번 여행을 위한 우리의 경전, 우리를 기다리는 섬들을 예리하게 묘사한 훌륭한 책《미크로네시아 길잡이Micronesia Handbook》를 들여다보고 있었다. 나는 좀처럼 안정이 되지 않아 비행 일지나 적자고 생각했다.

1시간 15분 경과, 광대무변한 태평양의 2만 8,000미터 상공을 안정적으로 날고 있다. 배도 비행기도 육지도 경계선도 아무것도 없이, 무한한 파란 하늘과 바다만이 이따금씩 파란 사발 모양으로 녹아든다. 이 특징 없고 구름 한 점 없는 광막함은 사람을 안도케 하며 또 몽상에 젖게 한다. 그러나 감각을 차단당한 것처럼 얼마간 두려움이 일기도 한다. 광막함은 사람을 감격시키면서도 두려움에 떨게 한다. 칸트는 이를 적절하게 "공포를 자아내는 숭고"라고 불렀다.

1,500킬로미터가량을 날고 나서야 육지가 보였다. 수평선에 자그마하게 떠 있는 아름다운 산호섬, 존스턴섬! 지도에서는 이 섬이 점 하나로 보였는데, 나는 그걸 보면서 '세상 어느 곳과도 수천 킬로미터 떨어져 있는 곳이라니, 무릉도원이 따로 없겠구나' 생각했다. 비행기가 하강할 때 보니 아까와 같은 절경은 아니었다. 거대한 활주로가 섬을 양분해놨는데, 양쪽으로 창고와 굴뚝, 탑이 서 있고, 숨구멍 하나 없는 통짜 건물들이 죄다 불그스름한 아지랑이에 휘감겨 있는 것이… 내가 마음에 그리던 무릉도원이 지금은 흡사 지옥의 한 귀퉁이 같았다.

착륙은 험난했고, 무시무시했다. 기체가 갑자기 한쪽으로 기우뚱하면서 뭔가에 긁히는 것 같은 굉음과 고무 마찰음이 났다. 비행기가 활주로에서 벗어나면서 정지하자 승무원이 제동장치가 잠겼고 왼쪽 타이어의 고무 상당 부분이 찢어졌다고 알려주었다. 수리하는 동안 여기에서 기다려야 할 거라고도. 착륙 때 약간 충격을 받은 데다 공중에서 몇 시간이나 꽁꽁 붙들려 있었던 탓에 우리는 비행기에서 내려 조금 걷고 싶었다. "어서 오세요. 여기는 존스턴 산호섬입니다"라는 글귀가 적힌 사다리가 기체 입구로 옮겨졌다. 승객들이 하나둘 내려가기 시작했고 우리도 뒤따르려는데, 존스턴 산호섬은 '제한구역'이라 군인이 아닌 승객은 내릴 수 없다고 했다. 나는 짜증이 나서 자리로 돌아와서는 크누트가 읽던 《미크로네시아 길잡이》를 빌려 존스턴에 관해 읽었다.

존스턴이라는 이름은 1807년 이 섬에 상륙했던 영국 군함 콘월리스호의 존스턴 선장의 이름을 딴 것이라고 쓰여 있었다. 그가 이 작은 오지에 발을 디딘 최초의 사람이었을 것이라고. 이 섬은 요행히 외부인의 눈에 띄지 않았던 것일까? 아니면 누군가 온 적은 있지만 살지는 않았던 것일까?

풍부한 구아노 매장량으로 그 값어치를 인정받는 존스턴섬은 1856년 미국과 하와이 왕국이 동시에 점유했다. 철새 수만 마리가 쉬어 가는 이 섬은 1926년에 연방조류보호구역으로 지정되었다. 제2차 세계대전이 끝난 뒤 미국 공군이 손에 넣은 뒤로 "한때 목가적이었던 이 산호섬은 태평양에서 가장 유독한 땅으로 변했다". 1950년대와 1960년대에 핵실험 장소로 이용되었고, 여전히 핵실험이 대기하고 있으며 산호섬의 한쪽 끄트머리는 아직도 방사능 오염 구역이다. 잠시 생화학무기 실험지로 고려되었지만 방대한 철새 서식군 덕분에 배제되었는데, 이 새들이 치명적인 전염병을 본토로 쉽사리 옮길 수 있다는 점을 발견했기 때문이었다. 1971년에 존스턴은 수천 톤의 겨자탄과 신경가스탄 보관소가 되었는데, 이를 주기적으로 소각함으로써 다이옥신과 푸란을 대기에 방출하고 있다(아마도 비행기에서 보았던 계피색 아지랑이를 일으킨 것이 이 물질일 것이다). 숨이 막히는 기내에 앉아(상륙해 있는 동안 환기장치를 차단했다) 이런 설명을 읽노라니 목이 따끔거리고 가슴이 죄여오는 것 같아 내가 지금 존스턴의 치명적인 공기를 들이마신 것은 아닌가 싶었다. "어서 오세요" 하던 간판이 이제는 음침한 빈정거림으로밖에는 느껴지지 않았는데, 그럴 거라면 해골과 뼈다귀 십자가라도 그려놨어야 하는 게 아닌가? 승무원들도 나한테는 갈수록 불편해하고 불안해하는 것처럼만 보였다.

하지만 정비원들은 망가진 바퀴를 고쳐보겠다고 아직까지 달라붙어 있었다. 그들은 반짝거리는 알루미늄 정비복을 입고 있었는데, 아마도 오염된 공기가 피부에 닿는 것을 최대한 줄이기 위해서일 것이다. 우리는 하와이에서 태풍이 존스턴 쪽으로 다가오고 있다는 소리를 들었다. 일정대로만 진행됐다면 태풍도 문제없었을 테지만, 이제 더 지체했다가는 정말로 태풍에 붙잡혀 여기 존스턴에 철저하게 고립되겠구나 하는 생각이 들기 시작했다. 독가스와 방사능 폭풍이 휘몰아치는 가운데 말이다. 이번 주말까지는 들어올 비행기편이 없었다. 작년 12월에도 비행기 한 대가 이런 식으로 붙들려 승객과 승무원들이 예기치 못하게 이 독가스 넘치는 산호섬에서 성탄절을 보냈다는 소리도 나왔다.

정비원들이 두 시간을 매달렸으나 아무것도 하지 못했다. 결국 조종사는 하늘을 여러 번 근심스럽게 올려다보더니 남아 있는 멀쩡한 타이어만으로 이륙하자고 했다. 속도를 높이자 비행기 전체가 덜컹거리고 삐걱거리는데, 마치 그 옛날 대형 날개 치기식 비행기가 날개를 펄럭이며 치솟아 오르는 것 같았다. 비행기는 1.6킬로미터 활주로를 거의 끝까지 달리고서야 결국에는 육지에서 떠올라 존스턴의 오염된 갈색 공기를 뚫고서 맑은 창공 속으로 들어갔다.

마주로에서의 짧은 휴식

이제 또다시 2,400킬로미터 이상을 날아야 다음 기착지인 마셜 제도의 마주로 산호섬이 나온다. 비행은 끝도 없이 계속되었고 우리는 모두가 시간과 공간 감각을 잃은 채 허공 속에서 자다 깨다만 거듭했다. 나는 예고 없는 갑작스러운 난기류로 비행기가 뚝 떨어졌을 때 겁에 질려 잠깐 깼다가 계속되는 비행에 다시 선잠에 빠졌고, 기압이 바뀔 때 다시 한번 깼다. 창밖을 내다보니 저 아래로 좁다랗고 납작한 마주로 산호섬이 수십 점의 초호礁湖에 둘러싸여 파고에서 3미터가 넘을까 말까 한 높이로 솟아 있었다. 몇몇 섬은 텅 비어 바다의 가장자리를 두른 코코야자 나무들만이 어서 오라고 손짓하는 듯했다. 전형적인 무인도 풍경이었다. 공항은 그중에서도 가장 작은 섬에 있었다.

타이어 두 개가 심각하게 망가진 것을 안 우리는 착륙에 약간 겁을 먹었다. 과연 착륙은 난폭하여 우리는 기내 이리저리로 내동댕이쳐졌다. 마주로섬에 머물면서 수리를 해보기로 했는데, 최소한 두 시간은 걸릴 것이라고 했다. 비행기 안에서 장시간 억류당했던 우리는 (하와이를 출발하여 거의 5,000킬로미터를 하늘에 떠 있느라) 하나같이 험악해질 정도로 안절부절못하던 터라 잽싸게 밖으로 튀어나갔다.

크누트와 봅과 나는 공항의 작은 상점에 먼저 들렀다. 작은 조가비를 엮어 만든 기념품 목걸이와 깔개를 팔고 있었는데, 반갑게도 다윈 그림엽서도 있었다.[7]

봅은 해변을 둘러보러 가고 크누트와 나는 활주로 끝으로 걸어갔는데, 활주로는 초호가 내려다보이는 나지막한 담장에 둘러싸여 있었다. 바다는 강렬한 연파란빛, 청록빛, 검푸른 쪽빛이었고, 암초 너머로는 더 짙은 쪽빛에 가까운 바다가 몇백 미터 뻗어 있었다. 나는 생각 없이 경이로운 바다의 파란빛의 세계에 대해 열중해서 떠들다가 당황해서 멈추었다. 크누트는 빛깔을 직접 경험해보지는 못했지만 이 주제에 대해서는 박식했다. 그는 사람들이 빛깔에 대해 사용하는 어휘며 이미지의 범위를 알고 싶어 했고 내가 쓴 '검푸른 쪽빛'이라는 말을 붙들고 늘어졌다. "감청하고 비슷한 빛깔인가요?" 그는 '쪽빛'이 스펙트럼 띠에서 파랑도 보라도 아닌 그 자체로 독자적인, 일곱째 색으로 보이는지 알고 싶어 했다. 그러고는 덧붙여 말했다. "쪽빛을 스펙트럼 띠에서 별개의 빛깔로 보지 않는 사람이 많아요. 또 연파랑을 파랑과는 다른 빛깔로 보는 사람들도 있어요." 빛깔을 직접적으로 알지 못하는 크누트의 빛깔에 대한 지식 목록은 그야말로 방대했는데, 마치 이 세계의 빛깔 지식 대리 보관소 같았다. 그는 초호의 빛이 특별하게 느껴진다고 말했다. "환히 빛나는 금속성 색조"라면서 "눈이 부실 정도로 빛나는 것이 텅스텐 청동 같다"고. 그러고는 게 대여섯 종을 찾아 하나하나 알려줬는데, 개중 몇 마리는 어찌나 황급히 달아나던지 쫓다가 놓치고 말았다. 나는 어쩌면 색을 보지 못하는 것에 대한 보상으로 움직임에 대한 크누트의 지각력이 강화된 것은 아닌가 했는데, 크누트 자신도 이 점이 궁금하다고 했다.

나는 슬슬 걸어서 코코야자들이 테를 두르고 하얀 모래가 몹시 고운 해변에 있는 봅에게로 가보았다. 여기저기 빵나무가 있고, 해변 잡초 종으로 땅을 껴안듯이 자란 키 낮은 잔디 타래가 있었으며, 나로서는 처음 보는 이파리 두툼한 다육식물이 한 종 있었다. 물가에는 바닷물에 떠내려온 나무토막이 마분지 상자나 플라스틱 조각 따위와 뒤엉켜 있었는데, 2만여 주민이 지저분한 판자촌에 다닥다닥 붙어 사는 마셜제도의 세 수도 섬 다릿-울리가-달랍에서 흘러온 폐기물이다. 이 수도에서 10킬로미터만 나가도 탁한 바닷물에는 거품이 고여 있고 산호는 탈색돼 있는가 하면 쓰레기를 먹고 사는 해삼이 득시글거린다. 그런데도 그늘 하나 없이 푹푹 찌는 열기가 견디기 어려웠던 우리는 어디 몸을 담글 만한 깨끗한 물이 없을까 하며 속옷 바람으로 날카로운 산호 위를 살금살금 걸어 헤엄칠 깊이가 되는 곳까지 나아갔다. 물은 미지근하게 몸에 감겼고 고장 난 비행기 안에서 장시간 쌓였던 긴장감도 헤엄을 치면서 서서히 씻겨나갔다. 그러나 우리가 시간이 멈춘 듯한 감칠맛 나는 경계, 열대 초호의 진정한 재미를 좀 느껴볼까 하는 순간 활주로에서 갑자기 "비행기 이륙 준비가 끝났습니다! 서두르십시오!" 하고 호출하는 바람에 부랴부랴 물가로 기어올라와 젖은 옷가지를 움켜쥐고는 뛰어서 비행기로 돌아갔다. 타이어가 온전하던 한쪽 바퀴는 떼어냈지만 다른 쪽 바퀴는 구부러져서 떼어내기가 어려운지 아직까지도 작업 중이었다. 그렇게 황급히 비행기로 돌아왔건만 포장도로에 앉아 다시 한 시간을 기다려야 했다. 그러나 바퀴는 수리를 해보려는 온갖 노력을 끝내 저버렸고, 비행기는 다시 쿵쾅거리며 활주로를 내달리다 이륙했다. 다음 기착지는 그리 멀지 않은 콰잘레인이었다.

많은 승객이 마주로에서 내렸고 새로 탄 승객들도 있었는데 내 옆자리에는 콰잘레인의 군 병원에서 간호사로 일하는 붙임성 좋은 여자가 앉았다. 남편이 그곳의 레이더 부대 소속이라고 했다. 여자는 그다지 목가적이지 않은 섬 풍경화를 그렸다. 아니, 섬 하나가 아니라 세계 최대의 초호를 에워싼 콰잘레인 산호섬을 이루는 섬 무더기(모두 91개)였다. 그 초호는 하와이와 미국 본토의 공군기지에서 미사일 발사를 시험하는 과녁이라고 한다. 또 콰잘레인에서 발사한 미사일을 겨냥하는 요격 미사일 시험 장소이기도 하다. 미사일 시험을 하는 밤이면 미사일과 요격 미사일이 전광석화처럼 날고 충돌하는 빛과 소음으로 하늘이 온통 타오르고, 재돌입 기체들이 초호 속에서 박살 난다고 여자는 말했다. "바그다드의 밤하늘처럼 공포스러워요."

섬 돌이

콰잘레인은 태평양 경계 레이더 조직망에 포함되는데, 그래서 냉전이 끝났건만 여전히 사람을 겁나게 만드는 경직되고 방어적인 분위기라고 한다. 접근은 제한돼 있다. (군대가 통제하는) 언론에서는 종류를 불문하고 자유로운 토론 따위는 없다. 강압적인 외관 밑에 퇴폐와 의기소침이 팽배해 있어 세계에서 자살률이 가장 높은 곳으로 손꼽힌다. 그 여자는 또 당국도 이 점을 모르는 바는 아니어서 수영장이니 골프장이니 테니스장이니 세워 콰잘레인을 좀 살맛 나는 곳으로 만들어보겠다고 비상한 노력을 기울이고는 있지만 아무짝에도 쓸모없다고, 여기는 아무리 해봐야 사람이 살 수 없는 땅이라고 말했다. 물론 민간인들은 원하면 이 섬을 떠날 수 있고, 군인들 복무기간도 짧은 편이다. 진짜로 고생하는, 의지할 곳 없는 사람들은 마셜제도 토박이들, 콰잘레인에서 5킬로미터밖에 떨어지지 않은 에베예에 묶인 사람들이라고 말했다. 길이 1.6킬로미터에 너비 200미터, 0.26제곱킬로미터 면적의 에베예섬에는 노동자만 거의 1만 5,000명이다. 일자리를 찾아서 여기로 흘러들어온 사람들인데, 태평양에서 일자리를 찾는 것이 쉬운 일은 아니라서 결국에는 믿을 수 없을 정도로 북적이고 질병이 들끓는 불결한 환경에 처박혀 옴짝달싹 못 하는 것이다. 옆자리 여자는 이렇게 결론 내렸다. "지옥이 보고 싶거들랑 에베예에 한번 가보세요."[8]

사진에서 에베예를 본 적이 있는데 그야말로 빈틈이라곤 찾을 수 없이 온통 타르지 판잣집으로 뒤덮여 있어서 섬 자체는 잘 보이지 않았다. 비행기가 하강할 때 실물을 좀 더 가까이 볼 수 있기를 바랐지만 항공사가 승객들이 이 섬을 보는 것을 어떻게든 막으려 든다는 것을 알았다. 마셜제도의 많은 산호섬(비키니, 에니위탁, 론지랩)이 에베예처럼 방사능 때문에 아직까지도 사람이 살 수 없으며 일반에는 공개되지 않는다.

섬이 가까워지자 1950년대에 떠돌았던 무시무시한 이야기를 떠올리지 않을 수 없었다. 일본의 참치잡이배 후쿠료마루호 선원 전원에게 급성 방사능 질환을 유발했던 불가사의한 하얀 재, 론지랩을 덮쳤던, 한차례 돌풍 뒤에 떨어지던 '분홍 눈'(아이들은 이런 것을 본 적이 없어 영문도 모른 채 재를 맞으며 신이 나서 뛰놀았다) 말이다.[9] 핵실험 기지가 있는 일부 섬에서는 주민 전체를 소개疏開시켰는데, 몇몇 산호섬은 오염 상태가 어찌나 심한지 40년이 지난 지금까지도 밤이 되면 야광 시계 문자반처럼 섬뜩한 빛이 번뜩인다.

굳은 몸을 좀 움직이러 통로 끝으로 갔다가 마주로에서 탄 또 다른 승객과 이야기를 하게 되었는데 그는 덩치가 크고 상냥한 남자로 오세아니아 전역을 돌아다니면서 사업을 하는 육류 통조림 수입업자였다. 그는 마셜제도와 미크로네시아 사람들이 스팸이나 다른 통조림 고기를 "지독히도 좋아한다"면서 자기가 이 지역으로 얼마나 많은 양을 갖고 들어오는지 구구절절 늘어놓았다. 이 사업이 이문이 남지 않는 건 아니지만 그에게는 이것이 무엇보다도 몇천 년 동안 토란과 빵나무, 바나나, 물고기 따위―그 사람들이 지금은 너무도 기꺼이 단념하려 드는 철저히 비서구적인 식단―만 먹어온 미개한 원주민들에게 서양의 양호한 식품을 가져다주는 자선사업이라고 했다. 특히 스팸은, 이 길동무께서 보시기에는, 미크로네시아의 새로운 식생활에서 중추적인 지위를 확보했다고 한다. 그는 전후 미크로네시아의 식생활이 서구적으로 바뀌면서 잇따라 나온 극심한 건강 문제는 알지 못하는 것 같았다. 일부 나라에서는 상당수 인구가 (예전 같으면 드물었던) 비만, 당뇨병, 고혈압 같은 질환에 시달린다는 이야기도 들었다.[10]

잠시 뒤에 다시 몸을 움직이러 나갔다가 다른 승객과 이야기를 하게 되었는데 대화 상대는 표정이 굳은 50대 후반의 여성이었다. 마주로에서 꽃무늬 셔츠 차림의 마셜인 여남은 명으로 이루어진 복음성가대와 함께 올라탄 선교사였다. 그 여자는 이곳 섬사람들에게 복음을 전하는 것이 얼마나 중요한지 말하면서 이것이 복음을 설교하며 미크로네시아 구석구석을 돌아다니는 목적이라고 했다. 자기는 절대 틀리는 법이 없다는 듯한 표정과 몸가짐, 굽힐 줄 모르는 호전적인 신앙으로 똘똘 뭉친 완고한 여자였다. 그러면서도 어떤 기상과 끈기, 한길로만 매진하는 정신, 영웅적이라 할 정도의 헌신성 같은 것이 느껴졌다. 이는 복잡하며 때로는 모순된 위력과 효과를 일으키는 종교의 양가성인데, 특히나 다른 문화, 다른 정신과 충돌할 때는 이 여인이나 성가대 같은 난공불락의 모습을 띠는 것 같다.

콰잘레인에서 감금당하다

나는 옆자리의 간호사와 스팸 남작, 저 독야청청한 선교사에 어찌나 열중했던지 시간이 가는지 마는지, 저 아래 바다의 물결이 단조로운지 어떤지 생각도 못 하다가 갑자기 비행기가 하강하는 것을 느꼈다. 비행기는 부메랑꼴의 거대한 콰잘레인 초호로 향하고 있었다. 나는 이제 에베예의 판자촌 지옥을 보겠구나 싶어 잔뜩 긴장했지만 비행기는 다른 쪽, '좋은' 쪽의 콰잘레인으로 진입했다. 거대한 군사 활주로를 쿵쾅거리는 멀미 나는 착륙 과정에는 이제 익숙했지만 저 구부러진 바퀴를 고치는 동안 또 뭘 하나 싶었다. 콰잘레인은 군 야영지이자 실험 기지로, 경계가 삼엄하기로 지구상에서 손꼽히는 곳이었다. 민간인은 존스턴섬에서처럼 비행기에서 내릴 수 없었다. 그러나 구부러진 바퀴를 교체하고 그 밖에 필요한 수리를 하는 데 소요되는 세 시간에서 다섯 시간 동안 우리 60명을 다 붙잡아두기는 힘들 것이었다.

우리는 한 줄로 서서 천천히, 서둘지도 멈추지도 말고 특별 대피소로 들어가라고 지시받았다. 헌병은 우리에게 이렇게 명령했다. "소지품을 내려놓으시오." "벽을 등지고 서시오." 탁자 위에는 개 한 마리가 숨을 헐떡거리며 침을 흘리고 있었는데(대피소 실내는 못해도 37~38도는 되는 것 같았다), 경비병에게 이끌려 우선 우리 손짐에다 코를 대고 샅샅이 냄새를 맡더니 이어서 우리한테 와서는 한 명 한 명 찬찬히 냄새를 맡았다. 이런 식으로 한 뭉텅이로 취급당하자니 몹시도 오싹했다. 군부나 전체주의 관료의 수중에 들어간다는 것이 얼마나 무력하고 공포스러운 일인지 알 것 같았다.

20분에 걸쳐 이 '절차'가 끝나고 이번에는 감방 같은 비좁은 우리로 몰려서 우르르 들어갔는데, 그곳엔 돌바닥에 놓인 기다란 나무 의자와 헌병이 있었고, 물론 개도 있었다. 벽 위에 작은 창이 하나 있어서 까치발을 딛고 목을 쭉 뽑아 잠깐이나마 밖을 내다볼 수 있었다. 잘 다듬은 잔디, 골프 코스, 컨트리클럽 위락 시설이 보였다. 여기 주둔하는 부대를 위한 것이었다. 한 시간 뒤 우리는 뒷마당의 작은 울타리 구역으로 인도되었는데, 적어도 거기서는 바다가 보였다. 사격을 위한 총좌와 제2차 세계대전 기념비가 있었고, 또 간판 기둥이 있었는데 오만 가지 방향을 가리키는 10여 개 표지판이 전 세계 주요 도시까지의 거리를 보여주었다. 오른쪽 꼭대기의 표지판은 "릴레함메르, 15,633킬로미터"였다. 크누트는 외알 망원경으로 이것을 찬찬히 살펴보았는데, 아마도 여기서 집까지 얼마나 먼가를 헤아리고 있었을 것이다. 그래도 이 표지판이 저기 저쪽에 세계, 또 하나의 세계가 있음을 알려주니 어떤 위안 같은 것이 느껴졌다.

비행기 수리에는 세 시간이 걸리지 않았고, 승무원들은 무척 지쳤지만 (존스턴과 마주로에 장시간 묶였던 것까지 해서 호놀룰루를 떠난 지 열세 시간째였으니까) 거기서 하룻밤 묵지 말고 그대로 비행하자고 했다. 그리고 출발했다. 콰잘레인을 떠나니 우리는 해방감과 함께 마음이 한결 가벼워졌다. 확실히 이 마지막 비행 때는 기내가 갑자기 화기애애해져 음식을 나눠 먹고 이야기꽃을 피우는 축제 분위기로 변했다. 짧지만 겁나는 감금 끝에 이제 살았다는, 자유의 몸이 되었다는 기분이 고조되면서 모두가 하나로 뭉친 것이다.

콰잘레인에서 기다리는 내내 승객들 얼굴만 구경했더니 미크로네시아인들의 다양한 얼굴을 구분할 줄 알게 되었다. 자기네 섬으로 돌아가는 폰페이 사람들이 있었고, 폴리네시아 사람들처럼 거구에 웃기 좋아하는 추크 사람들의 말은 물 흐르는 것 같았는데, 내 귀에도 폰페이 말과는 상당히 다르게 들렸다. 신중하고 점잖은 팔라우 사람들도 있었는데, 그들이 쓰는 말도 내 귀에는 설었다. 또 사이판으로 가는 길이라는 마셜제도 외교관이 한 사람 있었고 괌의 마을로 돌아가는 차모로 부족 일가(그 사람들 말은 에스파냐어와 비슷한 것 같았다)가 있었다. 비행을 시작하니 서로 다른 갖가지 말이 귀에 들려와 무슨 언어 수족관에 들어온 것 같은 기분이었다.

이처럼 다양한 언어를 듣노라니 미크로네시아가 하나의 거대한 제도, 그러니까 수천 개의 섬이 우주의 무한한 공간을 사이에 둔 하늘의 무수한 행성들만큼이나 드문드문 떨어져 있는, 섬의 성운 같다는 생각이 들었다. 호기심이건 야망이건 공포건 기근이건 종교건 전쟁이건, 무슨 이유에서였건 간에 인류사의 위대한 항해가들이 직감에 가까운 지식과 하늘의 별만을 길잡이 삼아 몰려왔던 곳이 바로 이 폴리네시아라는 광대한 은하계였다. 그들은 그리스인들이 지중해를 탐험하고 호메로스가 오디세우스의 방랑을 이야기하던, 지금으로부터 3,000년도 더 전에 이곳으로 왔다. 태평양 위를 끝도 없이 날면서 이들이 떠났던 방랑의 광대함, 그 용맹과 경이가, 또 어쩌면 그 절망까지도 나의 상상력을 사로잡았다. 이들 방랑자 중에서 얼마나 많은 이가 그토록 바라던 육지를 보지도 못한 채 그 광대함 속으로 사라져버렸을까? 암초와 바위투성이 해안을 할퀴는 흉포한 파도에 얼마나 많은 마상이가 산산조각 났을까? 쾌적해 보여서 정착했으나 마을을 일구고 살아가기에는 너무 작았던 섬에 들어간 이들 가운데 얼마나 많은 이가 결국엔 기근과 광기, 폭력 그리고 죽음에 끝장나버렸을까?

자연주의자의 낙원, 폰페이

다시 태평양. 이제는 밤. 빛 없는 광대한 파도가 달빛을 받아 이따금씩 가물가물 반짝인다. 폰페이섬도 캄캄했지만 밤하늘 아래 산등성이의 윤곽이 어스름하게나마 보였다. 비행기에서 풀려난 우리는 지독하게 후덥지근한 공기와 강한 인도재스민 향에 휩싸였다. 이것이 내 생각에는 우리 모두가 처음으로 접한 열대야의 냄새였던 것 같다. 선선한 공기에 씻겨나간 하루의 냄새. 그러고는 놀랍도록 청명한, 광대한 은하수의 창공이 우리 위로 드리워졌다.

이튿날 아침에 깨어나니 간밤의 어둠 속에 도착할 때 어렴풋이 보았던 것이 확연히 실체를 드러냈다. 폰페이는 또 하나의 평평한 산호섬이 아니라 가파르게 하늘로 치솟은 봉우리가 구름에 가린 산악섬이었다. 가파른 비탈은 무성한 밀림에 휘감겨 있고 그 양옆으로 개울과 폭포가 흐르고 있었다. 또 그 아래로 우리를 둘러싼 완만한 산비탈들, 곳곳에 개간한 땅이 있고, 망그로브의 윗머리가 해안선을 내려다보며, 그 너머로는 보초堡礁가 자리 잡고 있다. 나는 산호섬에(존스턴과 마주로, 심지어는 콰잘레인에까지도) 매료되었지만 밀림과 구름에 뒤덮인 이 가파른 화산섬은 그와는 전혀 다른, 자연주의자의 낙원과도 같은 곳이었다.

나는 비행기를 놓치고 한두 달이나 한 해, 아니 남은 생애를 이 마법의 섬에 꽁꽁 묶이고 싶은 마음이 간절했다. 일행에 합류해 핀지랩 행 비행기에 오르려니 내키지 않아 정말로 어지간히도 기를 써야 했다. 이륙할 때 우리 밑으로 펼쳐져 있는 섬 전체를 볼 수 있었다. 멜빌의《오무》에 나오는 타히티 묘사가 이곳 폰페이 이야기라고 해도 될 것 같았다.

드높은 가운데 봉우리에서 보면 … 비탈진 녹색 산마루가 바다를 향해 뻗어나간다. 그 사이사이로 넓게 그림자 진 골짜기가─하나하나가 템피 계곡이나 진배없다─가느다란 물줄기와 울창한 숲으로 물결치고 있다. … 바다에서 바라보면 수려한 경관이다. 바닷가에서 산꼭대기까지 이르는 크고 작은 골짜기와 산마루는 폭포를 따라 색조가 은은하게 퍼져나가는 하나의 녹색 덩어리다. 산마루 위로 여기저기 솟구친 산봉우리의 그림자가 저 아래 골짜기까지 드리워 있다. 그 윗자리에 폭포수가 햇빛 속으로 청록빛의 수직 정자亭子를 뚫고 쏟아지듯 흩뿌려진다. … 감수성이 조금이라도 살아 있는 유럽인이라면 생전 처음 이 골짜기로 들어왔을 때 이 경관이 주는 형언하기 어려운 평화로움과 아름다움에 그만 눈앞에 보이는 모든 사물이 꿈은 아닌가 의심하게 되리라는 것은 결코 과장이 아니다.

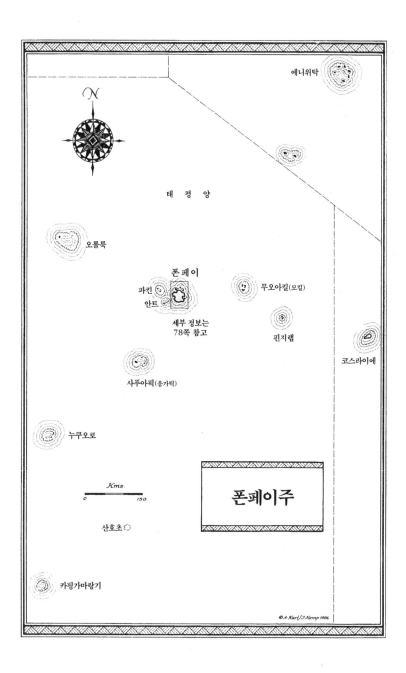

에니위탁

태 평 양

오롤룩

폰페이
파킨   무오아킬(모킬)
안트

세부 정보는
78쪽 참고   핀지랩

사푸아픽(응가틱)

누쿠오로

코스라이에

Kms.
0   150

산호초 ◯

폰페이주

카핑가마랑기

© A. Karl / J. Kemp 1996

아이들의 섬

핀지랩은 폰페이를 둘러싼 바다에 점점이 박혀 있는 여덟 산호섬 중 하나다. 한때 폰페이 같은 화산섬이었던 핀지랩은 지질학적으로 훨씬 오래된 섬으로, 수백만 년에 걸쳐 침식되며 내려앉아서 초호를 둘러싼 환초만 남아 이제는 모든 산호섬―안트, 파킨, 누쿠오로, 오롤룩, 카핑가마랑기, 무오아킬, 사푸아픽, 핀지랩―면적을 다 합쳐 봐야 7.8제곱킬로미터밖에 되지 않는다. 핀지랩은 폰페이에서 가장 멀리 떨어진 290킬로미터 거리에 있지만, 나머지 산호섬들보다 먼저인 1,000년 전에 사람이 살기 시작해서 현재 인구 약 700명으로 아직까지도 인구가 가장 많은 섬이다. 섬들 간에 상업 활동이나 교류는 많지 않고 배 한 척만이 이들 섬 사이를 왕래하는데, 우편선 미크로글로리호가 한 해에 (바람과 파도가 허락한다면) 대여섯 차례 화물과 이따금씩 생기는 승객들을 실어 나른다.

미크로글로리호가 다음 달까지 출항 계획이 없기에 우리는 태평양 선교 항공이 운영하는 작은 프로펠러 비행기를 전세로 얻었다. 전세기 조종은 텍사스 출신으로 지금은 폰페이에 사는 퇴직한 민항기 조종사가 맡았다. 그 작은 비행기에 각자 손짐에다 검안경, 각종 실험 장비와 스노클 기구, 촬영과 녹음.장비, 거기에 색맹을 위한 특별 비품으로 검정에서 중간색까지의 챙 달린 선글라스 200쌍과 약간의 소아용 선글라스와 해 가리개를 싣고 나니 가까스로 끼여 앉을 수 있었다.

구간이 짧은 섬 활주로 전용으로 설계된 비행기는 속도는 느려도 안정적으로 나지막하게 날아서 안심했는데, 여울목에서 노는 참치가 보일 정도로 낮게 날았다. 한 시간이 지나자 무오아킬 산호섬이 보였고, 다시 한 시간이 지나자 핀지랩 산호섬의 작은 섬 세 점이 사금파리 초승달 모양으로 초호를 에워싼 것이 보였다.

우리는 좀 더 가까이서 보기 위해 상공을 두 바퀴 돌았다. 처음에는 원시림밖에 보이지 않았다. 나무 꼭대기에 닿을락 말락 한 지상 60미터 높이까지 내려가서야 이리저리 교차된 숲길이며 무성한 잎 속에 숨다시피 서 있는 납작한 가옥들이 시야에 들어왔다.

몇 분 전까지만 해도 고요하더니 갑자기 바람이 일어 코코야자와 판다누스 나무들이 앞뒤로 요동치기 시작했다. 반세기 전에 이곳을 점령한 일본군이 세운 손바닥만 한 콘크리트 활주로 한쪽 끝에 착륙할 때는 비행기 꼬리에서 이는 거센 바람에 비행기가 활주로 옆으로 튕겨 나갈 뻔했다. 우리 조종사는 제멋대로 미끄러지는 기체를 제어하다가 활주로를 벗어나기까지 해서 하마터면 끝장이 날 판이었다. 하지만 원심력과 운의 도움으로 가까스로 방향을 돌릴 수 있었다. 한 뼘만 더 나갔어도 초호로 떨어지고 말았을 것이다. "다들 무사하십니까?" 그는 우리에게 묻고는 혼잣말을 했다. "내 살다 살다 이런 끔찍한 착륙은 또 처음이군!"

크누트와 봅은 창백했고, 조종사도 그랬다. 그들은 기체에 깔려 아무리 발버둥 쳐도 빠져나오지 못하고 질식하는 장면을 상상했으리라. 그러나 희한하게도 나는 태연했고, 심지어 암초에서 죽는 것이 재미있고 낭만적이라는 생각마저 들었다. 그러다가 느닷없이 욕지기가 치밀어올랐다. 그러나 그런 궁지에 몰린 와중에도 브레이크의 굉음과 함께 비행기가 멈춰설 때는 한바탕 떠들썩한 웃음소리가 들리는 것 같았다. 아직껏 충격에서 헤어나지 못하고 창백한 낯빛으로 비행기에서 내리는데 팔다리가 낭창낭창한 흑인 아이 열두엇이 꽃과 바나나 이파리를 흔들면서 숲에서 튀어나와 깔깔거리면서 우리를 에워쌌다. 어른이라곤 보이지 않아 한순간 핀지랩이 어린이들의 섬인가 생각했다. 그리고 이 첫 대면의 순간, 아이들이 숲에서 튀어나오고 몇몇은 어깨동무를 하고 열대 초목은 사방으로 무성해서 그걸 바라보느라 길어진 첫 만남을 통해, 나는 원시의 사람과 자연의 아름다움에 사로잡혔다. 내 안에서 사랑이 물결쳤다. 이 아이들에게, 이 숲에, 이 섬에, 이 모든 광경에. 이곳은 낙원이었고, 이 순간은 마법에 가까운 현실이었다. 나는 다 왔다고 생각했다. 드디어 왔다고. 남은 인생을 여기서 살고 싶었다. 잘하면 이렇게 아름다운 아이들도 몇 얻고.

"아름다워!" 크누트가 황홀한 얼굴로 내 곁에서 속삭였다. 그리고는 말했다. "저 아이를 봐요, 저 아이도, 저 아이도…" 그의 시선을 따라가다 보니 처음에는 보지 못한 것이 불현듯 보였다. 아이들 무리 가운데 군데군데 눈부신 햇빛에 눈살을 잔뜩 찌푸린 아이들이 있었다. 나이가 좀 많은 소년 하나는 검은 천을 머리에 뒤집어쓰고 있었다. 크누트는 비행기에서 내리는 그 순간 바로 그 아이들이 자기와 같은 색맹 형제임을 알아보았다. 그 아이들이 비행기 옆에서 겹겹이 색안경으로 무장한 채 눈살을 찌푸리고 서 있는 그를 분명하게 알아보았던 것처럼.

크누트는 관련 과학 논문도 읽었고 어쩌다가 다른 색맹을 만난 적도 있지만, 지구 반대편으로 날아와 만난 생면부지의 아이들이 자기와 같은 처지라고 해서 일말의 주저함도 없이 동족 의식을 느낄 것이라고는 예상하지 못했을 것이다. 서양 옷차림에 카메라를 목에 건 백지장 낯빛의 북유럽인 크누트와 핀지랩의 몸집 작은 흑인 색맹 아이들이 상봉하는 장면은 우리 나머지 일행에게는 기이하면서도 몹시 가슴 찡한 순간이었다.[11]

너도나도 돕겠다고 우리 짐을 집어 들었고, 장비는 즉석에서 만든 수레—흔들거리는 자전거에 널빤지를 대충 얹어 만든 간당간당한 장치—에 실었다. 핀지랩에는 동력으로 가는 탈것은 물론 포장도로도 없고 사람이 다녀서 난 길이나 숲을 가로지르는 자갈길뿐이지만, 전부가 직간접적으로 큰길과 통한다. 이 큰길 양쪽으로 집이 늘어서 있는데, 양철 지붕 집도 있고 이엉 얹은 집도 있었다. 신이 난 아이들과 청년들(우리는 이 섬에서 스물다섯에서 서른 살이 넘는 사람은 아직 보지 못했다) 열두엇이 우리를 그 큰길로 인도했다.

침낭과 병에 든 물, 의료 및 촬영 장비를 대동한 우리의 도착은 전례를 찾기 힘든 일대 사건이었다(섬 아이들은 카메라보다는 북슬북슬한 털이 달린 음향 조절용 마이크를 신기해하더니 하루 만에 바나나 줄기와 야자열매 껍데기에 붙은 털로 그 비슷한 것을 만들어냈다). 이 즉흥 행렬은 한바탕 축제라도 벌이는 듯 질서도 순서도 지휘자도 서열도 없이 움직이며 그저 신기한 듯 (그들은 우리를, 우리는 그들과 주위의 모든 것을) 주위를 구경하고 가다 서다 한눈팔다 딴 길로 돌아가기를 반복하면서 핀지랩의 숲 마을을 지났다. 조그마한 흑백의 새끼 돼지들이 우리 앞을 쌩 지나갔다. 사람을 피하지는 않았지만 따르지도 않는 것이 애완동물 같지는 않았고, 마치 자기네도 이 섬의 주인이라는 듯 자주적으로 제 갈 길을 갔다. 우리는 돼지들이 흑백인 것을 보고 재미있어하면서 진담 반 농담 반으로 혹시 색맹 집단을 위해 혹은 그 사람들에 의해 특별히 종자 개량된 것은 아닐까 하는 생각도 해보았다.

아무도 이 생각을 입 밖에 내지는 않았지만 우리의 통역을 맡은 (다른 섬 사람들과는 달리 오랜 시간 섬을 떠나 괌 대학에서 교육받은 재능 있는 젊은이) 제임스 제임스가 우리 의중을 알아챘다. "이 돼지들은 우리 선조들이 1,000년 전에 핀지랩에 올 때 데려온 거랍니다. 빵나무와 마, 우리 부족의 신화와 의례도 함께요."

돼지들은 먹을 것이 있는 곳이라면 어디든 몰려다녔지만(바나나와 썩은 망고, 야자열매를 좋아하는 것 같았다) 전부가 주인이 따로 있다고 제임스가 얘기해줬는데, 실로 주인의 재력과 부유함을 보여주는 징표로 삼을 법했다. 돼지는 원래 왕족의 음식으로, 오로지 왕인 난음와르키만이 먹을 수 있었는데, 지금까지도 아주 특별한 의식이 있을 때가 아니면 좀처럼 도살하는 일이 없다고 했다.[12]

크누트는 돼지만이 아니라 풍요로운 식물군에도 매료되었다. 식물종들은 우리 일행 가운데 누구보다도 그의 눈에 선명하게 보였을 것이다. 우리 비색맹들의 눈에는 그저 얼룩덜룩한 녹색일 뿐이었지만, 크누트에게는 쉽사리 식별하고 알아볼 수 있는 다채로운 밝기와 색조, 모양, 그리고 질감의 혼성물이었다. 크누트가 제임스에게 이 이야기를 하니 제임스는 자기한테도 그렇다고, 이 섬의 색맹 주민 모두가 그렇다고 말했다. 이 섬의 식물종을 식별하는 데 어려움을 겪는 사람은 아무도 없었다. 크누트는 사실상 단색조인 이 섬의 풍경이 섬 주민들에게 도움이 된다고 보았다. 빨간 꽃과 열매도 몇 종 있었는데, 빛의 조건에 따라 때로는 이것들을 보지 못하고 지나치는 것도 사실이었다. 하지만 그 나머지는 사실상 전부가 녹색이었다.[13]

"하지만 가령 바나나는 어때요? 노란 바나나와 푸른 바나나를 구분할 수 있나요?" 봅이 물었다.[14]

"매번 그런 건 아니에요." 제임스가 대답했다. "'연두색'이 저한테는 '노랑'과 똑같이 보일 수 있어요."

"그럼 바나나가 익었는지 안 익었는지는 어떻게 알아보나요?"

제임스는 대답 대신 바나나 나무로 가서 한 송이를 조심스럽게 따다가 봅에게 갖다주었다. 연두색 바나나였다.

봅이 껍질을 벗겼다. 놀랍게도 쉽게 벗겨졌다. 그러고는 한입 조심스럽게 베어먹더니 나머지를 게걸스레 먹어버렸다.

"아셨죠?" 제임스가 말했다. "색깔만 보는 건 아니에요. 우린 눈으로 보고, 만져보고, 냄새 맡고, 또 **알아요**. 여러분들은 그냥 색깔만 보겠지만 우린 모든 걸 따지는 거지요!"

산호섬은 어떻게 생겨났을까

나는 하늘에서 핀지랩이 어떻게 생겼는지 보았다. 지름 2.5킬로미터쯤 되는 초호를 작은 섬 셋이 이 빠진 고리 모양으로 둘러싸고 있다. 그런데 한쪽으로는 파도가 맹렬히 부서지고 다른 쪽은 몇백 미터밖에 되지 않지만 고요하기 그지없는 초호가 펼쳐진 좁은 길을 걷다

화산섬

핀지랩

보니, 이제껏 경험해본 그 어떤 것과도 달랐을 이 외딴곳에 처음으로 들어왔던 탐험가들에게 엄습했을 경외감을 알 것 같았다. 피라르 드 라발은 1605년에 이렇게 썼다. "사람의 손길이라곤 닿아본 적 없는 거대한 바위둑에 에워싸인 산호섬을 하나하나 보노라니, 오로지 경이로울 따름이다."

태평양을 항해한 쿡 선장은 이 야트막한 산호섬에 흥미를 느껴 일찍이 1777년에 이곳을 둘러싼 수수께끼와 논란에 대해 이야기한 바 있다.

어떤 사람들은 이곳이 큰 섬의 잔해라고, 머나먼 과거에는 하나의 땅으로 이어져 있었지만 시간이 흐르면서 바다에 씻겨내려가고 높은 지대만 남았다고 주장한다. … 그런가 하면 나를 비롯하여 … 여울목이나 산호 둑에서 시작해 점차 섬으로 커진 것이라고 생각하는 사람들이 있다. 또 지진에 의해서 떨어져 나온 것이라고 생각하는 사람들도 있다.

그러나 19세기 초에 이르러, 산호섬이 바다 가장 깊은 곳에서 생겨난 것일 수도 있긴 하지만 살아 있는 산호 자체는 수면 밑으로 300미터 이상은 자라지 못하며, 그 정도 깊이에서는 견고한 토대가 있어야만 한

환초環礁

다는 사실이 밝혀졌다. 따라서 쿡 선장의 생각처럼 이곳이 해저의 퇴적물이나 산호에서 시작되었으리라고는 할 수 없을 것이다.

당대 지질학의 최고봉 찰스 라이엘은 산호섬이 해저 화산의 봉우리에 산호가 덮여 생겨난 것이라고 주장했다. 한데 그러자면 무수한 화산이 산호의 표면 위로 솟아오르되 그 범위가 15미터에서 24미터 이내여야 실제로 산호의 표면을 깨뜨리지 않고서 산호섬의 토대가 만들어질 테니, 이는 불가능에 가까운 요행인 듯하다.

다윈은 칠레 해안에서 지진과 화산에 의한 지각변동을 직접 경험했는데, 그에게는 이것이 "이 세계에서 줄곧 일어나는 최대 규모 현상, 특히 지구 표면의 불안정성, 부단한 운동, 지각변동의 일부"였다. 그는 어마어마한 규모의 융기와 침강이 일어나는 상상에 빠져들었다. 안데스산맥이 수천 미터 공중으로 솟아오르고 태평양 해저가 수천 미터 밑으로 꺼지는. 그는 이렇게 막연한 상상 속에 빠져 있다가 하나의 구체적인 생각을 떠올렸다. 이러한 융기와 침강이 대양 섬의 기원이요, 그러한 침강으로 산호섬이 생성된 것은 아닐까 하고. 그는, 어떻게 보면 라이엘의 주장을 뒤집은 것인데, 산호는 화산의 솟아오른 봉우리가 아니라 물에 잠긴 비탈에서 자라난 것이며, 그 화산암이 서서히 침식되어 바닷속에 잠기면서 산호의 가장자리만 남아 하나의 보초堡礁가 만들어지는 것이라고 주장했다. 화산이 지속적으로 내려앉게 되면 그 위로 계속해서 산호의 성장 환경인 빛과 온기를 향해 새로운 산호 폴립층이 쌓이면서 산호섬 특유의 모양새를 갖춘다는 것이다. 다윈은 그러한 산호섬이 되려면 최소한 100만 년은 걸릴 거라고 계산했다.

다윈은 이 침강 현상을 설명해주는 단기적 근거, 예컨대 예전에는 육지에 있던 야자나무와 건축물들이 지금은 물속에 있다는 점을 언급했다. 하지만 그는 그처럼 느리게 진행되는 지질 변동으로 결론 내릴 증거는 결코 쉽게 얻을 수 없음을 알았다. 그의 이론은 (많은 사람에게 받아들여졌으나) 한 세기가 지나 에니위탁 산호섬에서 산호에 뚫은 한 거대한 시추공이 수면 밑 1350미터의 화산암에 닿았을 때에야 비로소 확인되었다.[15] 암초를 형성하는 산호는 다윈에게

지하 표층 변동을 간직한 멋진 기념물이다. … 산호섬 하나하나는 이제는 사라진 섬의 기념비다. 우리는 1만 년을 살면서 그동안 거쳐온 변화를 기록한 지질학자와도 같은 이 기념비에서, 우리가 사는 지구의 표면이 부서지고 또 육지와 바다가 뒤바뀐 위대한 질서의 일부를 꿰뚫어볼 수 있다.

핀지랩을 바라보며 한때 드높았던 화산이 수천만 년에 걸쳐 눈에 보이지 않게 조금씩 가라앉았다는 것을 생각하니 시간의 무변함이 피부로 느껴지는 듯했다. 우리는 우리의 남태평양 탐험이 공간 여행일 뿐만 아니라 시간 여행이기도 하다는 사실을 문득 깨달았다.

마스쿤의 유래

우리를 활주로에서 날려 보낼 뻔했던 급풍은 이제 잦아들었지만, 야자수 꼭대기는 아직도 앞뒤로 흔들렸고 암초를 휘감아 때리는 파도의 우레 같은 소리도 아직껏 들려왔다. 태평양 이 일대에서 악명 높은 태풍은 핀지랩 같은 산호섬(해발 3미터에도 미치지 못하는 섬)에는 특히나 치명적일 수 있다. 거대한 풍랑이 일어나면 섬 전체가 물에 잠겨버릴 수 있기 때문이다. 1775년 무렵에 핀지랩 일대를 덮쳤던 렝키에키 태풍은 섬 인구의 90퍼센트를 그 자리에서 죽였으며, 생존자 대다수도 기근에 시달리다 결국엔 죽어갔다. 코코야자와 빵나무, 바나나를 포

함하여 식물 서식군 전체가 파괴되어 섬 주민이 먹을 것이라곤 물고기 밖에 남지 않았던 것이다.[16]

태풍이 몰아치던 당시 핀지랩은 사람이 정착해 산 지 800년이나 되어 인구도 1,000명에 육박했다. 초기 정착민이 어디서 왔는지는 밝혀지지 않았지만, 그들에게는 세습 왕인 난음와르키가 다스리는 복잡한 계급제도, 구전 문화와 신화 그리고 그 무렵 이미 폰페이 '본토 주민'들이 알아듣기 어려울 정도로 분화된 언어가 있었다.[17] 이 번창하던 사회의 인구는 태풍이 닥친 지 몇 주 만에 난음와르키와 왕족 일부를 포함한 생존자 20여 명으로 줄어들었다.

핀지랩 주민들은 번식 능력이 뛰어나 수십 년 만에 인구가 100명에 근접했다. 그러나 이 대대적인 번식—그리고 불가피한 근친교배—으로 새로운 문제가 발생했다. 전에는 희귀했던 유전적 특질이 퍼지기 시작하여 그 태풍이 닥친 지 4세대 만에 하나의 '새로운' 질병이 나타난 것이다. 눈 질환을 갖고 태어난 첫 세대가 1820년에 나타났는데, 몇 세대 만에 그 수치가 인구 전체의 5퍼센트 이상으로 급증했고, 오늘날까지도 비슷한 수치를 유지하고 있다.

색맹 돌연변이가 처음 나타난 곳은 몇 세기 전 캐롤라인제도였다. 그러나 이것은 퇴행성 유전자이며, 인구 규모만 크다면 두 명의 보유자가 결혼할 확률은 매우 낮기에 자녀들에게 그 질환이 나타날 확률도 매우 낮다. 그런데 이 모든 것이 태풍으로 뒤집혔고, 계보학자들의 연구는 모든 후대 보유자의 최초 조상이 바로 그때 살아남았던 난음와르키 본인이었음을 시사한다.[18]

아기가 태어날 때는 눈이 정상인 것처럼 보이지만 두세 달이 지나면 실눈을 뜨거나 자주 깜빡이고, 환한 빛을 보면 눈을 찌푸리거나 고개를 돌린다. 걸음마를 시작하면 어느 정도 떨어진 데 있는 작은 사물이나 사물의 세부 형태를 보지 못한다는 것이 분명해진다. 그러다 네댓 살이 되면 빛깔을 분간하지 못한다는 것이 확실해진다. 그들은 이 기이한 상태를 묘사하는 말로 마스쿤('안 보인다')이라는 어휘를 만들었다. 이 질환은 남녀 어린이 모두에게 동등하게 나타나는데, 이 점을 제외하면 다른 면에서는 모두 정상이고 총명하며 활동적인 아이들이다.

그 태풍으로부터 200년 이상이 지난 오늘날, 이 섬 인구의 3분의 1이 마스쿤 유전자 보유자이며, 전체 인구 약 700명 가운데 57명이 전색맹이다. 세계 다른 지역에서 색맹의 발생률은 3만 분의 1 미만인데, 이곳 핀지랩에서는 12분의 1이다.

핀지랩에서의 첫날 밤

아이들이 까불면서 뛰놀고 돼지들이 발에 차이는 가운데 우리의 좌충우돌 행렬은 숲을 지나 마침내 이 섬의 2층짜리 콘크리트블록 건물 서너 채 중 하나인 관청 건물에 도달했다. 난음와르키와 시장, 관리 몇 명이 우리에게 깍듯이 예를 갖추어 인사했다. 핀지랩 여성 델리다 아이작은 통역을 맡아 우리 일행을 소개하고 나서 자기를 소개했다. 델리다는 길 건너편에서 진료소를 운영하면서 온갖 부상과 질병을 치료한다. 며칠 전만 해도 거꾸로 나온 아기를 받았는데, 의료 장비랄 것이 없는 환경에서는 결코 쉽지 않은 일이었지만 지금은 산모와 아기 모두 건강하다고 했다. 핀지랩에는 의사가 없지만 델리다는 타지에서 교육을 받은 사람이라 의사 노릇을 하며, 가끔은 폰페이에서 온 견습생을 보조로 쓴다. 델리다가 다룰 수 없는 환자가 생기면 폰페이에서 한 달에 한 차례씩 외부 진료를 도는 순회 간호사가 올 때까지 기다려야 한다. 델리다는 친절하고 상냥한 사람이지만 필시 "만만하게 봐서는 안 될 실세"인 것 같다는 것이 봅의 소견이었다.

델리다는 우리를 데리고 관청 건물을 구경시켜주었다. 많은 방이 버려져 비어 있었고, 등불을 켜기 위해 설계된 낡은 등유 발전기는 여러 해 동안 사용하지 않은 듯했다.[19] 땅거미가 지자 델리다는 우리가 묵게 될 시장 사택으로 길을 안내했다. 가로등은커녕 불빛 한 점 없어 어둠이 더욱 빠르게 몰려드는 것만 같았다. 콘크리트블록으로 지은 실내는 어둡고 작은 데다 숨 막히게 뜨거웠는데, 해가 지고 나니 완전히 찜통이었다. 그러나 근사한 야외 테라스가 있었고 그 위로 어마어마하게 큰 빵나무와 바나나 나무 가지가 활처럼 굽어 드리워 있었다. 침실은 두 칸이었다. 크누트는 아래에 있는 시장의 방을, 봅과 나는 위에 있는 어린이 방을 잡았다. 우리는 공포 서린 눈으로 서로를 바라보았다. 둘 다 불면증 환자에, 둘 다 더위를 못 참고, 둘 다 책을 붙들고 뒤척거리는 사람들이었으니 말이다. 책조차 읽을 수 없는 이 기나긴 밤들을 어찌 이겨낼 것인지, 걱정이 앞을 가렸다.

절반은 더위와 습도 탓에, 절반은 특히 편두통이 시작될 때면 눈에 보이는 기이한 환영 탓에, 나는 밤새 뒤척거리며 잠들지 못했다. 캄캄한 천장에서 빵나무와 바나나 나무가 쉴 새 없이 움직이는 것 같았고, 무엇보다도 내가 드디어 색맹의 섬에 도착했다는 흥분과 도취감이 강렬했다.

그날 밤 잠을 푹 잔 사람은 없었다. 우리는 동틀 녘 부스스한 꼬락서니로 테라스에 모여 앉아 정찰을 좀 나가보자고 했다. 나는 공책을 챙겨 걷는 동안 짤막하게 기록을 해나갔다(습한 공기에 잉크가 번지기는 했지만).

아침 6시, 바람 한 점 없이 멈춰 있는 공기는 우리의 기운을 다 빨아들일 듯이 뜨겁지만, 섬사람들의 일상은 벌써 시작되었다. 비명을 질러대며 덤불 속으로 달려드는 돼지들, 토란과 생선 요리 익는 냄새, 끝이 갈라진 야자와 바나나 이파리로 지붕을 수리하는 사람들…, 핀지랩 주민들은 이렇게 새날을 맞이한다. 세 남자가 마상이를 만들고 있다. 1,000년 이상 바뀐 적 없는 재료와 방법으로 거대한 통나무 하나를 깎고 다듬어 만드는 멋들어진 모양의 전통적인 마상이다. 봅과 크누트는 마상이 만드는 모습에 마음을 빼앗겨 흐뭇한 얼굴로 골똘히 구경한다. 크누트는 또 길 저쪽 몇몇 집 곁의 무덤과 사당도 구경한다. 핀지랩에서는 마을 공동으로 지내는 장례나 묘지도 없이 집 곁에 마련한 이 아늑한 무덤이 죽은 이에 대한 예의 전부라, 죽은 이가 가족과 함께 사는 것이나 마찬가지다. 무덤가에는 빨랫줄 같은 끈을 쳐놓았고 그 위에 빛깔과 무늬가 화사한 천을 걸었다. 잡귀를 쫓겠다는 것인지 그냥 장식인지는 잘 모르겠지만 축제 분위기가 느껴진다.

나는 우리를 둘러싼 식물군에 온통 마음을 빼앗겼는데 그것은 내가 보았던 어떤 열대림보다도 빽빽하며, 어떤 나무에는 환히 빛나는 노란 이끼가 앉아 있다. 조금 물어뜯어보았지만—먹을 수 있는 이끼도 많다—신통찮게 쓴맛뿐이다.

사방이 빵나무였다. 더러는 숲 전체가 빵나무만으로 이루어진 곳도 나왔는데, 큼직한 이파리가 톱니바퀴처럼 째져 있고 댐피어가 300년 전에 식빵 덩어리[20]에 비유했던 묵중한 열매가 매달려 있다. 나는 그렇게 아낌없이 주는 나무를 본 적이 없다. 제임스는 이 나무가 아주 기르기 쉽다고 했다. 나무 한 그루에 묵직한 열매가 한 해 100개 정도 열리는데, 한 사람을 부양하고도 남는 양이다. 빵나무 한 그루가 50년이 넘도록 열매를 맺고, 질 좋은 나무는 목재로 쓰이는데 특히 마상이 선체를 만드는 데 많이 쓰인다.

암초 아래에서 아이들이 벌써 헤엄치며 놀고 있는데 몇 아이는 이제 갓 걸음마를 뗀 아기이지만 산호가 뾰족뾰족 솟아 있는 물속으로 겁 없이 뛰어들면서 신나서 빽빽 고함을 질러댄다. 색맹 꼬마 두세 명도 물속으로 뛰어들어 다른 아이들과 고함을 지르며 놀고 있다. 적어도 저 나이대에는 소외되거나 끼지 못하는 일은 없는 것 같다. 날이 아직 일러 하늘이 어둑어둑해서 대낮일 때만큼 눈이 부시지 않은 까닭이기도 하다. 좀 큰 아이들은 낡은 샌들의 고무 굽을 손바닥에 묶어 개헤엄을 치는데 엄청나게 빨랐다. 다른 아이들은 물속 깊이 바닥으로 다이빙한다. 거기에는 퉁퉁하고 커다란 해삼이 밀집해 있다. 아이들은 해삼을 꾹꾹 눌러 짜서 서로에게 물총을 쏘면서 논다. 해삼류를 좋아하는 나는 저 해삼들이 아이들 손아귀에서 살아남기를 그저 빌었다.

나도 해삼을 찾아 물속으로 들어가 뒤지기 시작했다. 책에서 읽기로는 한때 해삼을 귀하게 여기는 말레이 반도와 중국, 일본으로 수출이 활발했다는데, 말레이에서는 트리팡, 영어로는 '바다 오이sea cucumber', 일본에서는 '바다의 쥐海鼠(일본어 발음으로 나마코―옮긴이)', 프랑스어로는 '바다의 삼bêche-de-mer(프랑스어 발음으로 베슈드메르―옮긴이)'이라 불리며 각광받는 음식이다. 나도 가끔은 신선한 해삼 요리를 즐긴다. 해삼은 끈끈한 젤라틴 성분으로 조직에 동물성 섬유소를 함유하고 있는데, 아주 근사한 물질이라고 생각한다. 한 마리를 해변으로 가져가면서 제임스에게 핀지랩 사람들도 이것을 많이 먹느냐고 물었다. "우리도 먹긴 해요. 질겨서 조리를 오래 해야 해요. 하지만 요놈은 날로 먹어도 돼요." 제임스는 내가 찾아낸 해삼을 가리키며 말했다. 나는 한번 깨물어보고는 농담인가 싶었다. 껍질이 어찌나 질긴지 이도 들어가지 않았다. 낡은 가죽 신발을 씹는 기분이었달까.[21]

'한쪽 눈'을 선물한 크누트

우리는 아침을 먹고 토박이 에드워드 씨 가족을 방문했다. 엔티스 에드워드 자신은 물론 환한 햇빛 아래 눈을 찌푸린, 포대기에 싸인 아기부터 열한 살 소녀까지 세 자녀 모두 색맹이다. 아내 에마는 정상 시각을 지녔지만, 보기에는 색맹 유전자 보유자인 듯하다. 엔티스는 많이 배운 사람으로, 영어는 거의 못하지만 타고난 이야기꾼이며 회중 교회의 목사이자 어부로 지역사회에서 우러름을 받는 인물이다. 그러나 이는 이 지역 관례와는 거리가 멀다고 아내가 말한다. 마스쿤으로 태어난 사람들 대다수는 글을 깨치지 못하는데, 왜냐하면 선생님이 칠판에 쓰는 글씨를 보지 못하기 때문이다. 이 사람들은 짝을 만나 결혼하기도 훨씬 어렵다. 그 이유는 한편으로는 이들이 낳는 자식도 이 병에 걸릴 가능성이 높다는 인식 때문이고 또 한편으로는 다른 섬사람들처럼 환한 대낮에 실외에서 일할 수 없기 때문이다.[22] 엔티스는 모든 면에서 예외이며, 스스로도 이 점을 굉장히 잘 알고 있다. 그는 이렇게 말한다. "나는 운이 좋았지요. 다른 사람들에게는 결코 쉽지 않습니다."

사회적으로 겪는 문제를 제외한다면, 엔티스는 비록 밝은 빛을 견디지 못하고 사물을 세부적으로 보지 못하기는 해도 색맹 자체를 장애로 느끼지는 않는다. 크누트는 이 말에 고개를 끄덕였고, 엔티스의 모든 이야기를 사려 깊게 경청하면서 많은 면에서 공감했다. 그는 외알 망원경을 꺼내 엔티스에게 보여주었다. 그에게는 제3의 눈이나 마찬가지인, 늘 목에 걸고 다니는 그 외알 망원경 말이다. 초점을 맞추는 엔티스의 얼굴이 기쁨으로 환해졌다. 그는 물 위에서 출렁거리는 배, 지평선에 선 나무들, 그리고 길 건너편 사람들의 얼굴을 생전 처음으로 또렷이 볼 수 있었다. 그러고는 망원경을 내려 손가락 끝의 달팽이 모양 지문을 세세히 들여다보았다. 크누트는 충동적으로 목에 걸려 있던 외알 망원경을 벗어 엔티스에게 선물했다. 엔티스는 완전히 감동을 받아 아무 말도 못 했고, 그의 아내가 집 안으로 들어가 손수 만든 아름다운 목걸이를 갖고 나왔다. 별보배조개 껍데기를 엮어 세 줄로 만든, 이들 가족에게 가장 귀중한 물건이었다. 아내가 이 목걸이를 크누트에게 엄숙하게 선물하자 엔티스는 옆에서 묵묵히 바라보았다.

외알 망원경이 없어져 이제는 크누트 자신이 볼 수 없게 생겼지만 그는 진심으로 기뻐했다. "내 눈 한쪽을 준 것이나 다름없어요. 뭘 보려면 꼭 필요한 물건이니까요. 그분한테는 완전히 새 세상이 열린 거예요." 그는 이렇게 말했다. "나야 나중에 하나 또 사면 되지요."

돌아온 고향에서 외톨이 되다

이튿날 우리는 햇빛에 눈을 찌푸린 채 10대 아이들의 농구 시합을 구경하는 제임스를 보았다. 우리의 통역이자 길잡이를 할 때는 쾌활하고 붙임성 좋고 박식하고 이곳 지역사회에서 많은 일을 하는 사람인 줄만 알았는데, 처음으로 그는 무언가를 갈망하는 듯 말수가 없어지고 고독하고 슬퍼 보였다. 우리는 대화를 하게 되었고, 속내 이야기가 나왔다. 그는 사는 것과 학교 공부에 있어서 핀지랩의 다른 색맹 아이들과 마찬가지로 힘들어하고 있었다. 햇빛을 가리지 않으면 그야말로 장님 신세였고 검은 천으로 눈을 가리지 않고서는 환한 곳에 나갈 수조차 없었다. 다른 아이들과 마구잡이로 뒤엉켜 놀 수도, 다른 아이들이 바깥에서 재미있게 하는 놀이에 낄 수도 없었다. 시력은 형편없었고 교과서는 코앞에 갖다 붙이지 않는 한 전혀 읽을 수 없었다. 그럼에도 이해력과 창의력이 출중하여 글을 쉽게 깨쳤고, 책 읽기를 좋아했다. 델리다처럼 그도 교육을 위해 폰페이로 갔다(핀지랩에는 작은 초등

학교만 한 곳 있고, 중학교는 없다). 똑똑하고 포부 크고 더 큰 인생을 갈망하던 제임스는 괌 대학 장학생이 되어 5년을 공부하고 사회학 학위를 받았다. 그는 이상을 품고 두려움 없이 핀지랩으로 돌아왔다. 이곳 섬사람들이 만든 상품을 더욱 효과적으로 거래할 수 있도록 돕고, 더 나은 의료 혜택과 유아 보육을 받을 수 있게 하고, 모든 가정에 전기와 수도를 공급하고, 섬사람들의 교육 수준을 높이며, 이 섬에 새로운 정치의식과 자부심을 심어주고, 섬 주민—특히 색맹—한 사람 한 사람에게 그가 힘겹게 싸워 얻은 읽기와 쓰기 교육을 타고난 권리로 부여하리라는 포부를 안고서.

그러나 어느 것 하나 이루어지지 않았다. 그는 무너뜨릴 수 없는 타성과 변화에 대한 저항, 야심 부족, 될 대로 되라는 식의 사고방식에 맞닥뜨렸고 결국에는 그 스스로 노력하기를 포기했다. 핀지랩에서는 그의 교육 수준이나 재능에 걸맞은 직업을 찾을 수 없었는데, 왜냐하면 자급자족 경제 체제로 돌아가는 그곳에는 보건 일꾼과 시장, 교사 두어 명을 제외하고는 직업 자체가 없기 때문이었다. 대학물 먹은 사람의 말투와 태도, 세계관을 갖게 된 제임스는 그가 떠났던 이 작은 세계에 더는 어울리지 않았으며, 자기가 외톨이, 이방인임을 깨달았다.

색맹 여인이 짠 아름다운 무늬

에드워드 씨네 집에 갔을 때 집 바깥에서 아름다운 무늬가 들어간 깔개를 하나 봤었는데, 지금 보니 전통적인 초가집이건 골진 알루미늄 지붕을 얹은 콘크리트 벽돌집이건 간에 집집마다 비슷한 깔개가 있었다. 제임스는 이 깔개 짜는 법은 "태초 이전부터" 바뀐 적 없는 그들 고유의 수공업이라며, 아직까지 야자 잎으로 만든 전통적인 섬유를 사용한다고 말한다(염료는 전통적인 식물 염료 대신 남아도는 카본지에서 뽑아내는 검푸른 염료를 쓰는데, 핀지랩 주민들에게 카본지는 이것 말고는 용도가 거의 없는 물건이라고 한다). 이 섬에서 가장 아름다운 깔개를 짜는 사람은 색맹 여인이었는데, 그 여인은 그 기술을 마찬가지로 색맹이었던 어머니에게서 배웠다. 제임스가 그 여인을 만나게 해주었다. 여인은 깜깜한 오두막 안에서 섬세한 작업을 하고 있었다. 환한 바깥에 있다가 그 안에 들어갔더니 아무것도 보이지 않았다. 반면에 크누트는 이중 색안경을 벗었고, 이 섬에서 여기보다 눈이 편안한 곳은 없다고 그랬다. 우리는 점차 어둠에 익숙해지면서 독특한 빛을 지닌 여인의 작품을 볼 수 있었고, 그 정교한 무늬들이 서로 다른 밝기로 구성돼 있는 것을 알 수 있었다. 그러나 깔개 한 장을 환한 밖으로 갖고 나오자, 그 아름다운 무늬들이 사라져버린 것 같았다.

크누트는 그럴 수 있다는 것을 여인에게 설명해주기 위해 자기 누이 브리트가 최근에 열여섯 가지 색깔의 털실로 웃옷을 뜬 이야기를 해주었다. 누이는 실타래의 색깔을 헷갈리지 않기 위해서 타래에 꼬리표를 붙여 숫자 매기는 방법을 고안했다. 그 웃옷에는 노르웨이의 민담을 형상화한 아주 복잡하고 아름다운 무늬와 그림을 짜넣었지만, 연한 갈색과 자주색처럼 색채 대조가 별로 없는 색깔을 썼기 때문에 정상 시각을 지닌 사람들에게는 잘 보이지 않았다. 하지만 밝기만으로 색을 구분하는 브리트에게는 그 무늬와 그림이 뚜렷이 보였는데, 어쩌면 색맹이 아닌 사람들보다도 훨씬 뚜렷하게 보았을 것이다. 브리트는 "이건 나만의 특별한 비법"이라면서 "완전한 색맹이나 돼야 이게 제대로 보일 것"이라고 말했다고 한다.

색맹검사 소동

그날 오후에 우리는 마스쿤 장애가 있는 사람들을 더 만나기 위해 진료소로 갔다. 40명 가까이 있었는데, 핀지랩 색맹 주민의 절반이 넘는 수였다. 우리는 중앙 진료실에 자리를 잡았다. 봅은 검안경과 렌즈, 시력검사표를 준비했고, 나는 색실 다발과 그림, 펜, 표준 색각검사 도구를 준비했다. 크누트는 슬론 색맹 카드를 한 벌 가져왔다. 이 도구를 처음 보는 내게 크누트가 원리를 설명해주었다. "이 카드에는 각 장마다 회색 네모 칸이 하나씩 그려져 있는데, 이 네모 칸들은 아주 연한 회색에서 검정에 가까운 아주 짙은 회색까지 명도만 조금씩 달라요. 네모 칸에는 가운데에 구멍이 하나씩 뚫려 있는데, 내가 색종이를 뒤에 이렇게 갖다 대면 네모 중에서 하나는 갖다 댄 색과 일치되는 것이 나와요. 그건 곧 그 네모와 색종이의 농도가 똑같다는 얘기지요." 크누트는 중간 정도의 회색 배경에 둘러싸인 주황색 점을 가리켰다. "나한테는 이 가운데 점과 여기 이 배경 색이 완전히 똑같은 색으로 보여요."

이런 짝 맞춤은 어떤 색이건 회색과 '맞춤'이 될 수 없는 정상 색각한테는 아무런 의미도 없을 것이며, 따라서 대부분의 사람들에게는 극히 힘든 검사법이 될 것이다. 그러나 모든 색, 모든 회색을 밝기 차이로만 보는 색맹에게는 상당히 쉽고도 자연스러운 방법이다. 기준이 되는 조명을 설치해놓고 검사를 실시하는 것이 가장 좋은 방법이겠지만, 이 섬에 조명을 밝힐 만한 전기가 없었기 때문에 크누트는 자신을 기준으로 삼아, 각 색맹의 반응을 자신의 반응에 견주는 방법을 썼다. 거의 모든 사람의 반응이 동일하거나 아주 흡사했다.

병원에서 뭔가를 검사할 때는 대개가 상당히 사적으로 이루어지지만 여기는 굉장히 공개적이었는데, 어린아이들이 창문에 붙어 안을 들여다보고 검사를 실시하는 우리들 사이를 돌아다니기도 하는 등 무슨 마을 축제라도 벌어진 것처럼 즐겁고 경쾌한 분위기였다.

봅은 주민 한 사람 한 사람의 굴절력을 검사하고 망막을 상세히 들여다보고자 했다. 안진증 탓에 눈이 쉴 새 없이 움직이니 결코 쉽지 않은 임무였다. 물론 미세한 막대세포와 원뿔세포(혹은 그것이 없는지)를 직접적으로 본다는 것도 가능하지는 않았지만, 어쨌거나 검안경 검사로는 무엇 하나 잘못된 곳을 찾아낼 수 없었다. 초기 연구자들 가운데 일부가 마스쿤이 심한 근시와 관계가 있을 수 있다고 주장한 바 있지만, 봅은 많은 색맹이 근시이기는 하지만 아닌 사람도 많다는 사실(크누트는 오히려 원시다), 그리고 핀지랩의 정상 색각 주민 가운데 근시의 비율도 비슷하다는 사실에 주목했다. 봅은 근시에 유전 요소가 있다 해도 색맹과는 무관하게 전달되는 것이라고 생각했다.[23] 또한 근시에 관한 보고가 핀지랩의 많은 주민이 작은 물건을 볼 때 눈을 찌푸리고 바짝 갖다 대는 모습(이런 모습을 보고 근시라고 생각할 수 있겠지만 사실은 시력이 형편없고 밝은 빛을 견디지 못하는 색맹의 상태를 나타내는 행동이다)을 관찰한 초기 연구자들에 의해 과장된 것일 가능성도 있다고 보았다.

나는 색맹 주민들에게 다양한 뜨개실의 빛깔을 알아볼 수 있는지 아니면 빛깔이 같은 것끼리 맞추는 것이라도 할 수 있는지 물었다. 짝 맞춤은 분명코 빛깔이 아니라 밝기로 이루어졌다. 노랑과 연파랑은 하양과 한 묶음이 되고, 진빨강과 녹색은 검정과 한 묶음이 되는 식이다. 나는 부분색맹을 검사하는 이시하라 가성동색표도 가져왔는데, 색색가지 점으로 이루어져 (밝기가 아닌) 배경의 점 색깔만으로 그 안에 그려진 숫자와 그림을 맞춘다. 이시하라 검사표의 그림판 일부는 역으로 정상 색각에게는 보이지 않고 오로지 색맹만 알아볼 수 있다. 이 그림들은 점의 색깔이 모두 똑같고 밝기만 달라진다. 나이가 조금 있는 마스쿤 어린이들이 이것을 보고 흥분하더니 주객이 전도되어 앞 다투어 검사자인 나를 시험하겠다며 내가 보지 못하는 숫자 그림을 들이댔다.

마스쿤 주민을 검사하는 동안 옆에서 크누트가 자신의 경험을 알려준 것이 얼마나 도움이 되었는지 모른다. 그 덕분에 우리는 불필요하게 꼬치꼬치 캐묻거나 비인간적인 질문을 던지는 걸 배제함으로써 모두가 똑같은 사람이라는 느낌을 갖게 해주어 모든 과정을 수월하게 진행했고, 따라서 문제를 어렵지 않게 명확히 확인할 수 있었다. 사람들은 색각이 없다는 것 자체를 문제 삼지는 않는 것 같았지만 마스쿤에 대해 잘못 알고 있는 것도 많았다. 그중에서도 이 병이 진행성으로 언젠가는 시력을 완전히 잃게 되고 심지어는 지능 발달 지체, 광기나 간질, 심장병 따위를 앓을 수 있다는 공포심이 가장 큰 오해였다. 임신 기간에 조심하지 않았다거나 어떤 접촉을 통해 이 병에 전염되었다고 믿는 사람들도 있었다. 마스쿤은 나타나는 집안에만 나타난다는 인식이 있기는 했지만, 퇴행성 유전자니 유전이니 하는 것을 아는 사람은 극히 드물었다. 봅과 나는 마스쿤이 진행성 질병이 아니며 시력의 전체가 아닌 일부 요소에만 영향을 미친다는 사실, 그리고 밝은 빛을 어느 정도 차단해줄 색안경이나 챙 달린 모자, 글을 읽고 멀리 있는 것을 뚜렷이 보게 해줄 돋보기와 외알 망원경 따위의 몇 가지 단순한 시력 보조 기구를 사용하면 마스쿤 환자라도 다른 사람들과 똑같이 교육받고 생활하고 여행하고 일할 수 있다는 사실을 강조하기 위해서 최선을 다했다. 그러나 그들에게 이 점을 실감나게 이해시킨 것은 우리의 수십 수백 마디 설명이 아니라 크누트가 직접 보여준 선글라스와 돋보기 시범, 그리고 그의 인생에서 얻어낸 놀라운 성취와 자유였다.

우리는 진료소 앞에서 우리가 가져온 광각 선글라스와 모자, 햇빛 가리개를 나눠주었고, 다양한 결과를 얻어냈다. 눈을 찌푸리며 목청이 터져라 울어 젖히는 색맹 아기를 품안에 안은 한 어머니가 소아용 선글라스를 받아 아기 코에 얹으니 아기가 잠잠해지고 곧바로 행동에 변화가 일어났다. 아기는 더는 눈을 깜빡이지도 찌푸리지도 않으면서 호기심 가득한 눈을 동그랗게 뜨고는 주변의 사물을 구경하기 시작했다. 이 섬에서 가장 나이가 많은 색맹 할머니는 못마땅한 얼굴로 어떤 선글라스도 받으려 들지 않았다. 지금까지 여든 해를 이런 채로 살아왔고 앞으로도 선글라스 따위를 쓸 생각은 없다는 말씀이었다. 그러나 나머지 색맹 성인과 10대 청소년들은 선글라스가 맘에 든 것 같았는데, 익숙하지 않은 무게에 계속해서 콧등을 씰룩거리기는 했지만 밝은 빛에는 전보다 훨씬 편안해하는 눈치였다.

스팸에 중독된 사람들

비트겐슈타인은 집에 모시기에 가장 손쉬운 손님 아니면 가장 까다로운 손님, 둘 중 하나였다는 이야기가 있다. 그는 누군가에게 초대를 받으면 어떤 음식을 내놓건 아주 맛있게 먹지만 그다음부터 그 집을 떠나는 순간까지 모든 끼니가 그 첫 끼니와 완전히 똑같은 음식이어야 했기 때문이다. 보통 사람에게는 이것이 아주 특이할뿐더러 병적으로까지 보이겠지만 이와 비슷한 구석이 있는 나에게는 아무 문제도 없는 정상으로 여겨진다. 사실 단조로운 것을 유별나게 좋아하는 나는 핀지랩의 변화 없는 식단을 아주 즐겼지만, 크누트와 봅은 이것저것 다양한 것을 먹고 싶어 했다. 우리가 있는 동안 삼시 세 끼 꼬박꼬박 토란, 바나나, 판다누스, 빵나무 열매, 마, 참치에 이어 파파야와 과즙 그득한 어린 야자가 나왔다. 어쨌거나 생선과 바나나를 좋아하는 나에게는 이 식단이 더할 나위 없이 만족스러웠다.

그러나 매 끼니 (그것도 번번이 튀겨서) 올라오는 스팸에는 나마저도 속이 메슥거릴 정도였다. 도대체 이곳 섬사람들은 건강에도 좋고 맛도 좋은 토속 음식을 놔두고 뭐 하자고 이런 역겨운 것을 먹으려 들까? 코프라(야자 씨의 배젖을 말린 것으로 지방 함량이 높아 과자의 재료나 마가린, 비누, 야자유 따위의 원료로 쓰고 찌꺼기는 짐승의 먹이로 사용한다—옮긴이), 깔개, 판다누스 열매를 폰페이에 팔아 벌어들이는 적은 돈 말고는 수입원이 없어 가뜩이나 어려운 형편에 말이다. 비행기에서 말발 좋은 스팸 남작한테 이야기를 듣기는 했지만 핀지랩에 와서 직접 보니 중독은 중증이었다. 건강과 쪼들리는 살림이 배겨낼 수 없는데도 핀지랩 주민만이 아니라 태평양 일대의 모든 부족이 이 물건에 그토록 무력하게, 그토록 게걸스럽게 빠져든 것은 어째서일까? 이 점을 의아하게 여긴 것은 나만이 아니었으니, 폴 서루는 《오세아니아의 행복한 작은 섬들The Happy Isles of Oceania》에서 이 지역에 만연한 스팸광 현상을 자기만의 가설로 정리해놓았다.

오세아니아의 옛 식인 풍습이 오늘날의 스팸을 즐기는 현상이 되었다는 것이 나의 지론이다. 스팸이 인육과 가장 가까운 돼지고기 맛인 까닭이다. 멜라네시아의 많은 지역에서 조리한 인육을 '키 큰 돼지'라고 부른다. 태평양의 식인 부족이 전부 스팸 먹는 부족으로 진화 혹은 퇴화했다. 그리고 스팸을 구할 수 없을 때는 소금에 절인 쇠고기로 대신하는데, 이것도 송장 맛이 난다.

하지만 내가 알기로는 핀지랩에는 식인 풍습이 없었다.[24]

토란밭에서 만난 노인

스팸이 서루의 주장처럼 식인 풍습이 승화된 것이건 아니건 간에 섬 한가운데의 습지 40제곱킬로미터를 차지하는 최대의 식량 원천인 토란밭을 찾으니 마음이 한결 가벼워졌다. 핀지랩 사람들은 경건함과 애정을 듬뿍 담아 토란을 이야기하며, 마을 공동 소유인 토란밭에서 모든 주민이 품앗이로 일한다. 잡초를 정성 들여 손으로 뽑고 나면 키 50센티미터의 모종을 심는다. 토란은 자라는 속도가 엄청나게 빨라서 눈 깜짝할 사이에 3미터를 훌쩍 넘기며 넓적한 세모꼴 이파리가 농부들 머리 위로 척척 늘어진다. 밭을 보살피는 것은 전통적으로 여자들 몫으로, 그들은 발목까지 푹푹 빠지는 진흙밭에서 맨발로 일하며 날마다 다른 구역을 가꾸고 열매를 딴다. 커다란 이파리가 만들어주는 짙은 그늘은 특히나 마스쿤 여인들이 좋아하는 쉼터다.

밭에서는 10여 종의 토란이 자라는데 큼직한 전분질 뿌리는 쓴맛부터 단맛까지 갖가지 맛이 난다. 뿌리는 날것으로 먹을 수도 있고 말려 저장해뒀다가 나중에 쓸 수도 있다. 토란은 핀지랩 최대의 작물인데 마을 사람들은 2세기 전 렝키에키 태풍이 닥쳤을 때 토란밭이 짠 바닷물에 잠겨 완전히 파괴되었던 이야기를 지금까지도 생생히 기억한다. 살아남은 섬사람들이 굶어 죽은 것도 바로 이 때문이었다.

토란밭에서 돌아오는 길에 숲에서 한 노인을 만났다. 그는 쭈뼛거리면서도 굳게 작정한 듯 우리에게 다가오더니 봅에게 진찰을 받을 수 있는지 물었다. 눈앞이 침침한 것이 이제 곧 멀 것 같다면서. 봅은 진료실로 돌아가서 검안경으로 노인의 눈을 검사하고는 백내장이라고, 다른 문제는 보이지 않는다고 말했다. 봅은 노인에게 수술을 받으면 치료될 수 있을 것 같은데, 시력을 제대로 회복하려면 폰페이에 있는 병원으로 가야 할 것 같다고 말해주었다. 노인은 우리를 보고 활짝 웃더니 봅을 껴안았다. 봅은 델리다에게 폰페이에서 오는 순회 간호사의 일정을 확인하여 노인의 이름을 백내장 수술 명단에 올렸고, 델리다는 노인에게 우리 일행을 찾아온 것이 천만다행이었다고, 그러지 않았다면 눈이 완전히 멀었을지도 모른다고 말했다. 핀지랩의 의료진은 과도한 수요 탓에 이미 혹사당하고 있었다. 이 섬에서 백내장은 (색맹과 마찬가지로) 중요한 질환으로 치지 않았으며, 백내장 수술은 보통돈이 많이 들고 폰페이로 가는 교통비 부담까지 있어서 치료받을 생각조차 하지 못하고들 있었다. 따라서 노인이 시술을 받게 된다면 예외의 사례가 될 것이었다.

이틀 만에 만들어진 신화

핀지랩에 있는 교회를 세어보니 다섯 군데였는데, 전부가 회중 교회들이었다. 앨버타 라크레트의 메노파 공동체에 가본 뒤로 교회의 밀도가 이렇게 높은 곳은 처음이었다. 여기서는 교회 가는 것이 일상이다. 교회가 아니더라도 어디에나 찬송가와 주일학교가 있다.

이 섬에 본격적으로 종교의 침략이 이루어진 것은 19세기 중반이었고, 1880년 무렵 섬 주민 전체가 기독교로 개종했다. 그러나 다섯 세대가 지난 지금, 기독교가 이곳의 토착 문화 속에 섞여들고 광신적인 측면이 있기는 하지만, 이 섬의 땅과 식물, 그리고 역사와 지리에 뿌리 내린, 옛것에 대한 경의와 향수는 아직도 강하게 남아 있다. 울창한 숲속을 걷는데 노랫소리가 들려왔다. 세속의 것이라고는 믿어지지 않는 그 높고 순수한 목소리에 나는 다시금 핀지랩이 어떤 마법의 땅, 또하나의 세계, 영혼의 섬이라는 생각에 잠겨들었다. 빽빽한 풀숲을 헤쳐 나가다가 자그마한 빈터에 이르렀는데, 여남은 아이들이 교사와 함께 아침 햇발 속에서 찬송가를 부르고 있었다. 아니, 아침 햇발에 맞추어 부르는 노래였을까? 가사는 기독교를 노래하지만 곡조며 느낌은 신비로운 이단이었다. 섬을 돌아다니는 동안 곳곳에서 노랫소리가 들려왔지만 노래하는 이는 보이지 않고 실체 없는, 목소리의 무리만이 대기에 떠다녔다. 처음에는 천사의 목소리마냥 무구하게만 들리지만 조금 지나면 알 듯 모를 듯 조롱조가 느껴졌다. 처음에 에어리얼을 떠올렸다면 지금은 캘러밴이 생각난다고나 할까(에어리얼은 셰익스피어의 《템페스트》에 나오는 공기의 요정이고 캘러밴은 반인반수의 노예다—옮긴이). 그리고 환각과도 같은 목소리가 공기를 채울 때마다 핀지랩에는 프로스페로의 섬 같은 기운이 감돌았다.

두려워 말라. 이 작은 섬은 소리로 가득하나니,
그 소리와 감미로운 공기는 기쁨을 줄 뿐, 아픔은 주지 않으리니.

인류학자 제인 허드가 핀지랩에서 1968년부터 1969년까지 한 해를 보낼 때만 해도 난음와르키가 장편 서사시 형식으로 이 섬의 구전 역사를 처음부터 끝까지 읊을 수 있었다. 그가 죽자 이 기억과 지식의 많은 부분도 함께 사라지고 말았다.[25] 지금의 난음와르키는 핀지랩의 옛 신앙과 신화의 흥취는 전해줄 수 있지만 할아버지의 구술이 간직했던 소상한 지식을 더는 가지고 있지 않았다. 그럼에도 학교의 교사인 그는 아이들에게 핀지랩 고유의 유산과 이 섬에서 한때 번영했던 기독교 이전의 문화가 어떤 것인지를 알려주기 위해 혼신의 힘을 쏟고 있다. 그의 이야기에서는 마을 사람들 모두가 자신들이 누구인지, 어디서 왔는지, 이 섬이 어떻게 생겨났는지를 잘 알던 옛날의 핀지랩에 대한 그리움이 묻어났다. 신화에 따르면 예전에는 핀지랩의 작은 세 섬이 한 덩어리였고 그 섬은 그들 고유의 신 이소파우의 보호를 받았다고 한다. 그런데 어떤 머나먼 섬의 신이 들어와 핀지랩을 둘로 갈라놓자 이소파우가 그 신을 쫓아냈다. 셋째 섬은 이 추격전 때 떨어진 모래 한 줌에서 생겨났다.

우리는 그들의 다중적인 신앙 체계에 놀랐다. 어떤 것은 심지어 서로 모순된 것으로 보이기도 하는데, 이러한 다중성은 핀지랩어에서도 나타난다. 신화 속에 그려진 이 섬의 역사는 세속의 역사와 나란히 보존되는데, 가령 마스쿤은 신화적으로도(죄지은 자나 복종하지 않은 자에게 내려진 저주로) 그려지고, 순수 생물학적으로도(도덕적으로 중립적인, 한 세대에서 다음 세대로 전달되는 유전병으로) 그려진다. 전승을 보면 마스쿤은 1822년부터 1870년까지 통치했던 난음와르키 오코노무아운과 그의 아내 도카스에게로 거슬러 올라간다. 그들의 여섯 자녀 가운데 둘이 색맹이었다. 이 신화를 기록한 것은 1960년대 후반에 핀지랩을 방문했던 (그리고 허드와 함께 작업했던) 하와이 대학의 유전학자 이렌 모메니 허슬스와 뉴턴 모턴이다.

이소아파우 신이 도카스에게 반하여 오코노무아운에게 그녀를 차지하라고 지시했다. 이소아파우는 가끔씩 오코노무아운으로 변장하고 나타나 도카스와 성교하여 병 걸린 자식을 낳았고, 오코노무아운에게서는 정상 자식이 나왔다. 이소아파우는 핀지랩의 다른 여자들도 사랑하여 역시 병 걸린 자식을 두었다. 그 '증거'는 색맹이 있는 사람은 빛을 피하지만 밤눈은 좋은 편인데, 이들의 이 영적인 조상도 그렇다는 점이다.

마스쿤에 관한 신화는 그 밖에도 많다. 가령 임신한 여인이 대낮에 해변을 걸으면 이 병에 걸릴 수 있다는 이야기가 있는데, 이글거리는 태양이 배 속에 든 아기의 눈을 부분적으로 멀게 할지도 모른다고 여긴 것이다. 또 렝키에키 태풍 때 살아남은 난음와르키 음와후엘레의 자손 이야기도 있다. 허슬스와 모턴의 기록을 보면, 이네크라는 그의 자손은 선교사 도언에게 개신교 목사 교육을 받아 추크섬 담당으로 임명되었지만 핀지랩의 가족 때문에 그 섬으로 가지 않겠다고 했다. 도언은 이네크가 이렇게 "선교 열정이 부족한 것을 보고 분노하여" 그와 그의 자식들에게 마스쿤에 걸리라고 저주했다.

여느 질병이 다 그렇듯 절대로 빠지지 않는 통념이 있는데, 마스쿤이 외부 세계에서 왔다는 생각이다. 난음와르키는 이런 맥락에서 핀지랩의 많은 주민들이 멀리 떨어진 나우루섬의 독일 인산 광산에서 강제 노역을 당했고 나중에 돌아와서 낳은 자식들이 마스쿤 환자였음을 이야기했다. (다른 많은 질병처럼) 백인의 도래 탓이라는 생각은 우리의 방문으로 구체적인 형태를 갖추게 되었다. 핀지랩 사람들이 다른 색맹, 말하자면 외부 세계의 색맹을 본 것은 이번이 처음이었는데, 이것이 그들이 갖고 있던 혹시나 하던 생각을 '확증'해준 것이다. 우리가 도착한 지 이틀 만에 핀지랩에는 벌써 개정판 민담이 돌기 시작했다. 이제서야 밝혀졌으니, 지난 세기 초 핀지랩에 들어왔던 백인들, 머나먼 북쪽에서 온 색맹 백인 고래잡이들이 바로 그들이다. 광분 상태에서 섬의 여자들을 마구 강간하여 10여 명의 색맹 자식을 낳았는데, 자기네한테 걸린 저주를 이 섬에 옮긴 것이다. 이렇게 치면 마스쿤에 걸린 핀지랩 주민들에게는 노르웨이인의 피가 흐르는 셈이다. 그들은 크누트 같은 사람의 후손인 것이다. 크누트는 이 웃어 넘길 수만은 없는 기상천외한 신화가 그렇게 빨리 만들어졌다는 사실, 자기가 혹은 자기 민족이 마스쿤의 최초 기원으로 '밝혀졌다'는 사실에 말을 잇지 못했다.

마지막 날의 밤낚시

핀지랩의 마지막 밤, 자줏빛과 노랑빛에 풀빛까지 섞인 검붉은 노을이 바다 위에 드리우더니 이윽고 나머지 하늘까지 채웠다. "놀라워요!" 크누트마저도 이런 노을은 생전 처음 본다고 감탄했다. 해변으로 내려가다가 여남은 주민이 물속에 잠겨 있는 것을 보았다. 암초 위로 머리만 보였다. 저녁 때면 항상 이런다고 제임스가 말해주었다. 열을 식히는 유일한 방법이라며. 우리는 주위를 둘러보다가 다른 주민들이 옹기종기 눕거나 앉거나 서서 이야기하는 정경을 보았다. 섬 주민 대부분이 여기 모인 것 같았다. 서늘해지는 시간, 사람들이 모여드는 시간, 물에 몸을 담그는 시간이 시작된 것이다.

날이 더 어두워지면서 크누트와 색맹 주민들은 훨씬 자연스럽게 움직였고 쉽게 다녔다. 마스쿤이 있는 사람들한테 캄캄한 시간—새벽과 저녁, 달밤—이 훨씬 편하다는 것은 핀지랩에서는 상식이다. 이런 이유로 그들은 밤낚시에 고용되기도 한다. 이 방면에서는 색맹이 발군의 기량을 발휘하는데, 물고기가 수면 아래 어두침침한 곳에 있다가 물 위로 뛰어오를 때 뻗는 지느러미가 달빛에 반짝이는 것을 다른 어떤 사람보다도 잘 보는 것 같다.[26]

우리의 마지막 밤은 밤낚시에는 더할 나위 없이 좋았다. 나는 이 섬에 처음 들어왔을 때 보았던 뱃전에 노가 달린 커다란 마상이를 한번 타보고 싶었지만 정작 우리가 타게 된 것은 작은 선외 모터가 달린 배였다. 공기는 아직도 후끈하고 고요했지만 배가 앞으로 나아가면서 살짝살짝 몸에 닿는 공기는 달콤하기 그지없었다. 더 깊은 바다로 들어가면서 핀지랩의 해안선이 시야에서 사라졌고, 우리는 수많은 별과 은하수의 거대한 호弧만이 머리 위에 떠 있는 칠흑 같은 파도를 가르며 달렸다.

우리 배의 키잡이는 중요한 별과 별자리를 다 아는 것이, 하늘을 안방처럼 꿰고 있는 듯했다. 사실 그만큼 잘 아는 사람은 크누트뿐이었고, 두 사람은 자기네가 아는 것을 귓속말로 주고받았다. 말하자면 크누트는 현대의 천문학 지식을 손바닥 들여다보듯 훤히 알았고, 우리

키잡이는 망망대해 태평양에서 오로지 하늘에만 의지하여 행성 간 여행에 견줄 만한 항해를 한 끝에, 우주의 행성들만큼이나 드문드문 멀찍이 떨어진 섬을 발견해서 터전으로 삼았던 1,000년 전 미크로네시아와 폴리네시아 사람들의 오랜 지식을 몸에 익힌 것이었다.

8시 무렵 보름달에 가까운 달이 떴다. 어찌나 환한지 별빛을 다 집어삼키는 것 같았다. 날치가 한 번에 여남은 마리씩 떼지어 첨벙 솟구쳤다가 이내 퍼덕이며 물속에 꽂혔다.

태평양 바닷물에는 아주 작은 원생동물인 야광충이 가득한데 개똥벌레 같은 발광 생물이다. 물속에서 그들이 내는 인광을 처음 발견한 것은 크누트였다. 이 푸른 빛은 물결이 일어날 때 뚜렷이 보인다. 날치는 물 밖으로 날아오를 때 물을 휘저어 그 길을 따라 반짝이는 난류亂流를 남긴다. 그러다 날치가 수면에 떨어질 때 빛은 다시 한번 반짝인다.[27]

예전 밤낚시 때는 횃불을 썼는데 지금은 손전등이 물고기가 있는 곳을 찾아낼 뿐만 아니라 물고기를 눈부시게 만든다. 눈부신 손전등 빛을 받은 저 아름다운 생물체들을 보고 있으니 어릴 적 깜깜한 런던의 밤하늘을 오락가락하던 탐조등에 붙잡힌 독일군 전투기가 생각난다. 우리는 한 사람씩 낚시를 시도했다. 전속력으로 헤엄치는 물고기들을 이리저리 마구 따라다녔고 그러다가 물고기 떼가 바짝 가까웠다 싶으면 물고기들이 물속으로 들어가려는 찰나에 어부가 커다란 투망 고리를 던졌다. 물고기들은 배 바닥에 차곡차곡 쌓여 은빛으로 꿈틀거리다 머리를 얻어맞았다(하지만 한 마리는 미친 듯이 몸부림쳐 배 밖으로 튀어나갔고, 우리는 그 용기를 높이 사 다시 잡아들일 생각은 하지 않았다).

한 시간이 지나자 더 깊은 물에 사는 물고기를 찾으러 갔다. 우리 일행에는 10대 소년 둘이 있었고, 한 아이는 색맹이었다. 이제 둘이 잠수 장비를 착용하고 마스크를 쓴 뒤 작살과 손전등을 들고 뱃전에서 물로 뛰어들었다. 배에서 200미터가 넘게 멀어졌는데도 아이들이 보였다. 파랗게 빛나는 물속에 비치는 두 소년의 몸놀림의 윤곽이 마치 반짝이는 물고기 같았다. 두 소년은 10분 뒤에 물고기가 꽂힌 작살을 들고 배에 올라탔다. 물에 젖은 잠수 장비가 달빛을 받아 검게 반짝였다.

느릿느릿 돌아오는 뱃길은 평화 그 자체였다. 우리는 팔베개를 한 채 느긋하게 누웠고 어부들은 자기네끼리 속닥거렸다. 물고기는 모든 이에게 돌아가고도 남을 만큼 풍족했다. 우리는 기다란 모래 해안에 불을 지필 것이고, 핀지랩의 마지막 성찬을 즐길 것이고, 다음 날 아침에는 폰페이행 비행기를 탈 것이다. 기슭에 닿자 우리는 배에서 내려 모래벌판 위로 배를 잡아끌었다. 모래벌판은 물이 빠져 넓어졌어도 여전히 물에 젖어 있었고, 우리의 발자국이 찍힐 때마다 인광으로 반짝였다.

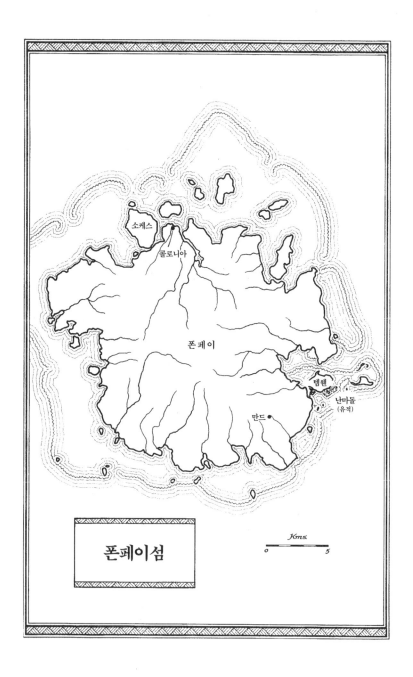

소케스

콜로니아

폰페이

템웬

난마돌
(유적)

만드

폰페이섬

Kms
0   5

폰페이

폰페이를 발견한 남자

다윈이 비글호를 타고 갈라파고스와 타히티를 항해하고 젊은 멜빌이 남태평양을 꿈꾸던 1830년대, 아일랜드 뱃사람 제임스 오코넬이 언덕 많은 폰페이 화산섬에 혼자 버려졌다. 오코넬이 이 섬에 어떻게 들어갔는지는 밝혀지지 않았다. 그는 회고록에서 '플레전트섬'(오늘날의 나우루섬)에서 1,300킬로미터가량 떨어진 지점에서 존불호가 난파되었고, 믿어지지 않겠지만, 플레전트섬에서 갑판 없는 배를 한 척 구해 타고 단 나흘 만에 폰페이로 들어갔다고 주장했다. 그는 또 폰페이에 도착하자마자 일행이 '식인종들'한테 붙잡혀 (자기네 생각이지만) 그들의 저녁밥이 될 뻔했지만 재미난 아일랜드 속임수를 써서 가까스로 원주민들에게서 달아났다고 기록했다. 그의 모험은 계속되었다. 그는 한 폰페이 아가씨의 손에 이끌려 문신 의례에 바쳐졌는데, 알고 보니 그녀는 부족장의 딸이었다. 오코넬은 그녀와 결혼했고, 나중에는 족장자리까지 물려받았다.[28]

무엇을 어떻게 과장했건 간에 (뱃사람들은 허풍이 심한 편이며, 일부 학자들은 그를 허언증虛言症 환자로 여긴다) 오코넬은 호기심이 많고 관찰력이 뛰어난 사람이었다.[29] 그는 폰페이 또는 포나페를 본디 이름으로(그의 철자법대로 읽으면 '보나비') 부른 최초의 유럽인이었고, 최초로 폰페이의 관습과 의례를 정확하게 기술했으며, 최초로 폰페이어 용어집을 만들었고, 1,000년 이상 거슬러 올라가는 선돌 기념비 문화의 유물인 난마돌Nan Madol 유적, 그러니까 신화학에서 말하는 '어제의 다른 얼굴'을 본 최초의 인물이었다.

난마돌 탐험은 그의 폰페이 모험에서 정점이자 완결점이었다. 그는 "거대한 유물들"에 대해 (으스스한 폐허, 금기 등을) 꼼꼼하고 정확하게 묘사했다. 그는 그 거대함, 그 말 없음에 겁이 났고 그 낯섦에 기가 질려 갑자기 "집이 그리워진" 순간도 있었다. 그는 미크로네시아 곳곳에 흩어져 있는 다른 선돌 문화—코스라이에의 거대한 현무암 유적, 티니언섬의 석회암 유적, 팔라우섬의 고대 계단식 언덕, 이스터섬의 조각상 같은 얼굴을 떠받치고 있는 바벨투아프섬의 5톤짜리 선돌—에 대해서는 언급하지 않았는데, 아마도 몰랐을 것이다. 그러나 그는 쿡 선장도, 부갱빌도, 다른 어떤 위대한 탐험가도 보지 못한 사실을 발견했다. 야자수만 있을 뿐 문화라고는 없이 단순하게만 보이는 이 오세아니아의 원시 대양 섬들이 한때는 기념비적인 문명이 꽃피었던 땅이었음을.

난마돌 유적을 찾아서

우리는 폰페이에서 맞이한 첫 아침에 난마돌을 향해 떠났다. 폰페이의 가장자리에 위치한 난마돌은 배로 가는 것이 가장 쉽다. 무엇을 만나게 될지 알 수 없어 폭풍우 장비, 잠수 장비, 태양 장비 등 장비란 장비는 있는 대로 다 챙겼다. 우리는 강력한 선외 모터가 달린, 갑판 없는 배를 타고 서서히 콜로니아의 항구를 떠나 본섬의 테를 두르고 있는 망그로브 늪지를 지났다. 쌍안경으로 보니 공중에 뜬 뿌리들이 보였고, 우리의 선장 로빈이 그 사이로 돌아다니는 망그로브 게를 설명하면서 이 섬의 진미로 꼽힌다고 말해주었다. 열린 바다로 접어들면서 배는 속도를 높였고 우리가 지나온 자리에는 햇빛에 반짝이는 커다란 낫 모양의 거품 길이 생겨났다. 거대한 수상스키를 타는 것처럼 물 위를 미끄러져 나아가니 기분까지 덩달아 상쾌해졌다. 쌍동선과 세일보드(윈드서핑용 보드―옮긴이)를 갖고 있는 봅은 여기저기 환한 빛깔로 칠한 마상이들이 바람을 따라 급히 방향을 꺾으면서도 뱃전에 붙은 노로 완벽하게 균형을 잡는 것을 보면서 무척이나 들뜬 듯했다. "저런 돛배 한 척이면 대양도 가뿐히 건너지요."

반시간쯤 나아갔을까. 느닷없이 날씨가 변했다. 깔때기 모양 잿빛 구름이 우리를 향해 달려오는 것이 보였다. 다시 몇 초 뒤에는 구름이 부풀 대로 부풀어 배가 앞뒤로 심하게 흔들렸다(대단히 침착한 성격인 봅은 그 구름이 우리를 덮치기 직전에 근사한 사진을 한 장 잡아냈다). 시야가 전방 몇 미터로 쪼그라들자 더는 버틸 수 없을 지경이었다. 그러다 아까만 큼이나 느닷없이 구름과 바람에서 벗어났지만, 이내 억수 같은 빗줄기가 그야말로 수직으로 내리꽂듯이 쏟아졌다. 이 순간 엉뚱하게도 호텔에서 준 연빨강 우산을 펼친 우리는, 폭풍우 한가운데서 싸우는 영웅들이 아니라 쇠라의 유화에 나오는 양산 든 소풍객으로 일변하고 말았다. 비가 계속 쏟아지는 와중에 해가 다시 나왔고, 하늘과 바다 사이에 아름다운 무지개가 나타났다. 크누트는 이것이 빛나는 활처럼 보인다면서 그동안 보았던 다른 무지개들에 대해 이야기하기 시작했다. 쌍무지개, 뒤집힌 무지개, 그리고 딱 한 번 보았다는 완전한 동그라미

무지개에 대해서도. 크누트의 이야기를 들으면서, 한두 번 그런 것은 아니지만, 그의 시력, 그의 눈에 보이는 세계가 어떤 면에서는 빈약한 구석도 있지만 또 어떤 면으로는 우리 못지않게 풍성하다는 생각이 들었다.

100개 가까운 인공 섬이 무수한 수로로 이어져 있는 이 버려진 고대의 선돌 구조물. 이 세상에 난마돌은 난마돌 한 군데뿐이다. 가까이 다가가니―물은 얕고 수로는 비좁아 아주 천천히 가야 했다―돌벽을 자세히 볼 수 있었다. 바람과 바다로부터 살아남기 위해 씨줄과 날줄을 엮듯 정교하게 스스로를 짠 거대한 현무암 육각기둥들, 오랜 세월 침식된 흔적들. 우리는 작은 섬들 사이를 스르르 미끄러지듯 움직여 마침내 요새 섬 난두와에 닿았다. 난두와에는 7.5미터 높이의 거대한 현무암 벽이 아직까지 자리를 지키고 있고 그 가운데에는 커다란 중앙 납골당이 있으며 구석구석 명상과 기도를 위한 처소가 있다.

오랫동안 배에 앉아 있었더니 몸이 뻐근해 어서 탐험을 시작하고픈 마음에 후다닥 배에서 내려 거대한 돌벽 아래 섰다. 무게가 몇 톤씩 나가는 것도 있을 텐데 저 커다란 각기둥 덩어리들을 어떻게 저 반대편의 소케스(이 섬에서 천연 원기둥형 현무암이 나는 유일한 곳)에서 여기까지 운반해서, 또 어떻게 저토록 정확한 위치로 들어 올렸을까? 그것이 주는 위력, 엄숙함의 느낌은 강렬했다. 말 없는 벽 옆에 선 우리는 무너져 내릴 듯 미약한 존재로만 느껴졌다. 그러나 우리는 무릇 기념비에 어울리는 어리석음과 과대망상("야만스럽기 짝이 없는 고대인의 배포"), 그리고 거기에 따를 수밖에 없는 온갖 잔혹과 고통도 느꼈다. 로빈 선장은 폰페이를 정복하고 난마돌을 몇 세기 동안 통치했던 악덕 군주인 사우델레우르의 식량과 노동 착취는 그보다도 훨씬 더 살인적이었다고 이야기해주었다. 이런 사실을 알고 보면 저 돌벽에서 먼저와는 달리 많은 세대의 피와 고통이 스며나오는 것처럼 느껴진다. 그럼에도 이 건축물들 또한 피라미드나 콜로세움이 그렇듯이 장엄하다.

난마돌은 오코넬이 어쩌다 들어갔던 160년 전과 별반 다를 바 없이 아직까지도 외부 세계에 거의 알려지지 않았다. 20세기 초에 독일 고고학자들이 조사했지만, 이 유적과 그 역사가 상세히 알려진 것은 불과 몇 년 전인데, 방사성탄소연대측정법으로 측정한 결과 기원전 200년부터 사람이 살기 시작한 것으로 밝혀졌다. 물론 신화와 구술사가 보여주듯이 폰페이 사람들은 난마돌을 줄곧 알고 있었다. 그렇지만 그들에게 이곳은 여전히 금기로 막아놓은 신성한 장소여서 접근하기를 꺼리는 곳이다. 그들의 전승에는 이곳 신령들의 비위를 거스른 대가로 비명횡사한 사람들 이야기가 수두룩하다.

로빈이 우리를 둘러싼 이 도시의 옛 모습을 상세히 이야기해주는데, 마치 이곳이 숨 쉬며 살아나는 것 같은 묘한 기분이 들었다. 로빈은 파누이를 가리키며 여기는 마상이 나루가 있던 곳이라고 알려줬다. 저기는 임신한 여자들이 힘들이지 않고 출산할 수 있게 해달라고 배를 문지르던 바위고, (이데드섬을 가리키며) 저기는 해마다 속죄 의식이 열리던 곳인데 그 의식은 사람과 신의 중개자인 바다장어 난사몰에게 거북이를 제물로 바치는 것으로 끝난다고 했다. 또, 저기 페이카푸에는 폭군 사우델레우르가 폰페이에서 벌어지는 모든 일을 한눈에 볼 수 있는 마법의 웅덩이가 있었는데, 거기서 마침내 사우델레우르를 쳐부순 위대한 영웅 이소켈레켈이 물에 비친 자신의 늙은 얼굴을 보고는 스스로 몸을 던져 죽었다는, 나르키소스와 반대되는 이야기가 전해진다고도 했다.

버림받은 텅 빈 땅이라는 사실이 난마돌을 그토록 묘한 곳으로 만든다. 지금은 그곳이 언제 버려졌는지, 왜 그랬는지 아는 사람이 없

폰페이

Stephen Wiltshire

다. 관료제 사회는 자체의 무게에 의해서 무너진 걸까? 이소켈레켈의 등장이 구질서를 종결지었던 걸까? 마지막으로 남았던 주민들을 몰아낸 것은 질병이나 전염병이었던 걸까? 아니면 기후변화였을까? 혹은 기근이었을까? 바다가 무정하게 상승하여 저지대 섬들을 집어삼켰을까? (많은 저지대 섬들이 지금은 물속에 잠겼다.) 그때 미신을 믿던 사람들은 이것이 어떤 오래된 저주라고 느끼고 겁에 질려서 이 옛 신들의 땅으로부터 달아난 것은 아닐까? 오코넬이 이 섬에 온 160년 전 난마돌은 이미 한 세기 이상 버려진 채였다. 이런 의문, 문명의 번영과 몰락, 예측하지 못할 운명의 비틀림을 느끼며 우리는 생각에 잠겨 말없이 본섬으로 돌아왔다.[30]

돌아오는 길은 힘들었고, 밤이 깊으면서 무섭기까지 했다. 다시 비가 내렸는데 이번에는 강풍까지 동반하여 우리를 거세게 때려댔다. 우리는 몇 분도 지나지 않아서 그야말로 흠뻑 젖었고, 냉기에 온몸을 떨었다. 짙은 안개가 바다 위로 흩뿌려졌고, 우리는 당장이라도 암초에 닻을 내려야 할지도 모른다는 생각에 극도로 조심하면서 아주 조금씩 앞으로 움직였다. 한 치 앞도 보이지 않는 이 짙은 안개 속에서 한 시간을 보내고 나서야 비로소 적응이 되면서 다른 감각들이 살아났다. 그러나 여태껏 들리지 않던 소리를 포착한 것은 크누트였다. 그것은 센박과 여린박을 복잡하게 뒤섞여 치는 북소리였는데, 아무것도 보이지는 않았지만 해안으로 다가갈수록 그 소리가 점점 커졌다. 크누트의 청력은 놀라웠다. 색맹에게는 드문 일이 아니라면서 아마도 시각의 결함에 대한 보상인 것 같다고 크누트는 이야기했다. 해안까지는 아직도 500~600미터나 남았고, 그 소리가 들릴 것을 알고 있던 로빈이 귀를 기울이기도 전에 크누트가 그 소리를 들은 것이다.

이 복잡하게 뒤얽힌 아름답고 신비로운 북소리는 부두 옆 커다란 바위 위에서 세 남자가 사카우 술통을 때리는 소리였다. 우리는 배에서 내리면서 잠깐 그들을 구경했다. 로빈이 난마돌에서 돌아올 때 그 미덕에 대해 침이 마르도록 자랑했던 터라 나는 사카우가 뭔지 몹시 궁금했다. 로빈은 이 술을 밤마다 마신다고, 그러면 하루 동안 쌓인 피로가 싹 가시면서 평온이 찾아오고 비로소 꿈 없이 깊은 잠을 이룬다고 자랑했다(그렇지 않으면 잠을 이루지 못한다고 했다). 그날 밤늦게 로빈은 폰페이인 아내를 데리고 걸쭉한 잿빛 술이 든 병을 하나 끼고서 호텔로 찾아왔다. 내 눈에는 다 쓴 엔진오일로밖에는 보이지 않았다. 나는 조심스럽게 냄새를 맡고—감초나 아니스 열매 같은 냄새였다—되는 대로 목욕탕에 있던 양치 컵에 조금 따라 맛도 보았다. 그러나 사카우 술은 야자열매 껍데기로 만든 잔에 마셔야 제맛이라고 하니, 언젠가 전통 사카우 주도酒道에 맞춰 마실 기회가 생기기를 기다려야 할 것 같다.

만드, 섬 안의 섬

폰페이는 캐롤라인제도의 섬 가운데 가장 먼저 사람이 살기 시작한 곳인데—난마돌은 이 지역의 산호섬에서 발견된 어떤 것보다도 오랜 역사를 간직했다—높은 지형에 널찍한 면적, 자연 자원이 풍부한 이곳은 지금까지도 인근 작은 섬들에 재해가 나면 주민들이 찾아가는 최후의 피난처다. 쉽게 파괴되는 작은 산호섬들은 태풍, 가뭄, 기근이 발생했다 하면 속수무책이다. 오롤룩은 한때는 잘사는 산호섬이었지만, 한차례 태풍에 섬의 대부분이 휩쓸려나가 지금은 면적이 0.52제곱킬로미터밖에 되지 않는다.[31] 게다가 이들 산호섬 전부가 면적이 좁고 자원이 부족하여 조만간 맬서스 학설에 따라 인구과잉에 의한 위기에 봉착할 것이며, 주민들이 다른 지역으로 이주하지 않는 한 재앙에 빠질 수밖에 없다. 오코넬도 기록했지만, 태평양 전 지역의 섬 주민들은 주기적으로 다른 지역으로 떠나야 할 상황에 내몰리는데, 몇 세기 전 그들의 선조들도 똑같이 무엇을 만나게 될지 어디로 가게 될지 모르는 채 그저 정착할 만한 온화한 섬을 발견하기만을 빌면서 마상이에 몸을 싣곤 했다.[32]

그러나 폰페이의 위성 산호섬들은 그런 시기에 모母섬에 의존할 수 있었는데, 그래서 폰페이의 수도인 콜로니아 시내에는 다른 섬—사푸아픽, 무오아킬, 오롤룩, 나아가 추크섬에 인접한 모틀로크제도—에서 온 난민을 위한 비지飛地(한 나라의 영토로서 다른 나라의 영토 안에 있는 땅—옮긴이)가 건설되었다. 폰페이에는 소케스 구역과 콜로니아 두 군데에 꽤 큰 핀지랩 비지가 있는데, 1905년 태풍이 핀지랩을 덮쳤을 때 처음 세워진 뒤로 이주민이 늘면서 점차 확대되었다. 1950년대에 다시 핀지랩 주민이 이주했는데 이번에는 극심한 인구과잉의 결과였고, 폰페이의 산지 외딴곳 만드 골짜기에 핀지랩 주민 600명의 비지가 건설되었다. 그때부터 이 마을의 인구는 핀지랩 자체 인구의 세 배 규모인 2,000명으로 성장했다.

만드는 지리적으로도 고립된 곳이지만 인종적·문화적으로는 더욱 고립된 상태다. 핀지랩 주민들이 최초로 이주한 이래 40년이 지나도록 마을 외부와 결혼은 물론 접촉 일체를 피해오며 사실상 섬 안의 섬으로 고립되어 문화적으로나 유전학적으로나 핀지랩 본토와 동질을 유지하고 있을 정도다. 마스쿤은 핀지랩보다 여기서 훨씬 더 흔하다는 것이 다른 점이라면 다른 점이랄까.

만드로 가는 길은 굉장히 험해—지프로 갔는데 차라리 걷는 게 낫겠다 싶을 정도로 서행해야 할 때도 많았다—두 시간이 넘게 걸렸다. 콜로니아를 벗어나자 군데군데 인가와 이엉을 얹은 사카우 술집이 있는 게 보였지만 높은 지대에 인적이라곤 보이지 않았다. 큰길에서 가파른 오솔길—걷지 않으면 사륜구동 차량으로나 간신히 통과할 좁은 길—이 하나 뻗어나와 핀지랩 마을로 이어져 있었다. 더 올라가니까 기온과 습도가 뚝 떨어지는 것이 저지대의 열기에 시달렸던 우리에게는 상쾌한 변화였다.

만드는 외부 세계와는 동떨어져 있지만 전기도 있고 전화도 있고 대학 교육을 받은 교사도 있는, 핀지랩보다 훨씬 발전한 곳이었다. 우리는 먼저 마을회관으로 갔다. 마을 사람들이 회의를 하고 잔치를 열고 춤도 추는 강당이 딸린, 천장이 높고 널따란 건물이었다. 여기서 우리는 장비를 펼쳐놓고 색맹 주민 일부를 만났고 선글라스와 챙 모자도 나누어 주었다. 우리는 핀지랩에서처럼 몇 가지 정식 검사를 실시했고, 이 아주 다른 환경에 사는 주민들의 일상생활의 면면을 알아보고 적절한 시력 보조 기구가 그들에게 어떤 도움이 될지 살펴보았다. 그러나 핀지랩에서 그랬던 것처럼 이곳 주민들에게 가장 먼저 마음을 열고 가장 깊이 있는 조사와 상담을 한 것은 크누트였다. 그는 다섯 살과 여덟 달 된 두 색맹 딸을 둔 아이 엄마와 오랫동안 이야기를 나누었는데, 그 아이 엄마는 두 아이가 완전히 장님이 될까 봐 심히 걱정하고 있었다. 또 두 아이가 그렇게 된 것이 임신 기간에 자기가 무슨 잘못을 해서 그런 것이 아닌지도 걱정했다. 크누트는 그 아이 엄마에게 유전의 원리를 차근차근 설명해주고, 두 딸이 절대로 맹인이 되지는 않을 것이다, 아내나 어머니로서 당신이 잘못한 것은 아무것도 없다, 마스쿤이 교육을 받고 직업을 갖는 데 꼭 장애가 되는 것은 아니다, 필요한 시력 보조 기구를 사용하고 눈을 보호해주고 이 병에 대한 바른 인식만 갖고 있다면 두 딸도 다른 사람들보다 못할 것이 없다고 안심을 시켜주었다. 그러나 크누트가 자신도 마스쿤이라는 사실을 밝히고 나

서야 비로소 그의 말이 아이 엄마에게 틀림없는 현실로 받아들여지는 것 같았다.[33]

색맹 아이들의 공부법

우리는 일과가 한창인 학교로 이동했다. 각 반의 학생은 스무 명에서 서른 명 사이였는데 반마다 색맹 어린이가 두세 명씩 있었다. 잘 훈련된 뛰어난 교사가 여러 명 있었고, 교양이며 교육 수준도 핀지랩보다 훨씬 높았다. 몇몇 수업은 영어로 진행됐고 폰페이어와 핀지랩어로 진행되는 수업도 있었다. 우리는 10대 학생 반의 천문학 수업—달에서 본 지구돋이 사진과 허블 천체망원경으로 본 행성들의 확대사진이 활용되었다—에 참관했다. 그러나 수업은 최신 천문학과 지질학, 비종교적 세계사, 신화 속의 세계사를 같은 비중으로 다뤘다. 예를 들어 우주왕복선, 판구조론, 해저화산에 대해 가르칠 때는 그들 고유의 전승 신화도 같이 가르쳤다. 가령 문어 신 리다키카가 폰페이섬을 어떻게 건설하라고 지시했는가 하는 옛날이야기를 함께 듣는 것이다 (두족류의 창조 신화는 처음 듣는 것이라 나도 이 이야기에 빠져들었다).[34]

두 색맹 소녀가 산수 시간에 문자 그대로 책에 코를 박고 수업을 받는 모습을 보면서 크누트는 시력 보조 기구가 없던 자신의 학창 시절 생각에 젖어들었다. 그는 주머니 돋보기를 꺼내 두 아이에게 보여주었다. 그러나 연습 없이 고성능 돋보기로 글을 읽는 것은 쉽지 않다.

우리는 이제 갓 글 읽기를 배우기 시작한 5세와 6세 반에 제일 오래 머물렀다. 이 반에는 색맹 학생이 세 명 있었다. 이 아이들은 맨 앞자리에 앉아야 했지만 그러지 않았다. 다른 아이들은 그냥 볼 수 있는 칠판 글씨가 이 아이들에게는 보이지 않는다는 것은 누가 봐도 분명했다. 교사가 "이 낱말이 뭐죠?" 하고 물으면 색맹 어린이까지 포함하여 모든 학생이 손을 번쩍 들고, 한 학생이 대답하면 나머지 학생들은 똑같이 따라했다. 하지만 색맹 어린이에게 질문을 하면 이 아이들은 대답하지 못했다. 이 아이들은 아는 척하며 그저 다른 아이들을 따라한 것이다. 그러나 청력과 기억력은 대단히 뛰어나 보였는데, 크누트도 어린 시절에 이와 똑같은 능력을 길렀다.

나는 보통 책에 인쇄된 활자들을 알아볼 수 없었던 까닭에 … 아주 정확한 기억력을 키웠다. 반 친구나 가족 가운데 누군가가 내 숙제를 한두 번 읽어주기만 하면 다 기억할 수 있었고, 수업 시간이 되면 아주 그럴듯하게 책을 읽곤 했다.

또 색맹 어린이들은 사람들의 옷 색깔이며 주위의 다양한 물건들의 색깔에 대해서도 이상할 정도로 잘 알았다. 때로는 어떤 색이 어떤 색과 잘 '어울리는지'까지 아는 것 같았다. 크누트는 여기서 다시금 어린 시절에 자기가 썼던 전략을 떠올렸다.

어렸을 때는 노상 놀림을 당했고 좀 커서도 스카프, 타이, 격자무늬 치마, 격자무늬 모직물 등 여러 가지 색이 들어간 온갖 천의 색깔을 맞춰 보라는 소리를 듣곤 했는데, 사람들이 내가 색을 보지 못하는 것을 신기해하고 재미있어 했기 때문이다. 어렸을 때는 이런 상황에서 쉽게 벗어나지 못했다. 나는 순전히 나를 방어하기 위한 수단으로 내 옷의 색깔, 주변 물건의 색깔을 전부 암기했고, 그러다 보니 색깔을 '올바르게' 사용하는 '규칙'이며 온갖 물건에 많이 사용하는 색깔 법칙 같은 것을 깨치게 되었다.

우리는 이렇게 만드의 색맹 어린이 몇 명만 보고도 사람이 지각 능력에 문제가 있을 때 얼마나 신속하게 이론적 지식과 요령을 깨치며 호기심과 기억력을 과도하게 발달시키는지를 알 수 있었다. 그들은 직접적으로 지각하거나 이해하지 못하는 것을 인식 작용으로 벌충하는 법을 배우고 있었다.[35]

삼남매가 걸어간 서로 다른 길

"나는 다른 사람들한테는 색이 중요한 의미를 띤다는 걸 알아요." 크누트가 나중에 한 이야기다. "그래서 다른 사람들과 이야기하면서 필요하다면 색 이름을 쓰기도 해요. 하지만 나한테 색깔은 아무 의미가 없어요. 어렸을 때는 색을 볼 수 있다면 좋겠다고 생각하곤 했어요. 그러면 운전면허증도 딸 수 있을 거고 정상 색각을 가진 사람들이 하는 일을 할 수 있을 테니까요. 그리고 색각을 얻을 수 있는 방법 같은 것이 있다면 새로운 세상이 열릴 거라고 생각했어요. 음감이 없는 사람이 어느 날 갑자기 멜로디를 구별해서 들을 줄 알게 되는 것처럼 말이지요. 아주 흥미로운 일이 될 거예요. 하지만 동시에 심각한 혼란을 일으킬 수도 있겠지요. 색이란 함께 자라고 성장해야 하는 거예요. 우리의 뇌, 온몸, 세계에 반응하는 방식과 함께 말이에요. 나이가 들어서 색이라는 것이 일종의 부가 장치처럼 삶에 들어오게 된다면 감당하기 힘들 거예요. 내가 다룰 수 없는 정보일 수도 있다는 거지요. 어쩌면 세상이 완전히 새로워져서 내가 철저하게 혼란에 빠질 수도 있어요. 아니면 내가 기대하던 것이 아니라 실망할 수도 있고요. 두고 봐야 알겠죠."[36]

우리는 또 다른 색맹 주민 제이콥 로버트를 만났다. 그는 책 주문과 공급을 담당하는 교직원인데, 태어나기는 핀지랩에서 태어났지만

1958년에 만드로 이주해 고등학교를 마쳤다. 그는 우리에게 1969년에 엔티스 에드워드와 다른 몇 사람과 함께 색맹 관련 유전학 연구의 일환으로 워싱턴에 있는 미국 국립보건원에 초대받은 일을 이야기해주었다. 미크로네시아 밖의 세상을 본 것은 그때가 처음이었다. 거기서 들은 덴마크의 푸르섬 이야기가 특히 신기했다. 그는 세계 어딘가에 색맹의 섬이 또 있다는 것을 알지 못했는데, 폰페이로 돌아와서 이 이야기를 해주자 다른 색맹 친구들도 아주 좋아했다. "우리가 혼자는 아니구나 하는 느낌이었어요." 그는 말했다. "저 큰 세상 어딘가에 형제가 있다는 느낌이었어요. 그러고는 새로운 신화가 태어났죠. 핀란드 어딘가에서 우리에게 색맹을 주었다고요." 우리는 핀지랩에서 이 신화를 들었을 때는 크누트의 등장으로 인해 새로 만들어진 이야기일 거라고 짐작했었는데, 제이콥이 이곳 사람들에게 머나먼 북쪽에 마스쿤 동네가 있다는 소식을 전했다는 이야기를 들으니 이 신화는 25년 전에 생겨났지만 그동안 잊혔다가 크누트를 만나고 새로운 형태와 힘을 얻어 다시 태어난 것임을 알 수 있었다.

그는 자기 어린 시절과 너무나 닮은, 그러면서도 또 다른 크누트의 노르웨이에서의 어린 시절 이야기를 듣고 신기해했다. 제이콥은 다른 색맹들에게 둘러싸인 채, 색맹이라는 문제를 인식하고 있는 문화에서 성장했다. 전 세계 대부분의 색맹은 철저히 고립되어 다른 색맹에 대해선(심지어 존재한다는 사실조차) 알지 못하는 채로 성장한다. 하지만 크누트와 그의 남동생과 여동생에게는, 희귀한 유전 확률 덕분에, 서로가 있었다. 그들은 하나의 섬, 삼남매의 색맹의 섬에서 자란 셈이다.

모두 색맹이며 모두가 뛰어난 재능을 지닌 크누트 삼남매는 성인이 되어서 자신들의 조건에 각자 다르게 반응하고 적응했다. 첫째인 크누트가 전색맹 진단을 받은 것은 학교에 들어가기 전이었지만, 의사는 그의 시력으로는 절대로 글을 배울 수 없을 것이니 (삼남매 모두) 지역의 시각장애인 학교로 가라고 했다. 크누트는 장애인으로 취급받기를 거부하고 손가락 끝으로 점자 읽는 법을 배우는 대신 눈으로 튀어나온 점을 읽었는데, 점자가 종이 위에 남기는 작은 그림자를 읽는 방법이었다. 그는 이 행동으로 중벌을 받았고 수업 중에 눈가리개를 쓰라는 명령을 받았다. 얼마 뒤 크누트는 학교를 땡땡이치고, 일반 인쇄물을 읽으리라 굳게 결심하고는 집에서 독학으로 읽는 법을 깨쳤다. 결국 학교 측은 크누트가 자기네 학교에서는 절대로 의욕적인 학생이 되지 않으리라는 것을 깨닫고 일반 학교로 돌아가는 것을 허락했다.

크누트의 여동생 브리트는 스스로를 시각장애인으로 여기고 그 사회의 일원이 됨으로써 어려서 겪은 외로움과 고립감에 대처했다. 크누트가 시각장애인 학교를 혐오한 만큼 브리트는 거기에 잘 적응하여 점자법에 통달했으며, 노르웨이 맹인 도서관에서 책 녹음과 점자책 제작을 감독하는, 맹인들과 앞을 볼 수 있는 사람들 사이에 다리를 놓는 일에 종사하고 있다. 크누트처럼 음악적 재능과 청력이 뛰어난 그녀는 두 눈을 감고 시력과는 무관한 영역인 음악에 심취하는 것을 좋아한다. 하지만 보석상용 돋보기를 안경에 부착하고, 노는 두 손으로 수를 놓으면서 느긋한 시간을 보내는 것도 좋아한다.

소년의 작별 인사

이제 오후 3시가 되었고(콜로니아로 돌아갈 시간이었다), 우리가 있는 곳은 높은 고도임에도 찌는 듯이 뜨거워졌다. 크누트가 나무 그늘 아래서 열을 식히는 동안 봅과 나는 옆에서 흐르는 맑은 시냇물에 몸을 던지기로 했다. 나는 물속에서 양치류 식물이 평평한 바위 위에 응달을 드리운 것을 발견하고는 그 위에 서서 시원한 물을 즐겼다.

300~400미터가량 아래쪽에서 아낙네 몇이 (만드의 일요일 공식 의복인) 두툼한 검정색 옷가지를 빨고 있었다.

물놀이로 상쾌해진 봅과 나는 길을 따라 마을로 걸어 내려가보자고 했다. 나머지 일행은 지프를 타고 가 아래 큰길에서 만나기로 했다. 오후의 햇살 아래 나무에 매달린 환한 오렌지들이 눈부셨다. 무성하게 우거진 짙은 나뭇잎들 사이로 빛나는 오렌지들은 마블의 시 〈버뮤다Bermundas〉의 오렌지 모양을 한 등燈처럼 불이라도 붙은 듯했다.

그는 어스름에 오렌지 등을 건다,
푸른 밤의 황금빛 등불처럼.

나는 크누트가, 우리 주위의 색맹들이, 마블의 시상詩想 같은 이 놀라운 광경을 보지 못한다는 사실이 문득 슬퍼졌다.

200여 미터를 달렸을 때, 우리는 새 챙 모자를 쓰고 소년 기사처럼 당당한 모습으로 겁 없이 전력 질주하는 열두 살 소년에게 추월당했다. 처음 만났을 때는 눈을 잔뜩 찌푸린 채 빛을 피해 고개를 숙이고 있던 그 소년이 지금 저 눈부신 햇빛 아래 가파른 길을 자신 있게 달리고 있는 것이다. 소년은 검은 챙 모자를 가리키며 활짝 웃었다. "보여요, 눈이 보여요!" 그러고는 덧붙였다. "또 오세요!"

천천히 차를 몰아 콜로니아로 돌아오는 동안 날이 어두워졌고, 박쥐가 한두 마리씩 보이더니 조금 지나자 나무에서 떼로 날아올라 새된 소리로 울며(필시 음파탐지기도 작동했을 터이다) 밤 약탈을 개시했다. 박쥐는 머나먼 섬으로 들어온 유일한 포유동물인데(박쥐는 폰페이와 괌의 유일한 포유동물이었는데 외부의 항해 선박들이 들어오면서 쥐와 그 밖의 동물이 유입되었다), 이런 점에서 지금보다 더 존중받고 사랑받아야 하는 것이 아닌가 하는 생각을 하게 된다. 괌에서는 박쥐가 진미로 꼽히며 마리아나제도로 수천 마리씩 수출되고 있다. 그러나 박쥐는 온갖 과일을 먹고 그 씨앗을 퍼뜨리는, 이 섬의 생태계에 없어서는 안 될 존재다. 고기가 맛있다고 해서 멸종당하는 일은 일어나지 않기를 바란다.

토박이 의사들에게 강연하다

콜로니아의 태평양해역 진료인력 훈련사업소 소장 그렉 데버는 겉으로는 퉁명스럽지만 알고 보면 낭만으로 똘똘 뭉친 성격에다 맡은 일에 헌신적인 사람이다. 그는 젊은 시절 평화봉사단의 일원으로 팔라우에 갔다가 그곳 상황—충분히 치료할 수 있는 질병이 무섭게 발생하는데 의사는 턱도 없이 부족한 현실—을 보고 충격을 받아 의사가 되어 다시 미크로네시아로 돌아오기로 결심했다. 그는 하와이 대학에서 소아과의로 훈련받고 15년 전에 캐롤라인제도로 이주했다. 그는 여기 폰페이에 작은 병원과 진료소를 세우고 인근의 산호섬들을 포괄하는 진료 활동을 하면서 모든 제도 출신의 토박이 학생들을 대상으로 하는 의학 과정을 개설했는데, 졸업한 뒤에 이 지역 섬에 남아 진료하면서 후진 양성에 이바지할 인력을 마련하기 위해서였다(하지만 지금은 미국에서 이 학위가 인정되어 더 큰 벌이를 위해 본토로 가는 경우도 더러 있다).[37]

그는 우리에게 객원 학자 자격으로 마스쿤에 관한 강연을 해줄 수 있는지 물었다. 그저 방문객에 지나지 않는 우리가, 대다수가 토박이인 이 지역 의사들에게 그들이 함께 살아가며 속속들이 알고 있을 그들 스스로의 문제에 대해 이야기한다는 것은 앞뒤가 맞지 않는 일 같았다. 그러나 그 문제를 다른 각도에서 조명한 우리의 소박한 이야기가 조금은 쓸모가 있을지도 모르겠다고 판단했다. 더불어 그들에게서 새로운 것을 배울 수 있기를 바랐다. 봅은 마스쿤의 유전적 특성과 망막의 원리를, 나는 그러한 조건에 대해 신경학 분야에서는 어떻게 대처할 것인가를, 크누트는 마스쿤으로 살아가는 데 겪는 어려움을 이야기했는데, 그러면서 우리는 청중 가운데 많은 사람이 마스쿤 문제를 실제로 겪어본 적이 없다는 것을 분명히 알 수 있었다. 어처구니가 없었다. 마스쿤을 다루는 학술지가 대여섯 종이나 되는데, 정작 여기 전색맹의 수도에 해당하는 곳의 의료진은 이 문제에 대해 인식하지 못하고 있다니 말이다.

아마도 한 가지 이유는 현상을 인식하고 이름을 붙이는 단순한 행위에서 찾을 수 있을 것이다. 우리가 의식을 하고 보면 마스쿤을 앓는 모든 사람이 너무나 명백한 행동과 전략을 보여줌을 알 수 있는데, 눈을 찌푸리고 쉴 새 없이 깜빡거리고 환한 곳을 피하는 따위의 행동이 그것이다. 크누트가 핀지랩에 발을 딛은 그 순간 마스쿤 어린이들과 서로를 알아볼 수 있었던 것도 바로 이런 행동 덕분이었다. 그러나 이러한 행동에 어떤 의미를 부여하고 어떤 범주로 분류하지 않는다면 그냥 지나치고 말 것이다.

또한 사정에 의해 어쩔 수 없이 갖게 된 의사로서의 태도가 마스쿤을 철저하게 인식하는 데 불리하게 작용하는 것일 수도 있다. 그렉을 비롯하여 많은 사람들이 의료 인력이 부족한 미크로네시아에서 좋은 의사를 양성하기 위해 부단히 노력해왔다. 그러나 그들에게는 눈앞에 닥친 위급한 환자들만도 벅차다. 이 지역에는 아메바증을 비롯한 온갖 기생충 감염이 만연해 있다(우리가 거기 있는 동안 병원에 아메바성 간 농양 환자가 네 명이나 찾아왔다). 홍역과 그 밖의 전염병도 수시로 발생하는데, 부분적으로는 어린이에게 예방접종할 약품이 부족하기 때문이다. 결핵은 이 지역 섬들의 풍토병이며, 한때는 한센병이 그랬다.[38] 갑자기 서양식으로 바뀐 식생활에서 비롯된 것으로 보이는 만성 비타민에이 결핍은 심각한 귀와 (야맹증 등) 눈 질환, 면역력 감퇴를 야기할 수 있으며 치명적인 영양분 흡수 장애를 일으킬 수 있다. 이 외딴 지역에 거의 모든 형태의 성병이 발생했지만 에이즈는 아직 나타나지 않았다. 그러나 그렉은 피할 수 없는 운명을 우려한다. "에이즈가 발생하면 그야말로 생지옥이 될 겁니다." 그는 말한다. "우리는 한마디로 거기에 대처할 인력이나 자원이 없어요."

이것이 이 섬 지역에서 최우선 과제가 되어야 할 응급 의학, 의약의 사안이다. 그러자니 목숨에는 지장이 없는 선천성 비진행성 질환인 마스쿤 같은 것에 할애할 시간도 여력도 없다. 앞이 보이지 않는다거나 색을 보지 못한다거나 귀가 들리지 않는다는 것은 무엇을 의미하는가, 이 질환을 앓는 자들은 어떻게 반응하며 어떻게 적응하는가, 그들의 삶을 더욱 충만한 것으로 만들어주기 위해—의학적으로, 심리적으로, 문화적으로—어떤 도움을 줄 수 있는가 하는 실존적 문제를 탐구할 시간이라곤 없는 것이다. "여러분은 운이 좋은 겁니다." 그렉은 말한다. "시간이 있잖아요. 여기서 우리는 너무 시달리고 있습니다. 그럴 시간이 없어요."

색맹 문제를 인식하지 못하는 것은 의료 종사자들만이 아니다. 폰페이의 핀지랩 사람들은 끼리끼리 뭉치는 경향이 있어서 색맹은 색맹끼리 (낮 시간에는 밝은 곳, 사람들 있는 곳을 피하여 주로 실내에서만 생활하면서) 남의 눈에 띄지 않게 핀지랩 비지 안의 비지, 소수 안의 소수 사회를 형성한다. 폰페이 주민 다수는 그들이 존재한다는 사실 자체를 모른다.

폰페이, 어느 식민지의 역사

콜로니아는 폰페이에서 유일한 도시로, 널찍한 항구 옆의 북부 해안에 자리 잡고 있다. 게으르고 황폐한 분위기가 흐르는 매력적인 도시다. 콜로니아에는 교통신호기도 네온 간판도 극장도 없이 가게만 한두 곳 있고 곳곳에 사카우 술집뿐이다. 정오가 되도록 오가는 사람 없는 중심가 한복판에서 나른해 보이는 기념품 가게며 잠수 장비 가게를 기웃거리면서 걷다 보니 우리도 허름하고 무심한 이곳 공기에 빠져들었다. 중심가에는 이름이 없으며, 지금은 어떤 거리에도 이름이 없다. 콜로니아 사람들은 잇따른 점령자들이 붙인 거리 이름을 더는 기억하지 않는다. 아니, 한시라도 빨리 잊고 '바다 기슭 길'이나 '소케스 가는 길' 같은 식민지 이전 시절의 본디 이름으로 돌아가고 싶어 한다. 도시에는 중심가가 따로 없고 거기다 길에 이름까지 없어 우리는 계속 길을 잃었다. 도로에는 차가 몇 대 있지만 사람 걷는 속도나 그보다 더 천천히 움직이며 도로 한가운데 누워 있는 개들을 피해서 몇 미터마다 멈춰 섰다. 이 무기력한 곳이 폰페이만이 아니라 미크로네시아 연방 전체의 수도라는 사실이 믿기 힘들었다.

하지만 곳곳에 양철 지붕 판잣집들 사이로 어울리지 않게 정부와 병원의 덩치 큰 콘크리트 건물들이 솟아 있고, 아레시보의 거대한 전파망원경이 생각날 정도로 거대한 위성 안테나도 하나 있었다. 의아했다. 폰페이 사람들이 외계 생명체라도 찾고 있나? 답은 평범했지만 그래도 나름대로 놀라운 면은 있었다. 이 위성 안테나는 현대적 원거리 통신망의 일부다. 산이 많은 지형과 나쁜 도로 사정 탓에 몇 년 전까지 전신망을 가설하지 못하다가 이 위성 안테나로 섬에서 가장 외딴 지역 간에 즉각적이고 깨끗한 교신이 가능해졌으며 인터넷까지 이용할 수 있게 되었다. 이런 면에서 콜로니아는 20세기를 건너뛰고, 으레 거치는 중간 단계 없이 곧장 21세기로 진입했다고 볼 수 있다.

더 돌아다니다 보니 콜로니아가 하나의 고고학 유적지 혹은 여러 문화가 겹겹이 쌓여 이루어진 양피지 같다는 느낌이 들었다. 미국의 영향이 도처에서 보이지만(아마도 이것이 가장 두드러지는 것은, 스팸과 그밖의 육류 통조림이 매대 전체를 차지한 통로 바로 옆에 오징어 먹물 통조림이 진열돼 있는 앰브로즈 슈퍼마켓일 것이다) 그 밑으로 조금 희미하나마 일본, 독일, 에스파냐 점령 시기의 흔적이 본디 항구와 마을 자리에 새겨져 있는데, 폰페이 사람들이 오코넬 시절에 '바람의 눈'이라는 뜻으로 메세니엥Mesenieng이라고 불렀던 매혹적이며 신성한 장소다.

우리는 오코넬이 오고 20년 뒤인 1850년대에 이곳이 어떤 모습이었을지 상상해보았다. 폰페이는 그 시절에 이미 흥청거리는 도시였다. 중국과 오스트레일리아를 왕복하는 대영제국 상선들이 선호하는 정박지였고 얼마 뒤에는 미국의 고래잡이배들까지 들어왔으니 말이다. 폰페이가 가진 매력 때문에, 그리고 (1840년대에 멜빌을 배에서 달아나게 만든) 가혹하고 고생스러운 선상 생활로 걸핏하면 도망자가 생겨나면서, 이 섬에는 순식간에 요샛말로 "부두 건달"이라고 하는 다종다양한 사람들이 모여들었다.[39] 부두 건달들은 이곳에 담배, 술, 총기를 가지고 들어왔고, 술에 취해 벌이는 싸움질은 종종 총격전으로 이어지곤 했다.

이렇듯 1850년대의 분위기는 개척지 도시의 풍경이어서 코퍼로폴리스나 애머릴로와 다를 바 없이 (폰페이 주민이 아니라 부두 건달들에게는) 사치와 모험이 넘치는 한편, 폭력과 매춘, 착취와 범죄가 들끓는 곳이었다. 이런 이방인들이 면역성 없는 인구 집단 속으로 밀려들면서 전염병의 재앙도 멀지 않은 현실이 되었다. 1854년에는 미국 고래잡이배 델타호가 천연두 감염자 여섯 명을 상륙시키면서 주민의 절반이 희생되었고, 곧이어 독감과 홍역이 돌았다.[40] 1880년에 이르면 인구는 7분의 1로 줄어드는데, 그보다 30년 전에 폰페이에 도덕성을 심어주고 부두 건달들을 추방하여 풍기문란과 범죄를 중단시키는 것은 물론 고통받는 섬 주민들에게 의료 및 영적 원조를 제공하겠노라 결심한 스코틀랜드와 잉글랜드, 미국 선교사들이 들어오지 않았더라면 그나마도 살아남지 못했을 것이다.

선교사들 덕분에 폰페이의 육체를 지키는 데는 성공했을지라도 (멜빌의 타이피 계곡처럼 완전히 파괴되지는 않았다) 원주민들은 또 다른 영혼의 대가를 치러야 했다. 상인들과 부두 건달들이 폰페이를 약탈과 착취의 값비싼 포상으로 여겼듯이 선교사들도 이곳을 하나의 포상으로 보았는데, 그들에게는 여기가 개종시켜 그리스도와 나라의 부르심에 몸 바치게 할 단순한 이교도 무리의 섬으로 비쳤던 것이다. 1880년 무렵 폰페이에는 교회 열네 곳이 생겨나 족장 여러 명을 포함하여 수백 명의 개종자들에게 이국에서 온 신화와 도덕률, 교리를 전파했고, 핀지랩과 무오아킬에도 선교사들이 파견되었다. 그럼에도, 에스파냐에서 박해를 피해 거탈만 개종한 유대인들이 그랬듯이, 옛 종교는 그렇게 쉬이 부정되지 않았다. 우주적 규모라 할 만한 개종의 이면에는 옛 제의, 옛 신앙의 많은 부분이 그대로 잔존했다.

부두 건달들과 선교사들이 줄기차게 싸우는 동안 독일은 소리 소문도 없이 캐롤라인제도에, 특히 야자 과육과 코프라 시장을 토대로 하나의 제국을 건설했다. 그리하여 1885년에는 폰페이와 캐롤라인제도 전체의 소유권을 주장했다. 이에 곧바로 에스파냐가 반격했다. 교황의 중재로 캐롤라인제도가 에스파냐에게 넘어가자 독일은 철수했고, 길지 않은 에스파냐의 지배가 시작되었다. 에스파냐의 지배는 격렬한 저항을 받았고, 간헐적으로 반란이 일어났지만 재빨리 진압되었다. 에스파냐 식민지 건설자들은 메세니엥 구역을 에두르는 높은 돌담을 쌓아 요새를 건설했는데(그러고는 라콜로니아로 개명했다), 1890년 무

렵에는 이 돌담이 도시 전체를 포위하다시피 했다. (뒤에 들어온 식민주의
자들과 1944년 연합국의 폭격으로 많은 부분이 파괴되었지만) 이 돌담의 대부분
이 오늘날까지 남아 있다. 이것은 오랜 가톨릭교회의 종탑과 더불어
한 세기 전 라콜로니아의 모습을 어느 정도 보여주는 유물이다.

　에스파냐에 의한 캐롤라인제도의 지배는 에스파냐-미국 전쟁
으로 끝났으며, (미국의 수중에 남았던 괌을 제외한) 미크로네시아 전체가
400만 달러에 독일에 팔렸다. 독일은 폰페이를 이문이 남는 식민지로
개조하리라는 결의하에 대단위 농업 계획을 세워 대량의 토종 식물군
을 뽑아버리고 야자나무를 심는가 하면, 도로 건설을 비롯한 공공사
업에 강제로 노동력을 동원했다. 독일인 통치자들은 시내로 이주하고,
시의 이름을 콜로니아Kolonia로 바꾸었다.

　1910년, 급기야 올 것이 왔다. 분노한 소케스 주민들이 포학한 독
일인 총독과 그의 참모, 그리고 감독관 두 명을 사살한 것이다. 즉각적
으로 보복 조치가 이어졌다. 소케스 주민 전체가 토지를 압수당했고,
많은 주민이 살해당하거나 인근 섬으로 추방되었으며, 젊은이들은 부
역에 동원돼 나우루 인산 광산으로 보내졌다가 10년이 지나서야, 행
여 살았다 해도 온몸이 망가진 채, 빈털터리 신세로 돌아왔다. 우리는
어디를 가나 소케스 바위의 존재감을 떨쳐낼 수 없었다. 콜로니아 북
서쪽에 서 있는 그 거대한 형상이 도처에서 우리의 시야로 밀고 들어
왔다. 그것은 잔혹했던 독일 점령기와 절망적인 저항의 몸부림을 상기
시키는 유품이었다. 그들의 공동묘지는 시에서 조금만 벗어나면 있다
고 한다.

　이상하게도 일본 점령기의 유물은 찾기 힘들었다. 콜로니아를 가
장 많이 바꿔놓은 것이 일본의 점령이었는데도 말이다. 느릿느릿 움직
이는 황폐한 시내를 이리저리 돌아다녀보았지만 여기가 일본 점령의

절정기였던 1930년대에 흥청거리던 곳이라는 사실이 실감 나지 않았다. 그 시절에는 일본인이 1만 명이나 이주하면서 인구가 팽창했고 (자료에 따르면, 식당 약 스무 곳과 일본 약품 공급소 열다섯 곳, 매춘굴 아홉 곳을 포함하여) 사업과 문화의 중심지요, 상업과 유흥이 넘치는 곳이었다. 폰페이 주민들은 이러한 풍요의 혜택을 누리기는커녕 엄격하게 격리당했으며 폰페이 남성과 일본 여성의 접촉은 철저히 금지되었다.

점령과 신성모독, 개종과 수탈의 흔적은 이곳 공간만이 아니라 여기 살았던 사람들의 정체성에도 깊이 새겨졌다. 여기서 몇백 킬로미터 떨어진 야프섬에 콜로니아가 또 한 군데 있는데—여기에도 콜로니아 저기에도 콜로니아, 미크로네시아에는 콜로니아가 한두 군데가 아니다—몇 년 전 E. J. 칸의 물음에 한 노인은 이렇게 답했다.

"보시오, 우린 에스파냐 사람이 되는 법을 배웠고 또 독일 사람이 되는 법을 배웠고 또 일본 사람이 되는 법을 배웠는데 이제는 미국 사람이 되는 법을 배우고 있소. 다음엔 또 뭐가 되는 법을 배워야겠소?"

식물학자가 된 선교사

다음 날 우리는 그렉의 식물학자 친구 빌 레이너와 그가 데려온 폰페이인 친구 두 사람과 함께 열대우림으로 떠났다. 조아킴은 토착 식물과 색맹의 섬 전통 민간요법에 정통한 주술사였고, 발렌타인은 지리에 빠삭하여 이 섬의 구석구석 모르는 곳이 없는 이로서 이 섬의 어디에서 어떤 식물이 나고 그것이 자라는 데 최적의 조건은 무엇이며 생태계 내 다른 서식 동물들과는 어떤 관계인지 따위를 훤히 꿰고 있었다. 두 사람 다 타고난 생물학자로, 서양에서 태어났더라면 의사나 식물학자가 되었을 사람들이다.[41] 그러나 여기서 두 사람의 능력은 다른 전통에 따라 빚어졌다. 서구의 것보다 구체적이며 덜 공론적인 그

열대 기후의 나무고사리. 존 헨즐로의 《식물학》 중에서.

폰페이

들의 지식은 그 사람들 고유의 육체적·정신적·영적 균형, 그들의 주술과 신화, 그리고 사람은 그가 처한 환경과 따로가 아니라 하나라는 의식과 밀접하게 결속해 있다.

빌은 예수회 선교사로 폰페이에 자원했는데 원주민들에게 농업 경영과 멸종 위기종 보존에 대해 가르칠 계획이었다. 그는 처음 여기 올 때는 자기도 서양 과학의 자만에 젖은 건방진 사람이었는데 토박이 주술사들의 섬의 식물종에 대한 지식이 얼마나 상세하고 체계적인지를 알고는 콧대가 납작해졌다고 말했다. 그 사람들은 망그로브 늪지에서 해초지, 산꼭대기의 왜관목림矮灌木林까지 10여 가지 생태계를 알고 있었다. 빌은 이 사람들에게는 섬에서 자라는 식물 하나하나가 다 소중하고 신성한 것이며, 이들은 대부분의 종을 치유 효능의 측면에서 바라본다고 말한다. 그가 폰페이에 올 때만 해도 이런 것은 그저 미신으로 치부했지만 이제는 인류학적 관점에서 생각하게 되었고, 처음에 "미신"이라고 불렀던 것을 이제는 고도로 발달한 (레비스트로스의 용어로) "구체의 과학", 그가 아는 것과는 완전히 다른 거대한 지식과 원리 체계로 보게 되었다는 것이다.

가르치겠다고 온 그가 어느샌가 오히려 열심히 듣고 배우고 있었고, 얼마 뒤에는 주술사들과 형제나 동료 같은 관계를 맺으면서 각자의 지식과 기술과 태도가 서로 보완될 수 있었다. 그는 이와 같은 공조가 연구를 진행할 때 없어서는 안 될 요소이며 더구나 폰페이가 여전히 난음와르키의 소유인 상황에서 그들이 기꺼이 협조해주지 않을 때는 아무것도 할 수 없다고 느낀다. 특히나 그는 폰페이의 모든 식물종을 아우르는 연구가 이루어져야 어떤 종에 희귀한 약리 성분이 있는지를 알아낼 수 있다고, 이 작업은 지금 당장, 그러니까 그 식물들이 멸종되기 전에, 그 지식이 사라지기 전에 하지 않으면 안 된다고 믿는다.

어떻게 보면 그의 종교적 사명도 이와 비슷했다. 기독교가 최고라는 굳은 믿음을 안고 이 섬에 왔던 선교사 빌은 (많은 동료 선교사들이 그랬던 것처럼) 개종시키려고 했던 사람들의 도덕적 분별력을 보고 충격을 받았다. 그는 한 폰페이 여인과 사랑에 빠져 결혼했고, 지금은 폰페이 사돈들과 일가를 이루었으며 이들의 언어도 유창하게 구사한다. 그는 여기서 16년을 살았고 남은 인생 동안에도 여기를 떠나지 않을 계획이다.[42]

토종 식물 탐험

18세기 사람들은 섬이 대륙에서 떨어져 나온 조각, 그러니까 물에 잠긴 대륙의 꼭대기일 거라고 생각했다(따라서 아예 섬이 아니라 본토와 이어져 있는 땅인 셈이다). 대양 섬에 적어도 그런 연속성이 존재하지 않는다는 사실—해저 깊숙한 곳에서의 화산 폭발로 솟아오른 것이며, 본토의 일부인 적이 없다는 사실, 섬을 뜻하는 라틴어 인술라이insulae가 보여주듯 그야말로 고립된 땅이라는 사실—을 깨닫게 된 것은 주로 다윈과 월리스 그리고 섬의 동식물군에 관한 그들의 기록 덕분이었다. 그들은 화산섬은 처음부터 섬이었으며, 거기에 서식하는 모든 생물이 스스로 생겨나거나 그리로 옮겨져야 했음을 설명했다.[43] 따라서 다윈이 설명했듯이 포유류나 양서류처럼 강綱 전체가 통째로 없는 경우도 있는데, 박쥐 몇 종 말고는 토종 포유류가 전혀 없는 폰페이는 이 경우에 정확히 들어맞는다.[44] 대양 섬은 식물군도 대륙에 비해 제한적이었다. 그래도 씨앗과 포자가 쉽게 분산되는 편이어서 그렇게 척박하지는 않다. 이 섬이 존재한 500만 년 동안 상당한 범위의 식물이 폰페이로 퍼져 뿌리를 내리고 살아남았으며, 열대우림은 아마존만큼은 아니지만 상당히 풍요롭다. 그리고 아마존 못지않게 웅장하다. 그러나 이곳

열대우림은 독특하다고 할 수 있는데, 지구상 다른 어떤 곳에서도 볼 수 없는 종들이 서식하고 있기 때문이다.[45]

울창한 서식지를 지날 때 빌이 이 이야기를 꺼냈다. "폰페이 사람들이 토종 식물 700여 종에 이름을 붙여주었는데, 흥미로운 건 서양의 식물학자들이 별개의 종으로 잡아낸 것도 바로 그 700종이라는 점이에요." 물론 100종가량이—폰페이에서 진화하여 폰페이에만 서식하는—이곳의 고유종이다. 이 점은 종명에서 종종 확인되는데, 가르키니아 포나펜시스, 클리노스티그마 포나펜시스, 프레이키네티아 포나펜시스, 아스트로니디움 포나펜세, 토종 난초인 갈레올라 포나펜시스 등이 그렇다.

폰페이의 자매 섬인 코스라이에는 아주 아름다우며 지질학적으로도 폰페이와 비슷하게 높이 치솟은 화산섬으로, 폰페이로부터 480킬로미터 남짓한 거리에 있다. 빌은 우리가 코스라이에 서식하는 식물군도 폰페이와 거의 같으리라고 생각했을 것이라고 말했는데, 물론 많은 종이 두 섬에 다 서식한다. 그러나 코스라이에에도 폰페이처럼 거기에만 사는 식물이 있다. 두 섬 다 지질학적으로는 어린 편이지만—폰페이는 500만 살쯤 되었고, 훨씬 가파른 코스라이에는 200만 살밖에 되지 않았다—이곳의 서식 식물군은 이미 상당히 다양하게 분화되었다. 같은 소임, 같은 생태학적 지위를 서로 다른 종들이 나눠 갖고 있다. 다윈은 갈라파고스에 인접한 여러 섬에 각기 고유하면서도 서로 닮은 생명체들이 사는 것을 보고 "경이로움에 사로잡힌" 바 있다. 과연 이것은 다윈이 이 여행에서 발견한 모든 것 가운데 가장 중대한 핵심, 그러니까 "새로운 생명체가 지구상에 어떻게 처음 출현했는가 하는 의문, 저 불가사의 중에서도 불가사의"의 실마리인 듯했다.

빌은 우람한 몸통에 높이는 내 키의 두 배인 데다 잘게 갈라진 기다란 이파리들을 머리 높이 드리운 나무고사리, 키아테아 니그리칸스를 가리켰다. 개중에는 끝이 돌돌 말린 소용돌이 모양의 어린 이파리들이 아직까지 자라는 것도 있었다. 다른 나무고사리 종인 키아테아 포나페아나는 이제는 귀해져서 울창한 숲에서나 자란다는 것이 빌의 설명인데, 이름만 보면 폰페이에만 나는 것 같지만 코스라이에서도 발견되었다고 한다(키아테아 니그리칸스도 비슷하게 폰페이와 팔라우, 두 섬에서 발견되었다). 나무고사리에서 나오는 목재는 단단한 것으로 높은 가치를 인정받아 집 짓는 데 쓰인다고 조아킴이 이야기해줬다. 또 다른 나무고사리 앙기옵테리스 에벡타는 땅에 바짝 붙어 자라는데, 그 짧고 뭉툭한 밑동으로부터 3~4미터 높이로 자란 잘게 갈라진 이파리가 천막처럼 드리운다.

그리고 아름이 1미터가 훌쩍 넘는 새둥지고사리(아스플레니움 니두스)가 나무 꼭대기 높이 매달려 있었다. 이 모습을 보니 오스트레일리아의 황홀한 숲이 생각났다. 발렌타인이 끼어들었다. "사람들은 숲에서 이 새둥지고사리를 가져다가 후추류 식물인 사카우에 붙여 기생시켜요. 테흘리크와 사카우, 이 둘이 합쳐진 것은 최고로 귀한 작물이지요."

빌은 정반대 쪽에 있는, 새둥지고사리 밑동에서 싹이 나온 보드라운 석송을 가리켰다. 기생식물에 기생하는 식물인 셈이다. 조아킴은 이것도 민간 약재라고 말해주었다(의대생 시절에 우리는 이 식물의 포자인 석송자를 고무장갑에 바르곤 했다. 나중에 이것이 자극이 강한 발암물질이라는 사실이 밝혀지기는 했지만). 그러나 가장 기이하고 어쩌면 가장 연약한 것은—빌은 이것을 찾느라 한참을 뒤지고 다녔다—각도에 따라 빛깔이 달라져 몽롱해 보이는 푸르스름한 양치류, 차꼬리고사리(트리코마네스)일 것이다. 그는 이렇게 설명했다. "이건 형광성입니다. 주로 섬 꼭대기 부근 왜 관목림의 이끼에 뒤덮인 나무 몸통에서 자란답니다. 이것의 이름 디딤 웨렉은 발광어發光魚를 부르는 이름이기도 합니다."[46]

이곳에 토종 야자수 클리노스티그마 포나펜시스(코톱야자)가 있다고 빌이 말했다. 여기선 그렇게 흔하지 않지만 고지대 야자수 숲으로 가면 많다고 한다. 거기서는 주요 서식종이라고. 발렌타인은 코톱 야자가 코스라이에에서 쳐들어온 군대로부터 폰페이를 지켜주었다는 옛날이야기를 들려주었다. 빛깔 연한 야자수 수백 그루로 뒤덮인 산기슭을 본 침입자들은 이것을 히비스커스 나무껍질로 만든 남자용 치마로 착각했다. 그래서 이 섬사람들이 중무장했다고 생각하고는 철수했다는 것이다. 거위가 로마를 구했듯이, 코톱야자가 폰페이를 구한 것이다.

빌은 마상이를 만드는 나무 10여 종을 가르쳐주었다. "이게 전통 목재죠. 폰페이에선 이걸 도옹이라고 불러요. 하지만 ⋯ 무게와 크기만 알맞으면 이 사닥나무를 씁니다." 빌이 가리킨 사닥나무는 키가 30미터가 넘었다. 숲에서는 껍질이 향기로운 실론계피나무에서 수액이 강한 수지질인 토종 코안프윌나무(이 나무는 폰페이에만 있는데, 월경 출혈이나 설사를 멈추고 불을 붙이는 데도 사용되는 아주 쓸모 있는 나무라고 조아 킴이 알려주었다)까지 온갖 근사한 향기가 흐드러졌다.

출발할 때는 보슬비가 내리더니 점차 빗발이 굵어져 길이 어느새 진흙탕으로 변해 우리는 마지못해 발길을 돌렸다. 빌은 숲에서 작은 골짜기로 이어지는 수많은 냇물에 대해 이야기했다. "예전엔 물이 티끌 한 점 없이 맑고 투명했어요. 그런데 좀 보세요. 탁한 흙탕물이죠." 이렇게 된 것은 사람들이 사카우를 기른다고 가파른 중턱의 숲을 개간한 탓이었다. 여기는 국가에서 지정한 보호구역이니 불법이다. 나무와 덩굴들을 걷어내자 중턱의 흙이 무너지면서 이 냇물로 쓸려 들어온 것이다. "나도 사카우라면 대찬성입니다." 빌이 말했다. "아주 숭배한다고요. 우리를 하나 되게 하는 영혼의 술이라고나 할까요. 하지만 그걸 기르자고 숲을 송두리째 없앤다니요, 미친 짓이에요."

사카우에 취하다

핀지랩에는 사카우가 없다. 회중 교회가 알코올과 함께 사카우도 금지하고 있다. 폰페이에서는 왕족만이 사카우를 마실 수 있었지만, 지금은 사실상 아무나 마실 수 있다(나는 이 섬의 무기력한 분위기가 어느 정도는 이 때문이 아닌가 생각해보았다). 회중 교회보다는 융통성 있는 가톨릭 교회는 사카우를 적법한 형태의 성찬으로 인정한다.[47] 사카우 술집은 시내에는 당연히 있고, 시골 곳곳에도 초가지붕 술집, 노천 술집의 형태로 있었다. 마당 한가운데에 큼직한 맷돌(폰페이어로는 페이텔이라고 부른다)이 놓인 원형 또는 반원형 술집들이었는데, 이번에도 우리는 언제 꼭 한번 마셔보자고 말만 하고 말았다.

이 섬의 의사이자 그렉의 동료인 메이 오카히로는 그날 저녁 전통 사카우 의례에 우리를 초대했다. 청명한 저녁이었고, 우리는 그녀의 집에 해 질 녘에 도착해 태평양이 내다보이는 옥상에 올라 의자에 자리를 잡고 앉았다. 깡말랐지만 근육이 잘 잡힌 폰페이 남자 셋이 후추 뿌리와 히비스커스 나무의 끈적한 속껍질 다발을 들고 찾아왔다. 마당에선 커다란 페이텔이 그들의 손길을 기다리고 있었다. 세 사내가 가져온 뿌리를 잘게 썰어서 묵직한 맷돌에 넣고 빻기 시작하는데, 난마돌에서 돌아오던 길에 들었던 그 복잡한 박자의 리듬이었다. 단조로운 동시에 끊임없이 바뀌는 것이 강물 흐르는 소리와도 같은 소리가 사람의 주위를 붙잡아 최면을 걸었다. 한 사람이 일어나서 물을 가져오더니 맷돌 안에 졸졸 흘려 넣어 걸쭉한 덩어리를 적셨고, 나머지 두 사람은 복잡하게 뒤바뀌는 몽롱한 박자로 계속해서 절구질을 했다.

뿌리는 이제 충분히 연해져서 끈적끈적한 액체가 만들어졌다. 질기고 반짝거리는 히비스커스 껍질에 붙어 있는 펄프는 짱짱하게 배배 꼬여 기다란 덩어리가 되었다. 이 배배 꼬인 덩어리를 비틀어 짜니 끈끈한 끄트머리에서 사카우가 힘겹게 스며 나왔다. 이 액체를 야자 껍데기에 정성스럽게 모은 첫 잔을 내가 받았다. 걸쭉하니 탁한 잿빛 액체가 보기에 역겨웠지만, 이것이 내 영혼에 미칠 효능을 생각하면서 쭉 들이켰다. 굴처럼 부드럽게 넘어가면서도 입술이 약간 얼얼해왔다.

히비스커스 껍질에서 사카우를 한 번 더 짜내 두 번째 잔이 만들어졌다. 이것은 크누트에게 돌아갔는데, 그는 예의 바르게 두 손을 포개 잔을 받아서는 손바닥을 들어 올려 단숨에 마셨다. 비우면 다시 채워지기를 대여섯 차례 되풀이하면서 자리 순서에 따라 엄격하게 순배가 돌았다. 다시 내 순서가 되어 돌아온 사카우는 묽었다. 그렇다고 크게 아쉬울 것은 없었는데, 이미 술기운에 똑바로 서기도 힘들 만큼 늘어져 의자 속에 푹 파묻히고 만 것이다. 나머지 일행도 다들 비슷한 증세를 보였다. 아마도 그럴 줄 알고서 그렇게 의자를 준비해놓았지 싶다.

샛별이 수평선 위로 높이 떠올라 자줏빛에 가까운 저녁 하늘에서 환하게 빛났다. 내 옆에 앉은 크누트도 하늘을 올려다보면서 머리 위의 북극성과 베가(거문고자리), 아르크투루스(목동자리)를 가리켰다. 그러자 봅이 말했다. "저것들이 폴리네시아 사람들이 쾌속 범선으로 항해할 때 창공에서 의지했던 별입니다." 그가 그렇게 말하자 그들의 항해, 5,000년 동안의 항해가 한 폭의 그림처럼 머릿속에 그려졌다. 그들의 역사, 모든 역사가 지금 밤하늘 아래 바다를 마주하고 앉은 우리 머리 위로 무리를 이루어 모여드는 것 같았다. 폰페이 전체가 한 척의 배처럼 느껴졌다. 메이의 집은 커다란 등불이고, 우리가 앉아 있는 이 바위투성이 돌출부는 배의 이물이고. '저 얼마나 멋진 녀석들인가!' 나는 일행을 돌아보며 생각했다. '하느님이 하늘에 계시니 지상의 모든 것 평안하도다!'

평소의 염려 많고 불평 많은 내 마음 상태와는 거리가 먼, 이 낯간 지럽게 감미로운 생각의 물결에 깜짝 놀란 나는 내 얼굴에 은근하게 나른한 웃음이 퍼져 있다는 것을 깨달았다. 일행을 돌아보니 사람들 얼굴에도 똑같은 웃음이 번져 있었다. 그제야 우리가 전부 취했다는 것을 알았다. 온화하며 달콤하게, 말하자면 좀 더 자신의 참모습에 가까워진 듯한….

다시 하늘을 응시하는데, 지금 보이던 것이 갑자기 거꾸로 뒤집힌 것 같은 환각이 일어났다. 하늘에 별이 뜬 것이 아니라 하늘, 밤하늘이 별에 매달린 것이 마치 조이스의 "축축한 암청빛 열매가 주렁주렁 열린, 별 가득한 하늘나무"를 보는 것 같았다.[48] 그러더니 순식간에 '정상'으로 돌아왔다. 나는 시각피질에 뭔가 이상이 생긴 것이라고 판단했다. 그러니까 전경과 배경이 뒤바뀌는, 지각 작용의 전환 같은 일이 벌어진 것이다. 아니면 뭔가 더 높은 차원의 개념적 전환, 아니면 은유적 전환일까? 이제 하늘에는 별똥별이 가득한 것 같았다. 시각피질이 약간 흥분 상태일 거라고 짐작하고 있는데, 봅이 말했다. "저것 봐요. 별똥별이에요!" 실체, 은유, 환영, 환각이 녹아서 하나로 뭉치는 것 같았다.

일어서려고 했지만 할 수 없었다. 입과 입술이 얼얼하게 마비되기 시작하더니 이제는 팔다리가 어디 붙었는지, 어떻게 움직여야 하는지도 알 수 없이 온몸이 무감각했다. 잠시 놀랐지만 이내 이 느낌에 몸을 맡겼다. 이해되지도 않고 내 마음대로 움직일 수도 없어서 무서웠지만 받아들이고 나니 몸이 붕붕 뜨는 공중부양 상태가 기분 좋았다. '좋았어!' 이렇게 생각하니 내 안의 신경학자가 눈을 떴다. '이런 얘길 읽은 적 있는데 그걸 지금 경험하는 거야. 미세 촉각 결핍, 근육 관절 감각 결핍… 신경 구심로 차단이 이런 느낌이겠지.' 다른 사람들을 보니 모두 의자에 꼼짝없이 누워 있는데, 저들도 공중부양을 하고 있거나 아니면 잠들어 있을 것이다.

그날 밤엔 우리 모두가 깊이, 꿈 없이 잠잤고, 다음 날 아침에는 맑고 상쾌한 기분으로 깨어났다. 적어도 인식과 감정은 그랬다. 눈에는 아직도 환각이 보였는데, 아마도 사카우의 효험이 남은 것이리라. 나는 일찍 일어나 수첩에 눈에 보이는 환영을 기록했다.

산호 꼭대기 위로 떠오른다. 대왕조개의 속살이 집요하게 시야를 채우고 들어온다. 갑자기 파란 불길. 번쩍거리는 불똥이 뚝뚝 떨어진다. 불똥 떨어지는 소리가 선명하다. 그 소리가 점점 커지면서 청각을 꽉 채운다. 지금 들리는 것은 내 심장박동이 변형된 것임을 깨닫는다.
운동신경과 시각의 활동이 조금 촉진되고, 이것도 집요하게 반복된다. 나를 해저에서 *끄집어내면서* 조개 속살, 뚝뚝 떨어지는 파란 불똥… 나는 계속 쓴다. 낱말들이 머릿속에서 스스로 말한다. 내 원래 필체는 아니지만 집요하게 빠른 속도로 휘갈겨 써지는데, 가끔은 영어라기보다는 쐐기문자에 가깝다. 펜이 스스로 움직이는 것 같다. 한번 시작하면 멈추기가 힘들다.

아침을 먹을 때도 이 효과가 계속됐는데 크누트도 그랬다.[49] 빵이

한 접시 준비됐는데, 식빵이 탁한 잿빛이다. 딱딱하고 빛나는 것이 물감으로 문질러놓은 것 같기도 하고 사카우의 걸쭉하고 빛나는 잿빛 찌꺼기 같기도 하다. 달콤한 술이 든 초콜릿도 있다. 난마돌의 돌기둥 같은 오각형, 육각형이다. 식탁에 놓인 꽃에 후광이 드리운 것처럼 꽃 잎들이 광채를 번뜩인다. 그것을 치우자 가느다란 꼬리가 얼룩얼룩 불그스름한 흔적을 남긴다. 야자수 한 그루가 흔들거리는 것을 구경한다. 영화를 아주 느리게 돌리는 것처럼 정지 화면이 연속성 없이 토막토막 이어진다. 그러더니 그 하나하나 끊긴 영상이 내 앞의 식탁에 투사된다. 핀지랩에 막 도착하던 순간 숲에서 왁자하게 웃으며 뛰어나오던 여남은 아이들, 환한 조명에 빛나던 어부의 투망 고리와 그 안에 잡혀 몸부림치던 알록달록한 날치 한 마리, 소년 기사처럼 챙 모자를 쓰고 "보여요, 눈이 보여요!" 외치며 산비탈을 달려 내려오던 만드 소년, 그리고 페이텔을 둘러싸고 하늘나무에 주렁주렁 열린 별빛을 등진 채 사카우를 절구질하던 세 사내.

폰페이에서의 마지막 밤

그날 저녁, 우리는 섬을 떠나게 되어 슬픈 마음으로 짐을 쌌다. 봅은 곧장 뉴욕으로 돌아갈 것이고, 크누트는 여러 곳을 거쳐 노르웨이로 돌아갈 것이다. 봅과 나는 크누트를 처음 보았을 때 사근사근하고 박식하며 약간 보수적인 동료─희귀한 시각 질환의 전문가이자 본보기─라고 생각했다. 그런데 몇 주를 함께 지내고 나니 다른 면모도 많이 보였다. 전방위적 호기심과 이따금씩 드러나는 예상치 못한 열정(광차 궤도와 협궤 철로에 관해서는 모르는 것이 없는 전문가였다), 유머 감각과 모험 정신, 주저 없는 적응력 등등. 색맹으로서 겪는 곤란, 특히나 이곳 기후가 주는 어려움을 보면서 우리는 새로운 곳에서 적응해가는 크누트의 결단과 동기, 그렇게 약한 시력(아마도 그의 재치와 틀리는 법이 없는 방향 감각은 이 약점 때문에 더욱 강해졌을 것이다)에도 어떠한 상황이든 열린 마음으로 받아들이는 자세를 다시 볼 수밖에 없었다. 우리는 작별하기가 아쉬워 밤을 거의 꼬박 새면서 그렉이 선물한 진 한 병을 다 비웠다. 크누트는 핀지랩에서 에마 에드워드로부터 선물받은 별보배조개 목걸이를 꺼내 계속 만지작거리면서 이번 여행 생각에 잠겼다. "전체가 색맹 공동체인 사회를 겪다 보니 보는 눈이 완전히 달라졌어요." 그는 말했다. "여기서 경험한 모든 일이 아직도 혼란스러워요. 내 평생 이렇게 흥분되고 흥미로운 여행은 없었어요."

가장 마음에 남는 일이 뭐냐고 내가 묻자 그는 대답했다. "핀지랩의 밤낚시죠. 환상적이었어요." 그러고는 꿈꾸는 사람처럼 말했다. "수평선의 구름 경치, 맑은 하늘, 사위어드는 빛과 깊어가는 어둠, 산호섬 암초의 빛나는 파도, 밤하늘을 수놓은 별들과 은하수, 플래시 빛 속에서 물 위로 솟구치던 빛나는 날치들…." 그는 밤낚시의 추억에서 빠져나오려 애쓰다가 이내 말을 이었다. "물고기를 찾아내고 잡는 거라면 하나도 힘들지 않아요. 어쩌면 저는 타고난 밤낚시꾼일지도 모르겠어요!"

그러나 핀지랩이 정말로 색맹의 섬, 내가 꿈꾸고 혹은 바랐던, 웰스의 소설에 나올 법한 그런 섬이었을까? 온전한 의미에서 그런 곳이라면 오랜 세월에 걸쳐 나머지 세계와는 고립된 채 색맹만 모여 사는 곳이어야 한다. 핀지랩 섬이나 만드의 핀지랩인 거주 구역은 분명히 그런 곳이 아니라 소수의 색맹 인구가 다수의 정상 색각 인구 안에 섞여 사는 사회였다.[50]

그러나 우리가 핀지랩과 폰페이에서 만났던 색맹 주민들 간에는 (혈통적으로만이 아니라 직관적으로도, 인식상으로도) 뚜렷한 하나의 친족 관계가 있었다. 그들은 보자마자 곧바로 서로를 이해하고 공감했고, 언어와 지각 능력에 공통점이 있었으며, 그것은 크누트에게까지 확장되었다. 그리고 핀지랩의 모든 사람이 색맹이건 정상 색각이건 간에 마스쿤에 대해 알고 있었으며, 마스쿤으로 태어난 이들은 색을 보지 못할 뿐만 아니라 밝은 빛을 견디지 못하며 사물의 세세한 부분을 볼 수 없는 장애까지 평생 안고 살아가야 한다는 사실도 알고 있었다. 핀지랩의 아기가 눈을 찌푸리고 빛으로부터 고개를 돌리기 시작할 때면, 적어도 그 아기가 지각하는 세계가 어떤 것인지, 그 아기에게 특별히 필요한 환경, 그 아기의 특별한 능력이 무엇인지를 사회 전체가 이해하고 있었고, 심지어는 그것을 설명하는 신화도 있었다. 이런 의미에서 핀지랩은 하나의 색맹의 섬이다. 여기가 아닌 다른 곳에서 색맹으로 태어나는 사람들은 거의 어김없이 철저히 고립되거나 오해받으며 살아가지만, 이곳에서는 마스쿤으로 태어난 그 누구도 그런 일을 당하지 않는다.

사이버공간으로 간 색맹의 섬

크누트와 나는 폰페이에서 서로 다른 비행기에 올랐지만 함께 버클리에 내려서 우리의 색맹 통신원 프랜시스 퍼터먼에게 색맹의 섬 여행 이야기를 해주었다. 프랜시스와 크누트는 드디어 상봉하게 되었다고 유난히도 좋아했다. 크누트는 나중에 나에게 그 만남에 대해 말해주었다. "저에게 아주 힘이 되는 잊지 못할 경험이었어요. 하고 싶은 이야기도 너무 많았고 서로에 대해 할 얘기도 어찌나 많았는지 꼭 아이들이 들떠서 몇 시간씩 재잘대는 것처럼 떠들어댔다니까요."

우리 사회의 많은 색맹인 사람들이 그러는 것처럼 프랜시스도 중증 장애를 안고 성장했는데, 색맹 진단은 어려서 받았지만 마땅한 시력 보조 기구를 구할 수 없어서 되도록이면 환한 빛에 노출되지 않기 위해 실내에서 지내야 했다. 그녀는 줄곧 또래 아이들의 오해, 또 고립과 맞서 싸워야 했다. 하지만 무엇보다도 중요한 것은 아마도 그녀와 같은 사람들, 그녀가 경험하는 세계를 이해하고 공유할 어떤 사람도 만나지 못했다는 사실일 것이다.

그러한 고립이 존재해야 했을까? (지리적으로는 떨어져 있더라도) 공통된 경험과 지식, 감수성, 관점을 매개로 하나로 맺어진 일종의 색맹 공동체는 있을 수 없을까? 실제로는 색맹의 섬이 없다 할지라도 개념적 혹은 은유적인 색맹의 섬은 가능하지 않을까? 프랜시스 퍼터먼의 머릿속에서는 이런 생각이 내내 떠나지 않았고, 이 생각에 힘입어 1993년에 드디어 색맹 네트워크를 만들어 전국—과 어쩌면 전 세계—의 색맹인들이 서로에 대해 알아가고 교류하고 서로의 생각과 경험을 공유할 수 있도록 하기 위한 소식지를 달마다 발행하기 시작했다.

프랜시스가 운영하는 네트워크와 소식지—지금은 인터넷의 웹사이트—는 지리적인 거리를 극복하고 대대적인 성공을 거두었다. 현재 전 세계 곳곳에—뉴질랜드, 웨일스, 사우디아라비아, 캐나다 그리고 지금은 폰페이에도—수백 명의 회원을 두고 있으며 프랜시스는 그들 모두와 전화, 팩스, 편지, 인터넷을 통해 교류하고 있다. 어쩌면 이 새로운 네트워크, 이 사이버공간이 진정한 색맹의 섬일 것이다.

2부

소철 섬

"그때, 1940년대와 1950년대엔, 리티코-보딕의 원인을 몇 달이면 찾을 거라는 분위기가 팽배했어요. 도널드 멀더가 1953년에 여길 왔을 때는 컬랜드가 도착하는 여섯 주 뒤에는 이미 문제가 해결되었을 거라고 생각했지요. 그 뒤로 45년이 지났는데 지금까지도 완전한 수수께끼죠. 가끔은 이러다 우리가 이걸 못 푸는 게 아닐까 하는 생각도 들어요. 하지만 이제 시간이 다 돼가고 있어요. 어쩌면 우리가 알아내기 전에 이 병이 사라질지도 몰라요. … 이 병이 말이에요, 선생님. 이것이 나의 열정 그리고 나 자신이 되어버렸어요."

로타 방면

N

필 리 핀 해

투몬만   데데도   ● 이고

아가냐   타무닝
       ● 아산   바리가다
   ● 피티
수메이

     마닐라오

    ● 요나

아가트

산타리타   태 평 양

      ● 탈로포포

람람산   페나호

우마탁만   우마탁
    메리조   이나라얀

곾

미군 기지 시설

핵무기고

Kms.

0 ——— 5

산호초 ◌

©1996 A·Karl/J·Kemp

괌

괌에서 걸려온 전화 한 통

모든 것은 1993년 초에 걸려온 전화 한 통에서 시작되었다. "스틸 박사라는 분이세요." 케이트가 말했다. "괌에 사는 존 스틸이라고 하시는데요." 나는 오래전에 토론토의 신경과 의사 존 스틸이라는 사람과 접촉한 적이 있었다. 이 사람이 그 사람인가? 의아했다. 만약 그 친구가 맞다면 지금, 그것도 괌에서 무슨 일로 전화를 한 거지? 나는 머뭇거리며 수화기를 들었다. 전화한 사람이 자기를 소개했다. 정말로 내가 아는 그 존 스틸이었고, 지금은 괌에 살고 있다고, 거기서 살고 일한 지 12년째라고 말했다.

괌은 1950년대와 1960년대에 신경학자들에게 특별한 반향을 일으켰던 곳인데, 이 섬의 풍토병으로서 괌의 차모로 부족이 리티코-보딕lytico-bodig이라고 부르는 특이한 질병에 관한 보고가 활발하게 발표된 것도 바로 이 시기였다. 이 질병은 때로는 신경위축성경화증(운동신경원 질환으로 약자 ALS로도 통한다)과 비슷한 진행성 마비 질환인 '리티코'로, 때로는 파킨슨증과 흡사하며 왕왕 치매의 동반 질환인 '보딕'으로 나타나는 등 다양한 형태로 발현된다. 이 질병의 수수께끼를 풀겠다는 의욕으로 가득 찬 전 세계의 연구자들이 괌으로 모여들었다. 그러나 그렇게 괌을 찾아온 어떤 이도 답을 찾지 못했으며, 거듭되는 실패에 흥분은 잦아들었다. 나는 그 뒤로 20년 동안 누군가 리티코-보딕을 언급하는 것을 듣지 못했고, 조용히, 해명되지 않은 채 소멸했으려니 생각했다.[51]

사실은 전혀 그렇지가 않다고 존이 말했다. 그는 지금도 수백 명의 리티코-보딕 환자를 보고 있으며, 이 병은 아직 한창 활동 중이라고, 그리고 여전히 해명되지 않았다고 했다. 연구자들이 왔다가 떠나곤 했지만 오래 머문 사람은 얼마 없었다고 그는 말했다. 그러나 12년을 이 섬에서 살면서, 이 병을 앓는 환자 수백 명을 보면서, 무엇보다 인상적이었던 것은 이 병에 일관성이라고는 없다는 점이라며, 그 증상의 변이성과 다채로움과 생소함이 제1차 세계대전 때, 당시 유행했던 기면성 뇌염이 지나간 뒤 무수히 발생했던 뇌염후증후군의 범위와 유사해 보인다고 했다.

예를 들면 보딕의 임상 증세는 보통은 심각한 정지 상태로, 떨림 발작이나 경직 증상이 미미한 긴장병이라고 보면 되는데, 환자에게 최소량의 L-도파만 투여해도 순식간에 해소되거나 정반대 상태로 돌변하는 정지 상태다. 존은 이것이 내가 《깨어남》에서 기술한 뇌염후 환자들의 증상과 대단히 비슷하다고 생각했다.

이 뇌염후 장애는 지금은 거의 사라졌는데, 나는 1960년대와 1970년대에 뉴욕에서 대단위의 희귀한 (대부분 노령의) 뇌염후 환자군을 연구한 덕분에 현대의 신경학자들 가운데 그 환자들을 실제로 보았던 몇 되지 않는 의사였다.[52] 존은 내가 꼭 좀 괌으로 와서 자기 환자들을 만나봤으면 한다고, 그 사람들을 내 환자들과 직접적으로 비교해달라고 간청했다.

파킨슨증은 나의 뇌염후 환자들이 걸린 것처럼 바이러스에 의해 유발된 것이 있고, 필리핀에서 나타났던 것처럼 유전에 의한 것도 있는가 하면, 칠레의 망간 광부들이 앓는 파킨슨증이나 합성 약물인 MPTP로 중뇌가 파괴된 헤로인 중독자(일명 '얼어붙은 중독자')처럼 유해 물질로 인한 경우도 있다. 1960년대에는 리티코-보딕도 유해 물질에 의해 유발되는 것이라는 주장이 있었는데, 이 섬에서 자라는 소철나무 씨를 먹어서 생기는 병이라는 이야기였다. 이 이국적인 가설은 내가 신경과 수련의이던 1960년대 중반에 대대적으로 유행했다. 내가 특히나 이 가설에 열광했던 것은 이 원시 식물을 열렬히 좋아했던 어린 시절의 내력 때문이다. 실제로 내 연구실 책상 주위에 소철, 디오온, 자미아 소철, 이렇게 작은 소철이 세 그루 있는데(케이트 옆에는 스탄거리아가 한 그루 있다) 존에게 이런 얘기를 하자, "선생님. 소철이라면, 여기가 바로 그 녀석들을 위한 곳이에요!" 하고 버럭 소리쳤다. "섬이 이 녀석들 천지라고요. 차모로족 사람들이 이 씨앗을 갈아 만든 가루를 좋아하는데요, 그걸 파당이나 페데리코라고 부르죠. … 그게 리티코-보딕하고 무슨 관계가 있느냐는 별개의 얘기고요. 그리고 로타섬에 가면―여기서 북쪽으로 비행기를 타고 짧게 건너가면 되는―그야말로 사람 발길 한 번 닿지 않은 소철 밀림을 볼 수 있어요. 얼마나 울창하고 얼마나 야생인지 자칫 내가 쥐라기에 와 있는 건 아닌가 착각이 들 정도랍니다. 정말 맘에 드실 거예요. 무얼 하러 오시든지요. 이 섬을 돌면서 소철과 환자들을 만나는 거라고요. 신경학적 소철학자라 해도 좋고 소철학적 신경학자라 해도 좋고, 선생님 좋으신 걸로 이름도 하나 지어 가지실 수 있는 겁니다. 어느 쪽이 되었건 저희 괌에서는 최초이시고요!"

소철 섬에 도착하다

비행기가 하강하면서 공항을 선회할 때 처음으로 이 섬을 한눈에 볼 수 있었다. 이 섬은 폰페이보다 훨씬 크고 긴 것이 꼭 거인의 발처럼 생겼다. 섬의 남단 상공을 스치듯 날고 있자니 구릉성 지형에 아늑하게 자리 잡은 작은 마을 우마탁과 메리조가 보였다. 공중에서 보면 이 섬의 북동부 전체가 하나의 군 기지가 되었음을 알 수 있는데, 지상이 가까워지면 아가냐 중심부의 마천루와 초고속도로들이 불쑥 나타난다.

공항은 사방팔방으로 분주히 오가는 여러 국적 사람들로 북적였다. 차모로, 하와이, 팔라우, 폰페이, 마셜, 추크, 야프 사람들만 있는 것이 아니라 필리핀 사람들과 한국 사람들이 있었고, 일본 사람들도 엄청나게 많았다. 존은 입구에서 기다리고 있었는데, 키가 크고 아주 하얀 머리에 불그스름한 피부빛을 지닌 백인이라서 북적이는 군중 속에서도 쉽사리 눈에 띄었다. 그는 공항 전체를 통틀어 유일하게 정장을 입고 넥타이를 맨 사람이었다(대부분은 환한 빛깔의 티셔츠와 반바지 차림이었다). "올리버 선생님!" 그가 소리질렀다. "잘 오셨습니다! 이거 너무 반갑습니다! 그래, 아일랜드호퍼기에서 용케 살아 버티셨습니다."

푹푹 찌는 공항을 빠져나와 존의 너덜거리는 흰색 무개차를 주차해놓은 곳으로 걸었다. 우리는 아가냐의 가장자리를 따라 이 섬의 남부, 존이 사는 우마탁 마을을 향해 달렸다. 공항을 봤을 때는 좀 움찔했지만, 남부를 향하자 호텔이며 슈퍼마켓과 같은 서구적 요란함은 사라지고 금세 평온하고 울퉁불퉁한 지세의 시골이 나왔다. 이 섬에서 가장 고지대인 람람산의 비탈을 따라 놓인 도로를 올라가면서 공기는 선선해졌다. 우리는 한 망루에서 차를 세우고 밖으로 나가 기지개를 켰다. 사방이 풀로 덮인 비탈이었지만 더 높이 산꼭대기에는 나무가 울창했다. "저기 연푸른 점들 보이시죠? 더 짙은 색 나뭇잎하고 대조되게 눈에 띄는 녀석들이요." 존이 물었다. "저 녀석들이 새 잎이 돋아난 소철류예요. 선생님께선 억센 털에 키가 작은 일본소철(키카스 레볼루타)이 익숙하시겠죠? 어디서나 흔히 볼 수 있는 종이죠." 그는 덧붙여 설명했다. "하지만 이 섬에 자라는 것은 훨씬 큰 토종 남양소철(키카스 키르키날리스)입니다. 멀리서 보면 꼭 야자 같죠." 쌍안경을 꺼내 기쁜 마음으로 훑어보니 이 머나먼 소철 섬으로 오길 참 잘했다는 생각이 들었다.

고갱을 닮은 신경학자

우리는 다시 차에 올라 몇 분 더 달렸다. 그러다 존이 한 산등성이에서 다시 차를 세웠다. 거기, 우리 발밑으로, 우마탁만이 햇빛을 받아 반짝이고 있었다. 1521년 마젤란이 돛을 내렸던 바로 그 만이다. 마을이 바닷가의 흰색 교회 건물을 중심으로 옹기종기 모여 있는데, 교회의 뾰족탑이 주위의 건물들 위로 우뚝 솟아 있었다. 만으로 이어지는 산비탈 군데군데 인가가 있었다. "여긴 수천 번도 더 봤어요." 존이 말했다. "그런데 좀처럼 질리지가 않아요. 언제 봐도 내가 맨 처음 봤을 때처럼 아름다워요." 존은 공항에서 만났을 때는 옷차림이나 태도가 다소 격식을 차리고 있었다. 그런데 지금 우마탁을 내려다보는 그의 모습은 아까와는 딴판이었다. "나는 섬이라면 무작정 좋아했어요." 그가 말했다. "그런데 아서 그림블의 책《섬의 무늬A Pattern of Islands》를 읽으면서는 말이지요, 그 책 아세요? 암튼, 그 책을 읽으면서는 나는 내가 태평양의 섬에 살지 않는 한 절대로 행복해질 수 없다는 걸 알았어요."

우리는 차로 돌아와 굽이진 산비탈을 따라 만을 향해 내려가기 시작했다. 어느 지점에서 존이 다시 차를 세우고 산비탈의 묘지를 가리켰다. "우마탁은 이 섬 전체를 통틀어 리티코 발생률이 가장 높은 곳이에요." 그가 말했다. "저기가 섬이 끝나는 곳이지요."

험하고 좁은 골짜기에 대형 (화려한 장식이 뜬금없는) 외팔보 다리가 마을로 진입하는 주요 도로와 이어져 있었다. 나는 이 다리의 역사나 기능은 알 수 없었지만, 다리는 애리조나에 런던 다리를 옮겨다 놓은 것만큼이나 우스꽝스러웠다. 하지만 공중에 붕 치솟아서 기분 좋은 순수한 활기를 주는 것이 어쩐지 유쾌하고 흥겨워 보였다. 속도를 늦춰 천천히 마을로 들어서는데 사람들이 손을 흔들거나 존을 불러 큰소리로 인사했고, 그러자 그의 얼굴은 조금 남아 있던 삼가는 태도마저 달아나 없어진 듯 갑자기 완전히 느긋하고 편안한 표정이 되었다.

마을 중심가 한쪽 자락에 자리 잡은 존의 집은 나지막하니 쾌적하여 야자나무와 바나나 나무, 소철에 에워싸여 있었다. 서재에 틀어박혀 홀로 책 속에 파묻혔다가도 1분이면 친구나 환자들과 만날 수 있는 위치였다. 그는 요즘에는 벌치기에 빠져 있다고 했다. 집 옆 목재 상자에 담긴 벌집들이 있다는데, 과연 차를 세우는 동안 벌떼 윙윙거리는 소리가 들려왔다.

존이 차를 끓이러 간 사이 나는 서재에서 기다리면서 책을 훑어봤다. 거실에는 소파 위에 고갱 복제 작품이 하나 걸려 있었다. 서재에 들어오자마자 《신경학 연보Annals of Neurology》 사이에 꽂혀 있는 고갱의 《내면의 기록Intimate Journal》에 눈이 갔다. 인상적인 배치였다. 존은 스스로를 신경학적 고갱이라고 여기는 걸까? 책꽂이에는 괌에 관한 책과 소책자, 오래된 인쇄물 수백여 종이 있었는데, 특히 최초의 에스파냐인들에 의한 정복과 관련된 것이 많았다. 그것들 전부가 신경학 전문서와 논문들과 뒤죽박죽으로 섞여 있었다. 내가 한창 구경하고 있

우마탁의 19세기 초 풍경.

을 때 존이 커다란 찻주전자와 처음 보는 형광 자줏빛 과일 절임을 들고 돌아왔다.

"이건 우베라고 해요." 그가 말했다. "여기 사람들이 아주 좋아하지요. 이 섬에서 나는 자줏빛 마로 만들어요." 먹으면 속이 든든하고 으깬 감자 같으면서, 독특한 빛깔에 차갑고 달콤한 것이 그렇게 입에 착착 감기는 아이스크림은 생전 처음이었다. 서재에 들어와 차와 우베를 들면서 편안해진 존은 자기 이야기를 좀 더 해주었다. 그는 토론토에서 성장기를 보냈다(아닌 게 아니라 존이 거기 있을 때 어린이 두통과 어린이 두통에 종종 수반되는 환시幻視를 주제로 편지를 주고받았는데, 20년도 더 된 일이다). 존은 20대 수련의 시절에 동료들과 함께 중요한 신경계 질환을 발견했다(진행성핵상신경마비로 지금은 스틸-리처드슨-올스제우스키 증후군이라고 부른다). 나아가 그는 잉글랜드와 프랑스에서 연구 과정을 이수하면서 찬란한 학업의 길을 걷는 듯했다. 그러나 막연히 자기가 뭔가 다른 것을 원한다는 생각이 들었고 아버지와 할아버지가 앞서 하셨듯이 1차 진료 전문의로서 환자를 치료하고 싶다는 강렬한 욕망을 품었다. 그는 토론토에서 몇 년 더 가르치고 임상을 하다가 1972년에 태평양으로 떠났다.

존을 그토록 흥분시켰던 책의 저자 아서 그림블은 제1차 세계대전이 터지기 전 길버트와 엘리스제도의 식민부 장교였는데, 그가 생생하게 그려낸 이 섬 지역의 그림을 보고 존은 미크로네시아에 가리라 마음먹었다. 할 수 있었다면 그림블처럼 길버트제도로 갔을 것이다. 이 제도가 이름은 (키리바시로) 바뀌었지만 다른 면에서는 상업화나 현대화에 물들지 않은 채 옛 모습 그대로 남아 있었기 때문이다. 그러나 거기에는 의사 자리가 없었던 까닭에 대신 마셜제도의 마주로로 갔다. 1978년 그는 폰페이로 옮겨 처음으로 고지대 화산섬을 경험했다

(그리고 바로 여기에서 핀지랩 주민들 사이에 유전되는 색맹 증세인 마스쿤에 대해 알게 되었고, 당시 여러 환자들을 진료하기도 했다). 그러다 1983년에 마셜제도와 캐롤라인제도에서 시료를 채취한 그는 마리아나제도와 괌으로 갔다. 그는 여기에 정착할 수 있기를 바랐고 시골 의사이자 섬 개업의로서 공동체와 인척들에 둘러싸여 조용한 삶을 살았다. 하지만 마음 한 구석에서는 괌병의 수수께끼가 맴돌았고, 어쩌면 자기가 그 수수께끼를 푸는 사람이 될 수 있을지도 모른다고 생각했다.

처음에는 서구화된 시끄러운 아가냐에 살았지만 얼마 지나지 않아서 우마탁으로 이사해야겠다는 강렬한 욕구를 느꼈다. 차모로 사람들과 함께 그들의 병을 진료하고자 차모로 음식과 차모로 관습, 차모로 사람들의 생활 속에 있고 싶었다. 그런데 우마탁이 바로 이 병의 진원지이자 가장 많이 발생하는 곳이었다. 차모로 사람들은 리티코-보딕을 때로 '체트누트 후마탁', 즉 우마탁의 병이라고 불렀다. 여기 이 마을, 몇백 제곱킬로미터 면적 안에 리티코-보딕의 비밀이 숨어 있을 것이다. 그리고 그 비밀 속에는 알츠하이머, 파킨슨병 그리고 신경위축성경화증의 다양한 특징을 하나로 묶어줄 것으로 보이는 비밀도 숨어 있을 터이다. 찾을 수 있는 답이라면 여기 우마탁에 있다고, 존은 말했다. 우마탁이 퇴행성 신경질환의 로제타석이요, 우마탁이 그 모든 것의 열쇠라고.

세상에서 가장 특이한 병

존은 그간의 여정, 섬에 바쳤던 평생의 열정 그리고 마침내 괌에 오게 된 이야기를 할 때는 몽상에 잠겨 있더니, 갑자기 벌떡 일어나 소리쳤다. "시간이 됐어요! 갑시다! 에스텔라와 에스텔라 가족이 우릴 기다리고 있어요!" 존은 검정 가방을 들고 쭈그러진 모자를 걸치고는 차로 향했다. 나도 덩달아 몽상에 젖어 있다가 그의 긴박한 목소리에 삽시간에 무아경에서 빠져나왔다.

우리는 곧장 쌩하고 아가트로 가는 길로 나왔다. 이번 운전 때는 내가 조금 긴장했다. 존이 자기가 어떻게 괌병과 맞닥뜨렸던가 하는 아주 개인적인 사연에다가 일, 그리고 괌의 생활을 이야기하면서 또다시 향수에 젖어들어 생각이 오락가락했기 때문이다. 정력적인 열정과 격렬한 몸짓을 뒤섞어 이야기하는데, 나는 존이 운전에 주의를 집중하는 것 같지 않아서 겁이 났다.

"선생님, 이건 아주 특별한 이야기예요." 그가 운을 뗐다. "어딜 보나 말이에요. 병 자체만으로도, 그게 여기 섬사람들에게 미치는 영향도, 잡힐 듯 잡힐 듯 잡히지 않는 그 원인도요." 그 병을 최초로 발견한 것은 전쟁 직후인 1945년에 젊은 해군 군의관으로 이곳에 왔던 해리 짐머먼이고 이 지역의 특이한 신경위축성경화증 발병 사례를 처음으로 보고한 것도 그였는데, 두 명의 환자가 사망했을 때 짐머먼은 부검으로 진단을 확인할 수 있었다.[53] 괌에 배치된 다른 의사들은 이 의문의 질병에 대해 더 상세하고 더 풍부한 자료를 남겼다. 그러나 이 모든 것의 더 큰 중요성을 알기 위해서는 어쩌면 다른 사고, 유행병학자의 사고가 필요했다. 유행병학자란, 말하자면 지리적 병리학—어떤 인구 집단이 특정 질병에 걸리게 만드는 관습 혹은 문화 혹은 환경의 변천—에 매료된 사람인 까닭이다. 워싱턴의 미국 국립보건원의 젊은 유행병학자 레너드 컬랜드는 이들 초기 보고서를 읽자마자 괌이 그런 희귀한 현상, 즉 유행병학자의 꿈인 하나의 지리적 격리종이라는 사실을 깨달았다.

컬랜드는 나중에 이렇게 썼다. "우리는 이러한 격리종을 끊임없이 찾아다니는데, 그것이 우리의 호기심을 자극하기 때문이고 그런 격리 상태의 질병 연구가 다른 환경에서는 알아낼 수 없는 유전적 혹은 생태학적 관련성을 보여줄지도 모르기 때문이다." 지리적 격리 종—병이 발생하는 섬—연구는 의학에서 중대한 역할을 수행하여 종종 질병의 구체적 동인動因, 또는 유전자 돌연변이, 또는 그 질병과 관련 있는 환경적 인자를 알아내는 데 기여한다. 다윈과 월리스가 섬 지역을 놀라운 실험실이요, 진화 과정을 집약적이며 극적인 형태로 보여줄 자연의 온상으로 여겼듯이, 격리종은 다른 방식으로는 절대로 얻을 수 없는 발견에 대한 약속으로 유행병학자들의 마음을 흥분시킨다. 컬랜드는 괌이 그런 곳이라고 생각했다. 그는 그러한 흥분을 메이요클리닉의 동료 도널드 멀더와 공유했고, 그들은 당장 괌으로 가서 미국 국립보건원과 메이요의 모든 자원을 총동원하여 대규모 연구를 시작하기로 결정했다.

존은 이것이 컬랜드에게는 그저 하나의 지적인 순간이 아니라 그의 인생을 송두리째 바꿔놓을 사건이었을 것이라고 보았다. 1953년의 첫 방문은 그가 열광의 지평을 열게 해주었다. 그것은 그 무엇도 멈출 수 없는, 하나의 연애 사건이자 하나의 사명이었다. "그 사람은 아직까지도 그걸 생각하고 글을 쓰고 있어요. 그리고 40년이 지나서 다시 여길 찾아왔지요." 존은 덧붙였다. "거기에 한번 잡히면 절대로 헤어날 수 없어요."

컬랜드와 멀더는 이 섬에 와서 40명 이상의 리티코 환자를 발견했는데, 그들은 이들이 가장 증세가 심각한 사람들이며 병세가 미약한 환자들은 의학적 주의를 끌지 못했을 것이라고 여겼다. 괌에서 차모로족 성인 전체 사망 원인의 10분의 1이 이 질병이었고, 그 발병률은 본토보다 최소한 100배는 높았다(우마탁 등 일부 마을에서는 400배 이상이었다). 컬랜드와 멀더는 이 병이 우마탁에서 이렇게 집중적으로 발생했다는 사실에 충격을 받아 이것이 여기에서 발원하여 섬의 다른 지역으로 퍼져나간 것이 아닌가 생각했다. 존은 우마탁이 괌에서 가장 고립된 마을이었으며 가장 덜 현대화된 마을이었음을 지적했다. 19세기까지 도로가 전혀 없었고, 1953년까지도 통행할 수 있는 길이라곤 거의 없었다. 당시 위생과 보건 환경은 섬의 어느 지역보다도 낙후돼 있었고, 전통 관습이 아주 강하게 지켜지고 있었다.

컬랜드는 어떤 가족들이 유독 리티코에 쉽게 걸린다는 점도 눈여겨보았다. 그는 두 형제와 친삼촌과 고모, 아버지 쪽 사촌 네 명과 조카 한 명이 모두 이 병에 걸린 어느 환자를 언급했다(그리고 그는 1904년의 건강기록부에서도 이 가족이 두드러졌다는 사실을 확인했다). 존은 이 집안의 많은 사람이 지금 자신의 환자라고 말했다. 이들 말고도 지금 우리가 만나러 가는 가족처럼 이 병에 특히 저항력이 약한 가족들이 있었다.

"그런데 말이죠…." 존이 말을 하다 말고 격한 몸짓을 취하는 바람에 차가 한쪽으로 기우뚱했다. "그때 렌(컬랜드)이 기술한 것 중에 아주 흥미로운 게 또 있는데, 렌도 처음에는 관련이 없다고 보았죠. 그는 리티코 환자 40여 명만 본 것이 아니라 파킨슨증 환자도 최소한 스물두 명을 만났어요. 이만한 마을에서 기대하기는 힘든 수죠. 게다가 그건 보통 파킨슨증이 아니었어요. 그 증상은 대개 잠버릇의 변화, 그러니까 졸음으로 시작되어 점차 정신적으로, 육체적으로 기능이 심각하게 둔화되고 심각한 불수의不隨意 증세로 발전해요. 발작과 경직 증세가 나타나는 환자들도 있고 많은 환자가 땀과 침의 과다 분비 증세를 겪어요. 렌은 처음에는 뇌염후파킨슨증의 한 형태일지도 모른다고 생각했어요. 그보다 몇 년 전에 B형 일본뇌염이 유행했거든요. 하지만 그렇다는 직접적인 증거는 찾지 못했지요."

컬랜드는 이 환자들에 대한 궁금증이 일었는데 그 뒤로 3년 동안

파킨슨증 환자(몇 사람은 치매도 함께 앓았다)를 스물한 명 더 만나고 나서
는 더욱 그랬다. 1960년 무렵에는 이 질환의 기원이 뇌염후증후군이
아니라 차모로 사람들이 보딕이라고 부르는, 리티코처럼 적어도 한 세
기 동안 괌의 풍토병이었던 그 병임이 분명해졌다. 환자들을 더 면밀
히 검사하자 많은 환자에게서 보딕과 리티코의 징후가 **둘 다** 나타나
는 것으로 보였고, 컬랜드는 이 두 병이 어떤 식으로든 관련이 있지 않
을까 생각했다.

　마침내 1960년에 젊은 신경병리학자(이자 짐머먼의 제자) 히라노 아
사오가 괌으로 와서 리티코로 죽은 환자들과 보딕으로 죽은 환자들
의 뇌를 연구하여, 부위와 정도는 다양하지만 두 병 모두 신경계에서
본질적으로 동일한 변화를 일으킨다는 사실을 밝혀냈다. 따라서 병리
학적으로는 리티코와 보딕이 별개의 병이 아니라, 하나의 병이 여러 다
른 형태로 나타나는 것으로 볼 수도 있는 것이다.[54]

　이번에도 기면성 뇌염이 생각났다. 이 병이 유럽에서 처음 발병
했을 때는 대여섯 종류의 다른 병―이른바 유행성 소아마비에, 유행
성 파킨슨증에, 유행성 정신분열 등등―이 극성을 부렸으며, 그러다
병리학 연구를 통해서 이 모든 것이 사실은 똑같은 병의 징후임이 밝
혀졌다.

　"리티코-보딕에 표준 형태 같은 것은 없어요." 존이 작은 마을 아
가트의 어느 집 앞에 차를 세우면서 말했다. "환자 열 명, 스무 명을 보
세요. 똑같은 사람은 아무도 없을 겁니다. 그건 다형성의 극단을 보여
주는, 그 형태가 셋, 아니 여섯, 아니 스무 가지까지도 나올 수 있는 병
이에요. 에스텔라네 가족을 보시면 아실 겁니다."

　젊은 여자가 우리를 맞이했다. 그 여자는 우리를 보고 수줍어하
며 들어오라고 손짓했다. "잘 있었어요, 클라우디아?" 존이 말했다.

"반가워요. 오늘 어머니는 어떠세요?" 존은 나를 그들 가족에게 소개해주었다. 호세와 에스텔라, 클라우디아 그리고 20대 두 남동생과 호세의 여동생 안토니아라고 했다. 나는 방으로 들어서자마자 에스텔라에게 눈이 갔는데, 조각상처럼 서서 한 팔은 쭉 뻗고 고개는 뒤로 기울인 채 뭔가에 홀린 듯한 표정을 한 모습이 내 뇌염후 환자 한 사람과 너무나 비슷했기 때문이다. 누가 그녀의 팔을 어떤 자세로 만들면, 겉보기에는 힘 하나 들이지 않고 몇 시간씩 그 자세를 그대로 유지할 것이다. 혼자 그냥 놔두면 꼼짝도 않고 마치 주문에 걸린 것처럼 허공을 멍하니 응시하며 침을 흘리고 서 있을 것이다. 그러나 내가 말을 걸자 에스텔라는 바로 대답했다. 적절히, 재치 있게. 그녀는 누군가 옆에서 말을 걸어주기만 하면 똑바로 생각하고 말할 능력이 있었다. 마찬가지로 누가 옆에 있어주면 장을 보거나 교회를 가는 활동도 할 수 있었다. 그녀의 움직임은 유쾌하면서도 주의의 흐트러짐이 없었지만, 초연한 듯 딴 데 정신이 팔린 것이 몽유병 환자 같기도 했고 어딘가 자기 안에 갇힌 듯한 분위기도 풍겼다. 나는 에스텔라가 L-도파에 어떤 반응을 보일까 생각해보았다. 그녀에게는 아직 시도된 적이 없다. 이런 긴장증 환자들은, 내 경험으로 볼 때 이 약물에 가장 극적인 반응을 보인다. 긴장증 상태에서 로켓과도 같은 힘으로 생기가 살아나기도 하고, 때로는 약물을 지속적으로 투여할 경우 복합적인 틱 증세를 일으킬 수도 있다. 어쩌면 이 가족도 이러한 증세를 겪었을지도 모른다. 내가 물어보자 그들은 에스텔라가 그렇게 고통스러워하는 것 같지는 않다고, 긴장증에 대해 불평한 적도 없고 내면은 아주 평온한 것 같다고 말했다.

나는 이때 두 가지를 생각했다. 내 한편에서는 이렇게 말하고 싶었다. '하지만 이 여자는 환자예요. 긴장증이요. 제대로 반응을 할 수 없어요. 이 여자가 회복되기를 원하지 않나요? 에스텔라에게는 약으로 치료받을 권리가 있고, 우리에게는 그녀를 약으로 치료해줄 의무가 있습니다.' 그러나 나는 내가 제삼자라는 생각에 아무 말도 못하고 머뭇거렸다. 나중에 존에게 이에 대해 물었다. "그래요. 내 반응도 그랬을 거예요. 내가 여기 왔던 1983년에는요. 하지만 여기 사람들은 병을 대하는 태도가 달라요." 특히나 차모로 사람들한테는 병에 대해, 특히 리티코-보딕에 대해서는 금욕주의, 아니 체념—그는 어느 말을 써야 할지 망설였다—같은 것이 있다고 말했다.

에스텔라에 대해서는 평온한 사람이라는, 자기만의 세계에 있는 사람이라는 인식이, 내면적으로도 가족과 마을에 대해서도 평정심을 얻은 사람이라는 인식이 있었다. 그리고 약물 치료가 그녀를 '휘저어' 이 상태를 위태롭게 할지 모른다는 두려움 또한.

그러나 에스텔라의 남편 호세는 아주 달랐다. 우선 생리작용부터가 달랐다. 표정의 일그러짐이 일반적인 경우보다 심하고 이를 악무는 증후가 있는 확실한 파킨슨증으로, 근육이 뭉치고 굳어져 어떤 동작을 취하려 할 때마다 근육끼리 싸우고 뒤엉키곤 했다. 팔을 뻗으려 하면 삼두근이 길항근인 (정상인이라면 팔을 뻗을 때 이완되는) 이두근의 움직임에 저항을 받고, 또 역으로도 마찬가지였다. 팔이 자꾸만 굽힐 수도 뻗을 수도 없는 요상한 동작에서 멈춰버렸다. 비슷한 일그러짐과 비슷한 경직이 전신의 근육에 영향을 미쳤다. 전신의 신경이 그의 뜻을 저버렸다. 그는 그런 경직 상태에서 벗어나려고 안간힘을 쓰다가 얼굴이 새빨개졌고, 그러다가 어느 순간에는 갑자기 이완되는 바람에 격하게 경련을 일으키거나 넘어져버리기도 했다.

이런 유형, '폭발적 폐색성' 파킨슨증은 온몸이, 말하자면, 해결할 수 없는 내적인 충돌에 갇혀 스스로 적대적으로 움직이는 것이다. 그것은 강렬한 긴장과 안간힘으로 이루어진 좌절 상태로, 내 환자 한 사람이 "고삐와 막대기"라고 묘사했던 고통스러운 병이다. 호세의 상태는 근육이 기이하게 유연한 납굴증蠟屈症, 그러니까 에스텔라의 긴장증 상태와는 전혀 다른 것이었다. 이 한 쌍의 부부만 보더라도 격한 저항과 완전 투항이라는 극단적 양상—피질 밑 의지의 대척점—이 나타난다. 호세와 에스텔라 다음으로 클라우디아와 두 남동생을 잠깐 진찰해보았지만, 그들 가운데 누구에게서도 이 병의 어떠한 징후도 나타나지 않았다. 그들은 그 병을 얻을까 봐 두려워하는 것 같지도 않았다. 부모와 집안의 다른 윗사람들이 이 병을 앓고 있는 것이 엄연한 현실인데도 말이다. 존은 그들의 자신감과, 윗대 사람들이 종종 자기 몸 안에 이미 이 병이 잠복해 있는 것은 아닐까 두려워하는 엄청난 불안감을 비교했다. 존은 1952년 이후로는 이 병에 걸린 것으로 알려진 사람이 아무도 없다는 사실을 볼 때 이 일가의 태도가 매우 타당함을 지적했다.[55]

이 가족과 함께 사는 호세의 여동생은, 이 병의 또 다른 형태를 보여주었다. 중증 진행성 치매로 분류되는 형태다. 여동생은 처음에는 우리를 무서워했다. 우리가 처음 집에 들어갔을 때 그녀는 내게 달려들어 할퀴려고 했다. 그러다가 우리가 다른 사람들과 이야기하자 옆에서 화를 내고 시샘하는 것도 같은 모습을 보이더니 이제는 우리 쪽으로 건너와 자기를 가리키며 말했다. "나, 나, 나… **나**." 여동생은 실어증이 꽤 심했고 잠시도 가만히 있지 못했으며 걸핏하면 고함을 지르거나 킬킬거렸다. 그러나 음악을 듣자 놀라울 정도로 조용해지고 안정을 찾았다. 이 요법도 가족이 발견한 것이었다. 이들 장애에 대한 전래 지식, 환자를 다루는 방법은 효과가 매우 크다. 여동생을 안정시키기 위해서 가족은 옛 민요를 부르기 시작했고, 그러자 대부분의 시간을 분열 상태로 실성해서 지내는 이 나이 든 여성이 가족들의 노래를 능숙하게 따라 부르기 시작했다. 그녀는 이 노래의 가사와 느낌을 확실하게 꿰는 듯했고, 노래를 부를 때만큼은 차분하게 정신을 되찾는 듯했다. 존과 나는 그들이 노래할 때 조용히 빠져나왔는데, 불현듯 신경학이라는 것이 무의미하게만 느껴졌다.

천천히 타는 도화선

존은 다음 날 아침 출발할 때 이렇게 말했다. "이런 가족을 보면서 그렇게 많은 사람이 병에 걸리게 된 원인이 무엇인지 생각하지 않을 수 없을 거예요. 호세와 그 여동생을 보면 분명히 유전이라고 생각하겠지요. 에스텔라와 남편은 혈연이 아니지만 생활은 밀접하게 얽혀 있죠. 그러니 리티코-보딕의 원인은 공유하는 환경 가운데 무언가일까, 아니면 한 사람이 다른 사람에게 옮긴 것일까 생각하겠죠. 자식들을 보세요. 그들은 1960년대에 태어났고, 다른 모든 동년배들처럼 이병에서 자유롭고, 이 병의 원인이 무엇이었든 간에 1940년대 말이나 1950년대에 사라졌거나 더는 작동하지 않는다고들 생각하고 있죠."

존은 말을 이었다. 컬랜드와 멀더가 1950년대에 여기에 왔을 때는 실마리도 보았고 모순도 보았는데, 단 하나의 이론만으로는 해명이 되지 않았다. 컬랜드는 처음에는 유전자에 원인이 있을 것으로 생각했다. 그래서 섬의 초기 역사를 살폈고 인종 학살에 가까운 사건으로 10만이었던 인구가 몇백 명으로 줄어든 내력—핀지랩의 색맹처럼 이런 상황은 비정상 형질이나 유전자를 확산시킨다—을 살폈지만 이 병과 연관이 있는 단순한 멘델의 유전 유형은 나오지 않았다. 컬랜드는 그런 유형이 없다면 이것이 '불완전 침투'된 유전자에 의한 것이 아닌가 생각했다(그는 리티코-보딕에 잘 걸리는 유전자에 역설적으로 자연선택의 이점—번식력의 증가라든가 다른 병에는 면역이 있다든가 하는 등—이 있는 것은 아닐까도 생각해보았다). 그러나 어떤 환경적 요인에 병에 걸리기 쉬운 유전자 요인이, 그의 표현을 빌리자면 '필수적 부속물'로 결합하여 이 병으로 발전한 것은 아닌지도 생각해봐야 했다.

1950년대 말에 그는 이 연구를 캘리포니아로 이민한 대규모 차모로 인구 집단으로 확대했다. 그들에게서도 괌에 사는 차모로 사람들과 리티코-보딕 발병률이 같게 나타났지만, 병이 나타난 것은 괌을 떠나고 10년에서 20년이 지나서인 것으로 보였다. 한편, 차모로 부족이 아닌 사람이 괌으로 이주하여 차모로 부족의 생활 방식을 받아들인 뒤 10년에서 20년이 지나서 이 병에 걸린 경우도 몇 건이 있었다.

어떤 한 가지 환경 요인이 작용했다면, 그것은 하나의 감염원, 어쩌면 바이러스였을까? 이 병은 전염성으로 보이지 않았고 어떤 일반적인 경로로도 전염되지 않았으며 환자들의 조직에서 어떠한 감염원도 발견되지 않았다. 만약 그런 감염원이 있다면 그것은 아주 예외적인 것, '천천히 타는 도화선'—존은 이 말을 강조하려고 되풀이했는데— 이 체내에서 일련의 사건에 불을 붙여 나중에 가서야 임상 질환으로 나타나는, 그런 구실을 하는 것이어야 할 것이다. 존이 이렇게 말하자 여러 가지 바이러스성 질환후 퇴행성신경질환 증후군, 그중에서도 내가 봤던 뇌염후 환자들이 떠올랐는데, 몇 명은 기면성 뇌염을 처음 앓은 뒤 몇십 년—길게는 45년—이 지나서야 증후를 보이기 시작했다.

파킨슨증 걸린 리어왕

이야기가 여기까지 왔을 때 존은 힘주어 창밖을 가리켰다. "저기 보세요!" 그가 말했다. "저기도! 저기도요! 온통 소철이죠!" 정말로 사방이 소철이었다. 예전에 이 마을의 촌장이었고 이곳 사람들이 "회장님"이라고 부르는 존의 환자를 만나러 탈로포포로 차를 타고 가면서,

야생 소철도 있지만 정원에서 키우는 것도 많다는 것을 알게 되었다.

열대나 아열대 지방에서만 자라는 소철은 초기 유럽 탐험가들에게는 새롭고 낯선 식물이었다. 첫눈에는 야자나무가 떠오르지만—실제로 소철을 사고야자라고 부르기도 한다—겉보기에만 닮았을 뿐이다. 소철은 훨씬 원시적인 생물로 야자나 어떤 속씨식물보다 100만 년 이상 오래됐다.

회장의 마당에 적어도 100살은 먹은 듯한 거대한 토종 소철이 한 그루 있기에 잠시 멈춰 서서 바라보다가 뻣뻣하고 반짝거리는 갈래잎을 쓰다듬어준 뒤 앞문에서 기다리는 존에게로 갔다. 존이 문을 두드리자 회장의 부인이 나와 남편이 앉아 있는 큰 방으로 우리를 안내했다. 커다란 의자에 앉은 (몸이 굳어 움직이지 못하는 파킨슨병의 증후를 보이지만 그럼에도 당당함이 배어나는) 회장은 일흔여덟이라는데 실제 나이보다 젊어 보였고 아직도 권위와 영향력이 느껴졌다. 아내 말고도 두 딸과 손자가 있었는데, 파킨슨증에 고통받는 환자 신세지만, 그는 여전히 이 집안의 제일 웃어른이었다.

회장은 파킨슨증의 흔적이 느껴지지 않는, 노래하는 듯한 나지막한 목소리로 이 마을과 자신의 인생에 대해 이야기해주었다. 그는 처음에는 목장주였고 맨손으로 말굽을 구부릴 수 있는, 마을 최고의 힘꾼이었다(옹이 진 그의 손은 미세하게 떨렸지만, 돌멩이라도 부술 만큼 힘세 보였다). 그러다 마을 학교의 교사를 지냈는데, 전쟁이 끝난 뒤로는 갈수록 마을 일에 깊게 관여하게 되었다. 일본의 강점이 끝나고 나서 마을은 아주 복잡하고 불안정한 상황에 처했고, 그는 섬을 미국화한답시고 밀어닥쳐오는 새로운 압력에 맞서 ('퇴보'하지 않고) 차모로의 전통과 신화와 풍습을 보존하기 위해 애썼다. 그러고는 촌장이 되었다. 증상이 나타나기 시작한 것은 18개월 전이었는데, 처음에는 이상하게 몸이 움직이지 않으면서 움직임에 자발성과 창의성이 떨어지더니 이내 걷거나 서 있거나 조금만 움직이려 해도 어마어마한 힘이 들어갔다. 몸이 말을 듣지 않고 자신의 의지와 따로 움직이는 듯했다. 그를 정력적이고 힘이 넘치는 사람으로만 알아왔던 가족과 친구들은 처음에는 이것을 나이 드는 것, 몰아치듯 왕성하게 살아온 인생의 속도가 떨어지는 자연스러운 과정으로 받아들였다. 하지만 그들이, 그리고 그가 느끼기에 이것이 하나의 신체 기관에서 일어나는 질병임이, 더구나 자기들이 너무나 잘 아는 바로 그 보덕임이 더디나마 분명해져갔다. 이 몸이 둔해지다 끝내 움직여지지 않는 공포스러운 증세는 무서운 속도로 진행됐다. 1년 만에 혼자서는 일어날 수 없는 상태가 되었는데, 일어나서도 몸의 자세를 인식하거나 제어할 수가 없어서 아무런 예고도 없이, 느닷없이 호되게 넘어지게 되었다. 지금은 일어나거나 어딘가 가고 싶을 때는 사위와 딸이 곁에 있어야만 했다. 나는 어떤 면에서는 이것이 자존심 상하는 상황일 수도 있겠다고 생각했지만, 그는 자기가 식구들에게 부담스러운 짐이 된다는 생각은 하지 않는 것 같았다. 오히려 가족에게 도움을 받는 것이 자연스러워 보였는데, 그도 젊었을 때는 다른 사람들—지금 그가 고통받는 이 이상한 병에 걸렸던 삼촌과 할아버지, 마을의 두 이웃—을 도왔던 것이다. 딸 내외의 표정이나 행동에서 원망 같은 것은 전혀 느껴지지 않았고, 아버지를 부축하는 모습이 자발적이고 자연스럽게만 보였다.

나는 조심스럽게 진찰을 해도 될지 물었다. 나에게 그는 여전히, 도움이 필요한 약자가 아닌 힘센 권위자였다. 게다가 나는 이 지역의 관습도 잘 알지 못했다. 신경의 진찰 행위를 무례한 짓으로 보지는 않을까? 뭔가 조치가 꼭 있어야 한다면 문을 닫고 가족이 보지 않는 곳에서 하면 될까? 회장은 그런 내 마음을 읽었는지 고개를 끄덕였다.

"여기서 진찰해도 됩니다." 그는 말했다. "가족 있는 데서요."

나는 근육의 긴장 정도와 균형을 시험한 끝에 첫 징후가 시작된 것은 1년도 채 되지 않지만 파킨슨증이 이미 상당히 진행되었음을 알 수 있었다. 떨림이나 경직 증세는 약한 편이었지만 운동장애가 심했다. 동작을 시작하는 데 극도의 어려움을 겪었으며 타액 분비가 과다했고 자신의 자세를 인식하는 능력과 반사 능력이 심각하게 훼손돼 있었다. 그의 증세는 '보통' 파킨슨병의 증세와는 어딘가 달랐고, 오히려 훨씬 희귀한 뇌염후증후군의 형태가 아닌가 하는 생각이 들었다.

회장에게 무엇을 이 병의 원인으로 생각하는지 묻자 그는 어깨를 으쓱했다. "사람들이 파당이라고 하더군요." 그가 말했다. "우리 마을 사람들이 가끔 이런 생각을 하는데, 의사들도 그렇게 말합니다."

"많이 드십니까?" 내가 물었다.

"뭐, 젊었을 때야 좋아했지요. 하지만 그게 리티코-보딕의 원인이라는 발표가 나왔을 때 끊었고, 다들 그랬습니다." 파당에 대한 염려가 제기된 것은 1850년대까지 거슬러 올라가지만(그것을 컬랜드가 1960년대에 되풀이했다) 그것이 위험할지도 모른다는 인식이 널리 퍼진 것은 1980년대 말이었고, 따라서 회장이 파당을 끊은 것은 꽤나 최근이라고 봐야 할 것이다. 그리고 그는 명백히 이것을 그리워하고 있었다. "거기엔 특별한 맛이 있지요." 그가 말했다. "강하게 톡 쏘는 맛이요. 보통 밀가루는 아무런 맛도 없습니다." 그러고는 아내에게 신호를 보내자, 그녀가 소철 조각이 든 커다란 병을 가지고 왔다. 보아하니 이 가족의 생필품이었는데 이제는 '끊기'로 결심했으나 내버리지 않고 굳이 보관하고 있는 듯했다. 옥수수 칩처럼 생긴 것이 맛있어 보여 한입 먹어보고 싶은 마음이 굴뚝 같았지만 참았다.

회장은 우리가 떠나기 전에 다 같이 밖으로 나가 사진을 한 장 찍자고 했고, 우리는 그 거대한 소철 앞에―그의 아내, 회장 그리고 그 사이에 내가―섰다. 그러고 나서 회장은 다시 집으로 느릿느릿 걸어갔는데, 그 위엄 있는 자태가 흡사 막내딸의 팔에 기댄 파킨슨증 리어왕이었다. 파킨슨증에도 불구하고 기품이 있는 것이 아니라, 어쩐지 이 병으로 위엄을 얻었다고 해야 할까.

악마의 코코넛

이 지역의 소철에 관한 논쟁은 200년 넘게 지속되었다. 존은 괌의 역사에 관심이 있어 초기 선교사들과 탐험가들의 기록을 갖고 있었는데, 거기에는 1793년의 에스파냐 기록도 있다. 그 기록은 파당, 곧 페데리코를 "신의 섭리"로 찬미했고, 프레시네의 1819년에 집필한《세계여행기Voyage Autour du Monde》에서는 괌 전역에서 이 식물을 수확하는 것을 보았다는 이야기가 나온다.[56] 그는 소철의 씨를 물에 담갔다가 헹군 뒤 말리고 갈아 토르티야와 타말레, 그리고 아톨레라고 하는 죽을 만들기에 그만인 굵은 분말을 만드는 과정을 상세히 묘사해놓았다(전부 그의 글에 설명된 것이다). 프레시네는 그곳 사람들이 이 씨를 잘 씻지 않으면 강한 독성이 남아 있을 수 있다는 사실을 잘 알고 있었다고 서술했다.

새나 염소, 양, 돼지가 페데리코를 맨 처음 담갔던 물을 마셨다가 죽곤 한다. 두 번째로 담갔던 물로는 이런 일이 잘 일어나지 않고, 세 번째는 그보다도 훨씬 적어 마셔도 위험하지 않을 것 같다.

씨를 이렇게 물에 씻으면 독을 걸러주는 효과가 있다고 알려져 있었지만 괌의 도지사 몇 명은, (태풍으로 생명력 강한 소철을 제외한 모든 식물군이 파괴되었을 때마다 그래왔듯이) 특히 페데리코가 주식이 되자 신중한 태도를 보였다.

그래서 1848년 기근 때 도지사 파블로 페레스는 이렇게 썼다.

고구마, 얌, 토란 등 식용작물이 태풍에 파괴되자 (차모로 사람들은) 숲속에 남아 있는 얼마 되지 않는 열매를 찾아다녀야 했고, 독이 있는 것이라도 최후의 수단으로 삼았다 … 이것이 지금은 주식이 되었다. 조리 준비할 때 충분히 조심하기는 하지만 그럼에도 사람들은 이것이 건강에 해롭다고 믿는다.

그의 후임자 돈 펠리페 데 라 코르테도 이런 생각을 되풀이하여 7년 뒤 "숲에서 나는 … 열매들" 가운데 가장 위험한 것으로 페데리코를 지목했다.[57]

한 세기 뒤에 컬랜드는 리티코-보딕의 감염원이나 유전적 원인으로 지목할 만한 뚜렷한 것을 찾지 못하자 파당이든 뭐든 차모로족의 어떤 다른 먹을거리에 그가 찾는 병원체가 있는 것은 아닐까 생각하고는 폰페이에서 활동하는 영양학자 마조리 위팅에게 함께 괌에서 이것을 조사하지 않겠느냐고 제안했다. 위팅은 태평양 섬 지역의 토착 식물과 문화에 특별히 관심이 있었는데, 컬랜드에게 문제의 개요를 듣자마자 매료되어 괌으로 오겠다고 했다. 1954년 괌을 처음 방문한 위팅은 아주 다른 두 지역에서 지냈다. 한 곳은 아가냐에서 가까운 곳으로 괌의 행정 중심지이며 서구화된 지역인 이고였고, 다른 곳은 우마탁으로 여기에서는 차모로족의 전통을 지키는 한 가족과 함께 지냈다. 위팅은 함께 지낸 차모로족의 키냐타 가족과 아주 친해져 키냐타 부인과 마을 여자들이 우마탁에서 자주 열리는 축제를 위해 음식을 장만

할 때면 손을 보태곤 했다.

위팅은 그전까지는 소철에 별다른 관심이 없었다(폰페이에는 소철이 없다). 하지만 이제는 보이는 모든 것이, 괌과 인근 섬 로타에 너무나 흔한 이 토착종 식물과 관련이 있는 것으로 보였다. 남양소철은 이 지역 토종으로, 야생에서 자라고 수효가 풍부하며 이것을 먹기 위해 필요한 것은 채집과 빨아서 말리는 공정뿐이다.

미크로네시아로 가는 길에 하와이에서 마조리를 만났는데, 그때 마조리가 괌에서 지내는 동안 있었던 몇 가지 일화를 생생하게 들려주었다. 그녀는 여섯 달 동안 매일 야외 조사를 나갔다가 저녁이면 키냐타 가족에게로 돌아왔다. 나중에 가서야 알고 기분이 좋지 않았는데, 그들 가족이 매일 준 진한 국물은 파당을 넣어 걸쭉하게 만든 것이었다. 사람들은 거기에 독성이 있다는 사실과 아주 잘 씻어야 한다는 사실을 잘 알고 있었지만, 파당의 맛을 너무 좋아했고 특히나 "특유의 점액질 덕분에" 토르티야와 걸쭉한 국물을 만드는 데는 최고라고 자랑했다. 차모로 사람들은 때로 파당의 녹색 껍질을 씹어 갈증을 해소하며, 이 껍질을 말린 것이 그들에게는 맛 좋은 과자가 된다.

위팅은 괌에서의 체험을 바탕으로 10년에 걸친 연구를 시작했고 때때로 식물학자 F. R. 포스버그와 공동으로 연구했다. 그녀는 전 세계의 소철을 총망라하여 조사했고, 이를 음식, 약, 독약으로 사용하는 문화권 10여 곳을 연구했다.[58] 위팅은 역사 연구를 통해서 18세기 식민지 개척자들이 소철을 독약으로 사용했던 흔적을 발굴해냈다. 그녀는 많은 동물종에게 소철이 신경독 효력을 낸다는 증거도 여기저기에서 다량으로 수집했다. 끝으로 1963년에는 학술지《자원식물학Economic Botany》에 상세한 내용을 담은 논문을 발표했다.

위팅은 전 세계에 약 100종과 아홉 속의 소철이 있다고 기록했는데[59], 이 대부분이 먹을 수 있는 녹말(사고)을 다량 함유하고 있어 음식의 재료로 사용되어 왔으며 그 녹말은 뿌리며 줄기 혹은 씨 등에서 다양하게 추출된다고 했다.[60] 위팅의 기록을 보면 소철은 식량이 부족할 때를 대비하는 비상용 먹을거리인 것만은 아니며, "특별한 명성과 인기"를 누리는 음식이라고 한다. 소철은 멜빌섬에서 햇과일 의례에 사용되었다. 오스트레일리아의 카라와 부족은 입문식에 이것을 쓰며 피지에서는 족장만을 위한 특별한 먹을거리로 비축한다.[61] 오스트레일리아에서는 소철의 배젖을 구워 먹기도 했는데, 여기 정착민들은 그것을 일러 "원주민 감자"라고 했다. 소철은 모든 부위를 먹을 수 있다. 이파리는 부드러운 어린 싹일 때 먹고, 씨는 녹색일 때 "부드러워질 때까지 삶아서 먹는다. 하얀 살의 향과 질감은 … 군밤에 견줄 만하다."

위팅은 프레시네가 그랬던 것처럼 해독 과정을 상세히 묘사했다. 씨를 얇게 썰어 며칠에서 몇 주 동안 물에 담가두었다가 말린 뒤 빻으며, 발효시키는 문화권도 일부 있다("서양인들은 이 발효시킨 소철 씨의 맛이 유럽에서 가장 잘 알려진 몇몇 치즈와 비슷하다고 한다"). 아프리카 일부 지역에서는 일곱째가시잎소철(엔케팔라르토스 셉티무스)의 줄기로 맛 좋은 소철 맥주를 만들고, 일본의 류큐제도에서는 소철 씨로 정종을 만든다.[62] 카리브해 일대에서는 발효시킨 자미아소철의 녹말을 진미로 여겨 큼직한 술빵으로 만들어 먹는다.

소철을 먹는 모든 문화권은 이것에 독이 있다는 사실을 알고 있으며, 위팅은 '악마의 코코넛' '곱사등이 고사리' 등 원주민들이 여기에 붙여준 이름이 그 증거라고 말한다. 소철을 고의로 독으로 사용한 곳도 있었다. 룸피우스(분포도가 높은 태평양 종 룸피소철에 그 이름을 남긴 네덜란드의 생물학자)는 셀레베스에서는 "부모들이 밀림으로 이동 생활을 떠날 때 방해가 될까 봐 자식들에게 … 소철의 배젖에서 짠 즙을 먹인

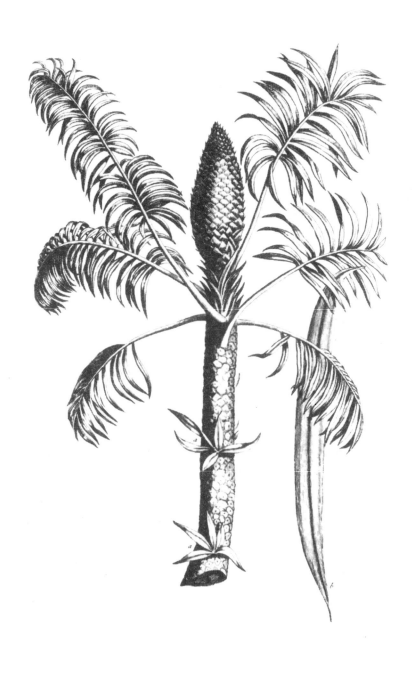

곰

남양소철: 룸피우스의 1741년 문서《암본의 약초들 Herbarium Ambionense》에 수록된 솔방울 달린 수컷(옆)과 1682년 레이더의《인도 말라바르의 정원 Hortus Indicus Malabaricus》에 수록된 암컷의 큰포자잎. 처음에 밑씨(146쪽)였다가 씨가 자라고 새잎(아래)이 난다.

다"[63]고 기록했다. 온두라스와 코스타리카의 기록을 보면 범죄자나 정적을 없애는 데 자미아소철의 뿌리를 썼음을 짐작할 수 있다.

하지만 소철에 치유, 곧 의약 성분이 있다고 보는 문화권도 많았다. 위팅은 차모로족이 말리지 않은 남양소철 씨 간 것을 열대성 다리 궤양을 치료하는 찜질 약으로 사용한다는 것을 예로 들었다.

소철을 먹는 풍습은 서로 다른 많은 문화권에서 발견되었으며, 저마다 자기네만의 해독 방법을 고안해서 써왔다. 물론 소철의 독과 관련한 사고도 셀 수 없는데, 특히 이 문화에 대한 지식이 없었던 탐험가들과 그들이 탔던 배의 선원들이 많이 당했다. 쿡 선장의 선원들은 오스트레일리아의 인데버강에서 해독하지 않은 소철 씨를 먹은 뒤 심하게 앓았고, 1788년에는 라 페루즈 탐험대원들이 보터니만에서 콤무니스마크로자미아소철의 씨를 조금 깨물기만 하고도 병이 났다. 이 근사하고 살집 좋은 다육질 외피에는 독성 마크로자민이 잔뜩 들어 있다.[64] 그러나 위팅은 소철을 먹고 한 문화권 전체가 탈이 나는 사고는 없었다고 보았다.

하지만 동물들이 어떤 '본능적' 지식으로도 방어하지 못한 채 떼로 독에 당한 사례는 있었다. 고사리를 뜯어 먹은 소가 각기병, 곧 티아민 결핍증과 닮은 신경장애에 걸리는 경우가 있다. 이 장애는 고사리 안에 든, 체내의 티아민을 파괴하는 효소에 의해 유발된다. 캘리포니아 센트럴 계곡에서는 말들이 독풀 수레국화를 먹은 뒤 파킨슨증을 보였다. 그러나 위팅이 특별히 주목한 사례는 소철을 지독히도 좋아하는 양과 소의 경우다. 실제로 오스트레일리아에서는 '중독'이라는 말을 쓰는데, 거기서는 동물들이 이 식물을 먹으려고 머나먼 거리를 이동하곤 한다. 위팅은 소철신경장애가 19세기 중반부터 오스트레일리아 소 떼한테서 나타났다는 기록이 있다고 썼다. 어떤 동물은 어린 소철 싹을 뜯어 먹고는(특히 다른 식물종들은 메말라 죽은 건조기나 화재가 일어난 뒤에 새싹이 가장 먼저 돋아나는 것이 소철이라서 그러는데) 짧은 시간 급성 위장병으로 구토와 설사 증세를 일으킨다. 이것은 목숨만 잃지 않는다면 완쾌되며, 사람이 소철에 의해 급성중독을 일으켰을 때도 마찬가지다. 그러나 이 식물을 지속적으로 먹게 되면 소철신경장애로 발전한다. 이 장애는 비틀거리거나 갈지자걸음으로 시작되는데(그래서 구어로 '소철 비틀거림'이라고 부른다), 걸을 때 뒷다리가 꼬이는 증세가 나타나고 마지막 단계로 뒷다리가 영구적으로 마비된다. 이 단계에 이르면 동물을 소철에서 떼어놓아봐야 아무 소용이 없다. 일단 비틀거림이 시작된 뒤에는 돌이킬 수 없다.

위팅과 컬랜드는 생각해보았다. 이것이 리티코의 한 표본이 될 수 있을까? 흥미가 이는 생각이었다. 파당은 전쟁 전에는 일상적인 먹을거리였고 일본 강점기에는 다른 작물을 징수당하거나 파괴당하는 바람에 훨씬 많은 양이 쓰였다. 전쟁이 끝난 뒤에는 밀과 옥수수 가루가 다량 수입되어 파당 소모량이 크게 줄어들었다. 이것이 위팅과 컬랜드에게는 이 병의 원천을 설명해주는 아주 그럴듯한 각본으로 보였다. 어째서 전쟁이 시작되자 이 병이 즉각적으로 솟아올랐다가 그 뒤로 서서히 줄어들었으며, 이것이 어째서 파당 소모량 변화와 일치했는가 말이다.

그러나 이 소철 이론은 몇 가지 근거에서 문제가 있었다. 첫째, 소철이 오랜 기간 전 세계에서 두루 사용되어왔지만 괌 이외의 지역에서는 고질적인, 사람에게서 질병을 일으키는 원인이 소철 상용이라는 예증이 나오지 않았다는 점이다. 물론 괌에 서식하는 소철에 뭔가 다른 점이 있을 수도 있고, 차모로 사람들이 특별히 이 병에 취약할 수도 있다. 둘째, 정말로 소철과 리티코-보딕이 관련이 있는 것이라면, 소철에 노출되어 리티코-보딕이 발병하기까지의 시간일 수 있는 수십 년이 신경계 중독과 관련해서 전례가 없는 기간이라는 점이다. 알려져 있는 모든 신경독이 즉각적으로 또는 몇 주 내에 작용하는데, 이 기간은 독성 농도가 체내에 축적되기까지 혹은 신경 손상이 증후를 일으키는 임계점에 도달하기까지의 시간이다. 중금속 중독, 악명 높은 미나마타병, 독성 있는 풀완두를 먹으면 일어나는 인도의 풀완두신경중독, 소의 소철신경중독의 경우가 모두 그랬다.[65] 그러나 리티코 환자들의 경우는 비록 즉각적인 작용은 없지만, 몇 년이 지나서 특정한 신경세포가 진행성 퇴화를 일으킬 수도 있는 독성 요소와는 상당히 달라 보였다. 그렇게 뒤늦게 일어나는 독의 작용에 대한 보고는 아직껏 없었다. 개념이 소신을 왜곡할 수도 있는 법이다.

후안의 떨리는 손

우리는 다시 길을 나서 우마탁으로 돌아갔다. 존은 내가 다른 환자들도 만나기를 바랐다. 그는 내게 환자를 보여주고 나를 왕진에 데려가는 게 너무 좋다고 했다. 나도 그의 활기며 신경의로서의 기술, 거기다가 그가 환자들에게 보여주는 자상하고 다감한 면을 보는 것이 좋았다. 그의 모습을 보노라니 내 어린 시절, 일반 가정의 주치의였던 아버지가 왕진하러 갈 때 따라가던 일이 생각났다. 나는 아버지의 전문적인 기술, 미묘한 증상과 징후를 잡아내는 솜씨에 매료되었고 능숙하게 진단을 내리는 중에도 환자와 아버지 사이에 늘 따뜻한 정이 흘러넘치는 것을 보면서 마음속 깊이 감동받곤 했다. 내가 존에게서 느낀 것도 비슷했다. 존도 어떻게 보면 리티코-보딕 환자 수백 명의 주치의—신경학의 주치의, 한 섬의 주치의—였다. 그는 그저 한 집단에 속한 환자 개개인을 보는 의사가 아니라 공동체—우마탁, 메리조, 요나, 탈로포포, 아가트, 데데도 등 괌 전역에 흩어져 있는 열아홉 곳 마을에 사는 병든 차모로 사람들과 그 친척들의 공동체―전체의 의사였다.

후안은 존의 또 다른 환자인데, 병태가 아주 특이하다고 존이 알려주었다. "ALS 같지도, 파킨슨증 같지도, 리티코-보딕의 어떤 전형적인 형태 같지도 않아요. 이 사람한테 있는 건 내가 리티코-보딕에서 본 적이 없는 특이한 떨림이에요. 하지만 이게 이 사람에게 있어서 그 병의 시초라는 건 확실해요." 후안은 쉰여덟 살로 아주 옹골찬 몸집에 햇볕에 짙게 그을린 모습이 자기 나이보다 훨씬 젊어 보였다. 증상이 나타난 것은 두 해 전으로, 편지를 쓰다가 처음 알아차렸다. 뭔가 쓰려고 하면 떨림이 시작되었고, 한 해 만에 더는, 적어도 오른손으로는 글씨를 쓸 수 없게 되었다. 그렇지만 다른 증상은 전혀 없었다.

나는 그를 진찰한 뒤 그의 떨림에 대해 생각해보았다. 그 떨림은 동작이나 (안정 상태 떨림을 진정시키려는) 의도와 함께 나타나는, 파킨슨증에서 흔히 볼 수 있는 휴지성 (엄지를 검지에 대고 문질러 '환약 빚는 동작'을 연상시키는) 떨림과는 전혀 달라 보였다. 소뇌나 그 연결 부위에 손상을 입었을 때 (협동운동장애와 다른 소뇌의 징후와 함께) 볼 수 있는 '의도성 떨림'과도 닮지 않았다. 오히려 신경학자들이 가볍게 본태성 또는 양성 떨림이라고 부르는 것과 닮아 있었다. '본태성'이라 부르는 이유는 뇌 부위에 어떤 명백한 손상도 없이 일어나는 것으로 보이기 때문이며, '양성'이라 부르는 이유는 대개 저절로 회복되며 약물로 쉽게 치료되고 생활에 크게 지장을 주지 않기 때문이다.

보통은 그렇다. 그러나 그런 '양성' 떨림에서 본격적인 파킨슨증이나 다른 퇴행성 신경질환으로 발전하는 사람들도 있다. 나는 내 환자 한 사람을 떠올렸는데, 뉴욕에 거주하는 여성 노인으로 70대에 그런 떨림 증세가 생겨 심한 불편을 겪었다. 뭘 하려고 해도 발작적으로 떨림이 일어났고, 이것을 막을 수 있는 유일한 방법은 돌부처처럼 꼼짝도 하지 않고 앉아 있는 것이었다. 그녀는 말했다. "이걸 보고 양성이라고들 그러는데, 여기 뭐가 양성스러운 구석이 있다는 거유?" 그 환자의 경우에는 떨림이 지독한 악성으로, 그저 생활에 지장이 있을 뿐만 아니라 나중에 밝혀진 바에 의하면 희귀한 피질 기저핵 변성의 초기 증세였다. 거기서 경직과 경련, 또 치매로 발전하여 결국엔 2년 이내에 죽음에 이르게 될 것이었다.

후안이 이와 비슷한 병에 걸렸다고 볼 만한 근거는 없었다. 이것은 극히 경미한 형태의 보딕일 것이라는 게 존의 생각이었는데—나도 그의 직관을 믿는다—너무 경미해서 앞으로도 계속 일하고 남에게 의지하지 않고 살 수 있을 정도였다. 리티코-보딕은 보통 진행성으로 점차 몸을 쓰지 못하게 되지만, 후안처럼 경미한 증세가 나타나고 한두 해 동안 이따금 빠르게 진행되다가 그뒤로는 병세가 거의 진행되지 않는 것으로 보이는 사람들도 있다(하지만 최근에 존에게서 후안에게 파킨슨증 경직이 나타났다는 연락을 받았다).[66]

내가 그러라고만 했다면 존은 곧장 차를 달려 다음 환자, 또 다음 환자를 방문했을 것이다. 그는 내가 괌에 머무르는 며칠 동안 모든 것을 보여주고 싶어 했고, 그의 활기와 열정은 한계를 모르는 것 같았다. 그러나 나로서는 이미 하루 몫이 끝났고, 이제는 휴식이 필요했고, 물속에 들어가야 했다. "예, 맞는 말씀이에요, 선생님!" 존이 말했다. "좀 쉬었다가 알마하고 잠수하러 가요!"

알마와 함께한 바닷속 탐험
알마 판 더 벨데는, 메리조의 바닷가에 한쪽으로 기울어 덩굴로 뒤덮여 있고 어쩌면 그 덩굴이 지탱해주는 것일 수도 있는, 양치류며 소철로 둘러싸인 아름다운 집에 살고 있다. 알마는 물짐승이나 진배 없어 하루의 반나절은 암초 부근에서 헤엄치며 보낸다. 관절염이 심해서 땅 위에서는 움직이는 것이 고통스럽지만, 물속에만 들어가면 우아하고 강하며 지칠 줄 모르는 헤엄꾼이 된다. 알마는 젊어서 미크로네시아에 왔고, 이곳과 사랑에 빠져 떠나지 않고 지금껏 살고 있다. 그녀는 여기 암초들 사이로 날마다 서른 해 동안 헤엄쳐왔다. 어디로 가면 최고의 딱지조개, 별보배조개, 밤고둥을 찾을 수 있는지 알고, 문어가 숨는 동굴이 어디인지 알고, 어느 암초의 밑바닥에 최고로 희귀한 산호가 붙어 있는지 안다. 알마는 물에 있지 않을 때는 베란다에 앉아 바다와 구름, 바다 밖으로 나와 있는 울퉁불퉁한 암초를 그린다. 아니면 책을 읽거나 글을 쓰면서 유유자적 살고 있다. 알마와 존은 친구 사이로, 같이 있을 때는 말이 필요 없을 정도로 가깝다. 두 사람은 앉아서 암초를 때려대는 파도를 지켜보는데, 그러면 존은 잠시나마 리티코-보딕을 잊을 수 있다.

알마는 우리를 맞이하면서 내가 가져온 오리발과 스노클을 보고 웃었다. 존은 베란다에서 책을 읽고 싶어 해서 알마와 나만 암초로 나갔다. 알마는 얕은 산호초 위를 걸을 때 쓰라고 면도날처럼 날카로운 가지가 달린 나뭇가지를 하나 주고는 앞장섰다. 나라면 알아보지 못했을 좁은 길이었지만, 알마는 저 너머 청정한 해역으로 나가는 길까지 익숙하게 알고 있었다. 무릎이 잠길 만큼 물이 깊어지자 알마는 잠수를 시작했다. 나도 따라서 잠수했다.

우리는 산호가 갖가지 모양과 빛깔로 끝없이 이어지고 옹이투성이 곁가지로 뻗어나가는 거대한 산호 협곡을 지났다. 버섯처럼 생긴 것, 나무처럼 생긴 것이 복어와 쥐치들에게 물어뜯기고 있었다. 자잘한 쏠배감펭과 형광빛 파랑 물고기 떼가 그 사이로, 내 주위로, 내 팔다리 사이로, 내가 움직여도 놀라지 않고 헤엄쳐 다녔다.

우리는 놀래기와 파랑비늘돔, 쐐기노린재가 있는 여울목으로 헤엄쳤고, 우리 밑에서 맴도는 뻣뻣한 깃털 부채 달린 양볼락을 보았다. 손을 뻗어 그렇게 맴도는 한 놈을 만져보려고 했지만 알마가 머리를 세차게 흔들었다(나중에 말해주기를 저 '깃털'에 독이 꽤 있다나). 우리는 조그마한 스카프처럼 너울대는 편형동물과 형광빛 억센 털이 돋아 있는 통통한 다모류도 보았다. 놀랍도록 파란 아무르불가사리가 바닥을 느릿느릿 기어가고 있었고, 가시 돋친 흰줄긴극성게를 보았을 때는 오리발 신기를 잘했다 싶었다.

거기서 몇 미터를 더 가니 갑자기 발밑으로 12미터쯤 패인 깊은 고랑이 나왔는데, 물이 어찌나 맑고 투명한지 모든 것이 손 닿을 거리에 있는 것처럼 샅샅이 보였다. 우리가 이 고랑을 헤엄칠 때 알마가 알지 못할 몸짓으로 신호를 보냈다. 그러고는 뒤돌아 물이 얕은 암초로 돌아갔다. 거기엔 길이가 1미터나 되는 놈들을 포함해 수백 마리의 해삼이 원통 같은 몸을 꿈틀거리며 해저를 돌아다니고 있었다. 황홀한 광경이었다. 하지만 알마는 뜻밖에도 눈살을 찌푸리고 고개를 가로저었다.

"쟤들은 나쁜 징조예요." 집으로 돌아와 샤워를 끝낸 뒤 현관에서 존과 신선한 다랑어와 샐러드를 먹고 있을 때 알마가 말했다. "막장 놈들! 오염된 곳으로 몰려들지요. 아까 암초가 얼마나 탁한지 봤죠?" 사실이다. 산호는 다채롭고 아름다웠지만 기대했던 것만큼 찬란하지는 않았고, 폰페이에서 잠수할 때 봤던 것만큼 찬란하지도 않았다. "해마다 더 탁해지고 있어요." 알마가 말했다. "그러면서 저 해삼들이 마구 증식해요. 뭔가 손을 쓰지 않는다면 여기 산호초도 끝장날 거예요.”[67]

“아까 그 고랑에서 저한테 보낸 신호는 무슨 뜻이었습니까?” 내가 물었다.

“상어가 다니는 곳이라는 뜻이었어요. 그게 개네들 고속도로예요. 개네들도 일정에 따라 살아요. 내가 근처에 가는 걸 꿈도 꾸지 못할 시간대가 있는 거지요. 하지만 아까는 안전한 시간대였어요.”

괌, 그 슬픈 기억들

우리는 쉬면서 베란다에서 아늑한 고요 속에 잠시 책을 읽는 시간을 갖기로 했다. 알마의 편안한 거실 안을 어슬렁거리는데 책꽂이에서 W. E. 새퍼드가 쓴《괌의 유용한 식물The Useful Plants of the Island of Guam》이라는 제목의 커다란 책이 눈에 띄었다. 그 책을 (낱장 낱장 떨어져 나갈 상태이기에 조심스럽게) 빼냈다. 제목을 보고는 쌀이나 고구마 따위를 다룬 별 깊이 없는 실용서일 거라고 생각했지만 그래도 흥미로운 소철 그림 같은 것이 있지 않을까 기대했다. 그러나 얌전한 제목에 속아 넘어가서는 안 될 일이었다. 새퍼드는 그 빽빽한 400쪽 안에 괌의 식물과 동물, 지질을 상세하게 설명했을 뿐만 아니라 차모로 사람들의 음식과 수공예, 그들이 만든 배와 집, 그들의 언어, 신화와 의례, 철학과 종교까지 그들의 삶과 문화를 정감 어린 눈으로 그려내고 있었다.

새퍼드는 이 섬과 섬사람들에 대해 다양한 탐험가들이 남긴 상세한 기록을 인용했는데, 마젤란의 연대기 작가 피가페타의 1521년 글, 레가스피의 1565년 글, 가르시아의 1683년 글과 다른 탐험가 대여섯 명의 기록을 볼 수 있었다.[68] 이들은 하나같이 차모로 사람들이 아주 활발하고 건강하며 장수한다고 서술했다. 에스파냐 선교사 가르시아는 여기에서 활동한 첫 해에 100살이 넘는 사람 120명 이상이 세례를 받았다고 기록했다. 그는 이 사람들이 이렇게 장수하는 것이 체질이 강건하고 자연의 음식을 섭생하며 악습이나 근심거리가 없는 까닭이라고 보았다. 레가스피는 차모로 사람들은 전부가 뛰어난 헤엄꾼이며 맨손으로 물고기를 잡을 수 있다면서, 가끔은 그 사람들이 "사람이 아니라 물고기처럼" 보일 때가 있다고 적었다. 차모로 사람들은 항해와 농업 기술도 뛰어나며 다른 섬들과 활발하게 교역해왔고 사회와 문화는 활기가 넘쳤다. 이들 초기 기록에 낭만적인 과장이 없는 바는 아니어서 때로는 괌을 지상낙원처럼 그려놓은 것 같기도 하지만, 이 섬이 문화적으로나 생태적으로 안정된 환경 속에서 아주 큰 규모—어림잡아 6만 명에서 10만 명 사이의 인구 규모—의 공동체를 꾸려왔다는 것만큼은 틀림없는 사실이다.

마젤란이 왔다 간 뒤로 한 세기 반 동안 가끔씩 외부인이 찾아오기는 했지만 대대적인 변화가 일어난 것은 1668년 에스파냐 선교사들이 기독교 전파를 위한 혼신의 노력으로 이곳에 들어오고서였다. 이 다짜고짜 강요된 세례에 대한 저항은 야만적인 보복을 낳아 단 한 사람의 행동으로 인해 마을 전체가 응징당하곤 했고, 이는 무시무시한 인종 학살로 발전했다.

설상가상으로 식민지 이주자들을 통해서 전염병이 연쇄적으로 발생했다. 특히 천연두, 홍역, 결핵이 심했고 거기에 서서히 타오르는 특별 선물 한센병도 있었다.[69] 사실상의 인종 학살과 전염병, 그리고 강제 식민지화와 강제 기독교 개종—실질적으로 집단 전체의 영혼 살해 기도—은 도덕적으로도 섬사람들에게 영향을 미쳤다.

이 사태는 … (그들에게) 너무나 버거운 현실이 되어 … 절망감으로 목숨을 내놓은 사람들까지 생겨났으며, 여자들은 스스로의 몸을 불임으로 만들거나, 아니면 일찌감치 죽어서 희망 없고 고통스럽고 비참한 인생의 고생을 면하는 것이 차라리 행복할 것이라는 믿음으로 막 태어난 아기를 바닷물에 던졌다. … 그들은 복종이 세상에서 가장 비참한 일이라고 여긴다.

1710년 무렵 괌에는 차모로 남자는 사실상 한 명도 없이 여자와 아이만 1,000명 정도가 남았다. 40년이라는 시간 안에 인구의 90퍼센트가 쓸려 나간 것이다. 이제 저항이 없어졌으니 선교사들은 거의 절멸된 차모로 부족이 살아남을 길을 찾게끔, 말하자면 자기네 식인 기독교와 서양식으로 의생활을 바꾸고 교리문답을 배우고 그들 고유의 신과 신화와 풍습을 버리게 하기 위해 노력했다. 시간이 흐르고 세대가 바뀌면서 이들의 나라를 정복하러 왔던 병사들과 결혼하거나 그들에게 강간당한 여자들에게서 태어난 혼혈아들이 늘어났다. 1887년에서 1889년 사이에 마리아나제도를 여행했던 앙투안알프레드 마르슈는 괌에 더는 순혈종 차모로인이 없는 것 같다고 보았다. 기껏해야 이웃 섬 로타에 몇 가족이 남아 있었는데, 두 세기 전에 그리로 달아났던 사람들의 후손이었다. 한때 태평양 일대에서 이름을 떨쳤던 뱃심 좋은 항해술은 없어졌다. 차모로어는 에스파냐어와 섞여 혼성어가 되었다.

19세기 동안, 한때 갈레온선 항로 가운데 귀중한 에스파냐 식민지였던 괌은 방치와 망각 속에 몰락했고, 에스파냐 자체도 국내 문제와 그 밖의 문제로 서태평양의 식민지 국가들은 거의 잊은 채 쇠퇴일로를 걸었다. 이 시기 차모로 사람들에게는 두 가지 현실이 공존했다. 박해가 덜해지고 정복자들의 압제가 약해졌다면, 그들의 땅과 식생활, 경제는 더욱더 빈곤해졌다. 무역과 해운업이 계속해서 쇠퇴하면서 이 섬은 낙후된 변두리로 변했고, 통치자들에게는 변화를 일으킬 만한 돈도 영향력도 더 이상 없었다.

이 쇠퇴의 마지막 신호는 에스파냐의 통치가 1898년 미국의 포함 찰스턴호 단 한 척에 의해 공식적으로 막을 내린, 익살극 같은 사건이었다. 두 달 동안 배 한 척 오지 않다가 찰스턴호와 자매선 세 척이 괌에 나타나자 섬에는 한바탕 흥분이 일었다. 이 배들이 무슨 소식을, 무슨 신기한 물건을 가져왔을까! 찰스턴호가 발포하자 총독 후안 마리나는 기뻤다. 틀림없이 공식적인 경례일 거라고 짐작한 것이다. 그는 그것이 인사가 아니라 '전쟁'이라는 것을 알고는 기겁했고—미국과 에스파냐가 전쟁을 하고 있을 줄은 생각도 못했던 것이다—사슬에 묶여 찰스턴호에 오르는 전쟁 포로 신세가 되었다. 이것으로 300년에 걸친 에스파냐의 통치는 끝났다.

새퍼드가 괌의 역사에 들어온 것이 이 시점이었다. 그는 당시 해군 대위로 초대 미국 총독 리처드 리어리 대령의 참모로 괌에 왔는데, 리어리가 자기 사정으로 항구에 정박한 배에서 떠나지 않기로 결정하고는 새퍼드에게 자기 업무를 대행시켰다. 새퍼드는 금방 차모로어와 차모로 풍습 등 쓸모 있는 지식을 얻었고, 차모로 사람들을 존중하고 정중하게 대하는 그의 태도는 그를 섬 주민들과 새 주인들 사이에 없어서는 안 될 교두보로 만들어주었다.[70] 새로 들어온 미국 정부는 기존의 에스파냐 정부만큼 현지 실정에 어둡지 않았지만 괌에서 너무 많은 변화를 꾀하지는 않았다. 하지만 학교와 영어교실을 열었고—첫 학교는 1899년 새퍼드가 운영했다—진료와 의료 환경을 크게 개선시켰다. '유전성 마비'와 그 특이 유형에 관한 최초의 보고서가 1900년에 나왔고 1904년부터 구체적인 병명인 'ALS'가 사용되었다.

괌의 삶은 지난 두 세기 동안 크게 달라지지 않았다. 인구는 1670~1700년의 인종 학살 이후로 서서히 늘어 1901년의 인구조사 때는 9,676명으로 발표되었고, 그 가운데 46명을 제외하고는 스스로를 차모로인으로 여겼다. 또, 그중 거의 7,000명이 수도인 아가냐나 인근 마을에 살았다. 도로는 형편없었고 우마탁 같은 남쪽의 마을들은 우기에는 거의 들어갈 수가 없어 유일하게 의지할 만한 통로라곤 바다뿐이었다.

그럼에도 괌은 섬의 크기와 태평양 내에서의 지리적 위치 탓에 군사적으로 중요한 지역으로 평가받았다. 제1차 세계대전 때 일본은 미국의 동맹이었고, 괌은 갈등 요소가 아니었다. 그러나 1941년 12월 8일에 엄청난 긴장 상태가 시작되었는데, 괌에 진주만 공격 소식이 들어온 것이다. 몇 시간 뒤에는 괌에서 북쪽으로 겨우 몇백 킬로미터 떨어진 사이판에서 날아온 미쓰비시 전투기들이 아가냐 상공에서 기관총을 발사하기 시작했다. 로타에 집결했던 일본 보병대가 이틀 뒤 상륙했고, 괌은 별다른 저항도 하지 못했다.

일본 강점기는 에스파냐 정복자들을 생각나게 하는 잔인한 학대와 압제의 시대였다. 많은 차모로인이 살해당했고, 많은 사람이 고문당하거나 전쟁 사업에 노예로 끌려갔으며, 점령자들로부터 벗어나기 위해 고향 마을과 농장을 버리고 달아난 사람들도 있었는데, 그 사람들이 갈 데라곤 산속과 밀림뿐이었다. 가족들은 뿔뿔이 흩어지고 마을들은 파괴되었고 경작지와 식량은 압수당했으며, 잇따라 기근까지 발생했다. 소철 씨는 적어도 200년 동안 중요한 식량 자원이었지만 이제는 이것밖에는 먹을 것이 없는 사람들도 있었다. 전쟁이 끝날 무렵, 특히 일본의 패망이 임박했고 이 섬이 미국인들에 의해서 '해방'될 것이 확실해졌을 때, 차모로인들은 또다시 잔혹하게 살해되었다. 차모로 사람들은 전쟁 동안 끔찍하게 고통받았기에 미국 병사들이 들어왔을 때는 환호로 맞이했다.

괌이 정말로 미국식으로 바뀌기 시작한 것은 1945년 이후였다. 전쟁 전에 괌 인구의 절반이 거주했던 아가냐는 제2차 세계대전 때 초토화돼 완전히 새로 건설해야 했고, 나지막한 전통 가옥으로 이루어져 있던 작은 도시는 재건 과정에서 콘크리트 도로와 주유소, 슈퍼마켓, 하늘을 찌를 듯한 아파트가 들어서며 미국식 도시로 탈바꿈했다. 이주민이 대규모로 들어왔는데, 대부분이 공무원과 그 부양가족들이었다. 그리하여 괌의 인구는 전쟁 전 2만 2,000명에서 10만 명 이상으로 불어났다.

괌은 1960년까지 군사제한구역으로 외부인의 방문과 이민이 금지되어 있었다. 이 섬에서 가장 아름다운 해변과 아름다운 옛 마을 수메이(1941년 일본에 점령당했다가 1944년에 미국인들에게 철거당했다)가 있던 북부 전체와 북동부는 새 군사기지를 세우기에 적합하여 이내 거기 살았던 차모로 사람들조차 접근이 금지되었다. 1960년대부터는 수많은 관광객과 이민자가 들어오고 있다. 필리핀 노동자가 수만 명이고 넓은 골프 코스와 호화 호텔을 요구하는 일본 관광객이 100만 명이다.

차모로의 전통적인 생활 방식은 점점 축소되어 사라지고 있고, 남은 것은 우마탁 같은 남부 오지의 골짜기 마을들뿐이다.[71]

서양 의사는 믿을 수 없어!

존은 왕진할 때 보통 필 로베르토와 함께 가는데, 그는 의료 교육을 어느 정도 받은, 존의 통역 겸 조수를 맡은 차모로 청년이다. 폰페이의 그렉 데버처럼 존은 미크로네시아에서 미국과 미국 의사들이 판치면서 자기네 생각과 가치를 그대로 주입하고 있는 것을 우려하며, 원주민들을 (의사, 간호사, 구급 의료사로) 훈련시키고 독자적인 보건 체계를 갖추는 것이 중요하다고 믿는다. 존은 필이 의학 박사 학위를 끝내고 자기가 은퇴하면 병원을 물려받기를 바라는데, 차모로 사람인 필이 이 공동체의 중요한 구성원으로서 존 자신은 아무리 해도 할 수 없는 부분을 해줄 수 있을 거라고 보는 것이다.

그동안 차모로 사람들 사이에는 서양 의사들에 대한 분노가 쌓여왔다. 차모로 사람들은 그들의 사연과 시간, 피, 나아가서는 뇌까지 바쳐왔다. 그러면서 종종 의사들이 자기네를 의학 표본이나 실험 대상으로 여길 뿐 그들이 진정으로 자기들에게 관심을 갖는 것 같지는 않다는 느낌을 받았다. "사람들이 자기네 가족한테 이 병이 있다는 것을 인정하는 것만으로도 한 고개 넘은 겁니다." 필이 말했다. "그러고 나서 의사를 집 안으로 들인다면, 힘든 고개 하나를 또 넘은 거죠. 하지만 처치든 간호든 보건이든 자택 치료든, 보조를 충분히 받지 못하고 있어요. 객원 의사란 사람들이 온갖 서류 양식이며 실험 계획안 나부랭이를 들고 왔다 가는데 정작 사람들에 대해서는 모릅니다. 존과 저는 사람들 집을 정기적으로 찾아다니면서 가족들과 집안 내력, 지금까지 어떻게 살아왔는지를 알아나가죠. 존한테는 10년에서 12년 동안 봐온 환자들이 많아요. 그 사람들은 우릴 믿게 됐고, 그래서 점점 더 마음을 열고 도움을 요청하죠. 그러니까 '아무개가 좀 창백해요. 어떻게 해야 하죠?' 같은 거 말입니다. 그 사람들은 우리가 자기네를 도와주려 한다는 걸 아는 겁니다. 연구원들은 여기 와서 표본을 떠 미국으로 돌아가버리는데, 몇 주 뒤에 이 사람들 집으로 진료를 하러 오는 건 우리거든요. 환자들이 묻죠. '그럼 우리한테 했던 그 실험들은 다 어떻게 되는 거요?' 하지만 우리가 대답할 수 있는 건 없습니다. 우리가 한 실험이 아닌걸요."

환자를 품는 차모로 가족들

다음 날 아침 일찍 존과 필이 데리러 왔다. "어젠 파킨슨증과 치매—보닥—환자를 좀 봤죠." 그가 말했다. "컬랜드는 1970년대에 이 형태의 병이 ALS를 대체한다고 봤어요. 하지만 ALS가 사라졌다고 생각해선 안 돼요. 내가 몇 년 동안 죽 봐온 리티코 환자들이 있고, 또 새 환자들도 있는데, 오늘 몇 사람 만나보려고요." 그는 잠시 멈췄다가 덧붙였다. "ALS에는 견디기 힘든 구석이 있죠. 분명히 선생도 느낀 적이 있을 겁니다. 뭐 신경의라면 다 그렇죠. 힘이 없어지고 근육이 쇠퇴하는 걸 본다는 거, 사람들이 말을 하고 싶어도 입이 움직이지 않고 삼킬 수가 없어 질식사하고… 이런 걸 지켜보면서도 아무것도, 전혀 아무것도 해줄 수가 없다는 느낌…. 그 사람들이 마지막까지도 정신은 너무나 멀쩡하다는 것 때문에 더 끔찍하게 느껴지기도 하죠. 자기한테 무슨 일이 일어나는지를 스스로도 알고 있으니 말이에요."

우리는 존이 괌에 온 직후부터 봐왔던 여자 환자 토마사를 만나러 갔다. 토마사는 존이 처음 봤을 때 이미 리티코를 앓은 지 15년째였다. 그것이 꾸준히 진행되어 팔다리만이 아니라 숨 쉬고 말하고 삼키는 근육까지 마비되었다. 토마사는 이제 마지막이 가까웠지만 코와 위장에 꽂은 관, 빈번한 호흡 곤란, 무력한 의존 상태를 운명으로 받아들이고 차분하게, 두려움 없이 의연하게 버티고 있다. 사실 그녀의 가족 전체가 같은 운명으로 고통받았다. 아버지가 리티코를 앓았고, 두 자매도 그랬고, 두 형제는 파킨슨증과 치매를 앓고 있다. 그녀 세대의 여덟 아이 중에서 다섯이 리티코-보딕에 걸렸다.

우리가 방에 들어갔을 때 토마사는 마비되고 지쳐 있었으나 정신은 또렷해 보였다. 존은 쾌활하게 "안녕하세요, 토마사? 오늘 어떠세요?" 하고 인사하면서 토마사가 누워 있는 침대로 다가갔다. 그는 허리를 굽혀 토마사의 어깨를 주물렀고 토마사의 눈은 존의 손이 가는 대로 따라갔는데, 그 눈은 반짝거리면서 매사를 주의 깊게 살피고 있었다. 그녀는 모든 것을 좇으며 이따금씩 웃었고(어쩌면 반사적, 거짓연수마비성 웃음일 때도 있었을 것이다) 숨을 내쉴 때는 조그만 소리로 신음했다. 그녀는 누그러뜨릴 길 없는 병으로 스물다섯 해를 고통받은 끝에 햇빛이 환하게 들어오는 방에서 온전한 정신으로 죽어가고 있었다. 존은 토마사와 곁에 있는 딸 앤지에게 나를 소개했다. 내가 생년월일을 묻자 토마사가 (나는) 알아들을 수 없는 소리를 중얼거렸고, 딸이 그건 1933년 4월 12일이라는 뜻이라고 통역해주었다. 토마사는 내가 해보시라고 하자 입도 벌렸고 혀도 내밀었다. 혀는 심하게 갈라지고, 오그라들고, 닳은 것이 무슨 벌레집 같았다. 토마사는 또 알아들을 수 없는 소리를 냈다. "저한테 선생님하고 스틸 선생님께 마실 것을 가져다드리래요." 앤지가 말했다. 토마사는 이 지경이 되어서도 예절을 잃지 않았다.

"토마사는 꽤 의 수많은 사람들한테 이 병에 대해 가르쳐줬어요." 존이 말했고, 토마사는 웃었다. "걱정 말아요, 토마사. 앤지는 리티코에 걸리지 않을 거예요. 젊은 세대는 아무도 이 병에 걸리지 않았거든요. 천만다행이지요." 존은 부드럽게 덧붙여 말했다.

가족, 친구, 이웃 사람들이 수시로 들어와 토마사에게 신문을 읽어주고 새 소식을 말해주고 동네에서 일어난 일을 알려주곤 했다. 크리스마스 때는 침대 옆에 크리스마스 장식 나무가 놓이고, 마을 축제나 소풍이 있을 때는 사람들이 그녀의 방에 모인다. 말도 못 하고 움직이지도 못하지만, 그들의 눈에 토마사는 여전히 하나의 온전한 인격체이며 여전히 가족과 공동체의 일부다. 그녀는 죽음을 맞이하는 그날, 이제 그렇게 멀지 않은 그날까지 맑은 의식과 품위와 인격을 지키며 가족과 마을의 품속에서 편안하게 지낼 것이다.

토마사가 대가족에 둘러싸여 지내는 모습을 보면서 나는 존의 진료실에서 보았던, 1602년 프라이 후안 포브레라는 초창기 선교사가 차모로 사람들에 대해 쓴 글이 떠올랐다.

그들은 타고나기를 인정 많게 타고난 사람들이다. … 가장이나 그 아내나 자식이 아픈 날에는 마을의 모든 일가친척이 끼니를 날라 오는데, 전부가 자기네 집에 있는 최고 좋은 재료로 만든 음식이다. 이것을 그 환자가 죽거나 회복하는 날까지 계속한다.

이렇게 아픈 사람을 한 인격체로, 그 공동체 안에서 살아 움직이는 한 부분으로 받아들이는 태도는 토마사처럼 오랜 세월 병약자로 누워 있는 만성질환자와 불치병 환자들에게도 다르지 않다. 나는 뉴욕에 있는 말기 신경위축성경화증 환자들을 생각했다. 모두가 병원이나 사설 요양원에서 코와 위장의 관과 흡입 장비, 때로는 인공호흡 장치까지 온갖 최첨단 장비의 혜택을 받으며 지낸다. 그러나 많은 환자들이, 그들이 이런 상태인 것을 차마 볼 수 없거나 그들을 (병원이 그러듯이) 사람이 아니라 각종 '생명 유지 장치'와 최고의 현대적 진료를 받는 말기 환자로 생각하고 싶어 하는 친척들에 의해, 의식적으로 혹은 무의식적으로 외면당한 채 홀로 지낸다. 그런 환자들은 때로 의사들에게조차 외면당한 채 생명의 책(기독교의 '생명책'. 하늘나라에서 기록되는, 의인들의 명부를 뜻한다―옮긴이)에서 삭제되곤 한다. 그러나 존은 토마사의 곁에 머물 것이며, 그녀가 죽는 마지막 순간 그녀와 그녀의 가족과 함께 있을 것이다.

로케 이야기

우리는 토마사의 집에서 섬을 가로질러 북쪽으로 향하면서 소철이 알록달록한 산길과 괌에 단 하나뿐인 민물 저수지인 잔잔한 페나호수를 지났다.[72] 이 고원에서는 모든 것이 메말라 보였다. 한 지점에 이르자 존은 지난여름 대화재의 흔적이라면서 숯덩이가 된 나무들과 시커멓게 변한 너른 땅을 가리켰다. 하지만 여기 이 시커먼 땅 위에서도 푸릇푸릇한 새싹들—소철 그루터기에서 자라나는 새싹들—이 돋아나고 있었다.

데데도는 좀 더 현대적인 마을로, 지금은 괌에서 아가냐 다음으로 크다. 이 마을은 집들이 약간씩 간격을 두고 서 있는, 다소 도시의 교외 같은 모습이어서 '사적인 자유' 같은 것이 조금은 느껴진다(이런 생각도 차모로 사람이 아니라 서양 사람의 생각이겠지만 말이다). 저기 어느 집에 로케가 산다. 그는 50대 초반의 건장한 근육질 남성으로—억세고, 전신이 해외 군복무 시절에 새겼던 문신으로 덮여 있다—더할 나위 없이 건강해 보였는데, 14개월 전부터 목 어딘가가 막힌 것 같다는 증상을 호소해왔다. 그러고는 얼마 지나지 않아서 목소리와 얼굴, 손에서 증후가 나타나기 시작했고, 이로써 폭발적이라 할 정도로 급박하게 진행되는 리티코의 증상이라는 것이 분명해졌다. 아직은 장애가 심하지 않았지만 그는 몇 달이면 자기가 죽으리라는 것을 알았다. "그냥 말해 줘도 돼요." 그는 내가 머뭇거리는 것을 보더니 그렇게 말했다. "내가 나한테 비밀 지킬 일 있겠수?" 로케는 말을 빙빙 돌리는 아가냐의 의사들도 문제라며, 그럴싸한 소리로 얼버무리면서 환자들에게 희망과 자신감—리티코에 대한 낙관, 거짓된 시각—을 심어주고 싶어 하는 모양인데 그런 태도는 이 병과 얼마 남지 않은 인생, 그리고 확실한 죽음을 그들이 순순히 받아들이지 못하게 할 뿐이라고 말한다. 그러나 그의 몸은 그에게 진실만을 말했다. 존도 그랬다.

"내가 운동신경이 아주 뛰어난 사람이었는데 이 병 때문에 약골이 되고 말았어요." 그가 우리에게 말했다. "단념은 했지만서도 가끔은 너무 우울해서 뭔가 미친 짓이라도 하고 싶어져요. … 자살하는 건 옳지 않아요. 그건 아니라구요. 하지만 주님이 날 좀 데려가줬으면 좋겠군요. 효과도 없고 회복도 되지 않을 걸 마냥 기다리게 하지 말고 말이우. 치료가 되지 않을 거라면 차라리 주님이 데려가주면 좋겠다구요."

로케는 몹시 슬프다고, 자식들이 자라는 걸 보지 못한다는 사실, (이제 겨우 두 돌 지난) 막내아들이 자기에 대해서는 아무것도 기억하지 못하리라는 사실이 슬프다고 말한다. 또 아내를 과부로 만들어야 하고 아직도 건강하신 노부모가 상심하실 생각을 하면 슬프다고.

나는 로케는 어떻게 되는 거냐고—토마사처럼 집에서 죽게 될지, 아니면 병원으로 가게 될지—존에게 물었다. "그건 로케가 어떻게 하고 싶은지, 가족이 어떻게 하고 싶은지, 병의 경과가 어떻게 될지에 달려 있어요." 존이 대답했다. "연수가 완전히 마비되면 호흡곤란이 일어나 인공호흡기의 도움을 받지 않으면 죽을 수밖에 없어요. 이걸 원하는 사람들도 있고 아닌 사람들도 있죠. 세인트도미닉 병원에 인공호흡기를 단 환자가 둘 있는데, 내일 그 사람들을 보러 가죠."

점령당한 낙원 수메이

그날 오후에 필과 나는 괌에서 잠수하기에 최고로 좋은 곳이라고 하는 수메이 해변으로 가기로 했다. 거기에는 군 기지에 있어서 필이 허가증을 받았다. 우리는 4시 무렵에 도착하여 허가증을 내밀었다. 그러나 정문 접수대의 태도는 퉁명스러웠고, 경비원이 필이 차모로 사람이라는 것을 알아보고 나서는 더 못마땅하게 굴었다. 내가 사람 좋게 싹싹하게 굴어 상황을 어떻게 좀 바꿔보려고 했지만, 돌아오는 건 표정 없는 텅 빈 눈빛뿐이었다. 나는 군사 관료주의 앞에서 민간인이었고, 문명이 얼마나 무력한지를 실감했던 콰잘레인의 불쾌한 경험이 생각났다. 필이 앞서 당부하기를 그저 아무 말도 하지 않는 게 최선이라고, 우리 둘 다 최대한으로 공손하고 비굴하게 굴어야지 안 그랬다가는 저들이 어떻게든 우리를 들여보내지 않을 구실을 찾을 거라고 했다. 그땐 이 충고가 좀 허풍스럽다고 느꼈지만 지금 보니 허풍이 아니었다. 결국 우리는 경비가 여러 군데 전화해서 허가와 확인을 받는 동안 정문에서 한 시간을 기다렸다. 5시에 입장 승인이 떨어졌다. 하지만 기지가 곧 폐쇄될 것이니, 이미 늦은 시간이었다. 그때 (내가 분노로 폭발하려던 찰나였는데) 다행히 한 고위 장교가 나와 이번만은 규정을 깨고 허락한다고, 들어가서 수영을 하는 건 괜찮은데 기지 영내에 있는 한 헌병이 동행해야 한다고 말했다.

필은 질색했고, 나는 감시를 받아야 한다는 생각에 속이 부글거렸지만 이왕 여기까지 왔으니 그냥 들어가서 할 일을 하기로 했다. 지프에 탄 헌병 넷이 멀쩡히 쳐다보는 앞에서 수영복을 갈아입자니 무기력한 느낌도 들었고, 속에서는 도덕률 초월주의가 고개를 들어 뭔가 말도 안 되는 짓을 하고 싶은 마음이 들었다. 좀 한탄스러웠지만 나는 헌병의 존재를 떨어내고자 마음을 다잡고 물에 몸을 내맡겼다.

과연, 훌륭했다. 300종이 넘는 괌 토종 산호들, 이 수메이 산호의 빛깔은 알마의 바다보다, 폰페이의 그 찬란했던 산호보다도 훨씬 다채로운 것 같았다. 해안에서 조금 더 들어가니 일본 전함 잔해의 윤곽이 보였는데 따개비와 산호 딱지가 덕지덕지 앉아 강렬하고 기묘한 형상으로 변신해 있었다. 하지만 제대로 살펴보려면 잠수용 수중 호흡 장비와 더 많은 시간이 필요할 것이다. 헤엄쳐 돌아오는데 투명한 물을 통해서 보니 지프가 살랑살랑 떨렸고 헌병들의 뻣뻣한 자태는 굴절되어 일그러져 보였다. 땅거미에 몸을 말리면서 나는 괌 사람들에게는 접근이 금지된 이 완벽한 산호초가 제도적 질서에 사장당해 갇혀버렸다는 생각에 분이 끓어올랐다.

그러나 필의 울분은 더 깊었다. 여기는 수메이의 옛 마을이 있던 곳이라고, 차로 기지 입구로 돌아갈 때 말해주었다. "괌 전체에서 가장 아름다운 마을이었습니다. 일본군이 괌을 공격한 첫날 이 마을이 폭격당했고, 마을 주민 전부가 쫓겨나거나 살해당했어요. 연합군이 들어오자 일본군은 저기 보이는 벼랑에 있는 동굴 속으로 퇴각했고, 그걸 몰아내자고 미군이 저 일대를 통째로 폭격해 잿더미로 만들어버렸죠. 저쪽 교회 건축물의 잔재와 묘지, 남은 건 저것뿐입니다. 우리 조부모님이 여기서 태어나셨어요." 그리고 이어서 말했다. "그리고 여기 묻히셨죠. 많은 사람이 여기에 조상을 묻었고, 그래서 묘지를 찾아 조상님을 정성스럽게 모시고 싶어 합니다. 하나 그러려면 방금 보신 그 관료적인 절차를 밟아야 합니다. 이런 모욕은 정말 견딜 수가 없어요."

기계장치의 삶 앞에서

이튿날 존과 나는 세인트도미닉 병원을 찾았다. 바리가다산에 자리 잡아 아가냐가 내려다보이는 이곳은, 정원과 에스파냐풍 안뜰, 평화로운 예배당을 갖춰 새로 지은 아름다운 병원, 아니 수녀님들이 부르는 식으로 하면 '집'이었다. 여기 존의 환자가 둘 있었다. 두 사람 다 로케처럼 아직 50대이며 가장 가혹한 형태의 리티코를 앓고 있다. 두 사람 다 18개월 전까지 겉보기에는 건강하기 짝이 없었다. 지금은 두 사람 다 호흡기의 근육이 마비되었고 숨을 쉬기 위해서는 인공호흡기가 필요했다. 병실이 가까워지자 짐승이 그렁거리는 듯한 인공호

흡기로 숨 쉬는 소리, 흡입기로 목을 비우는 불쾌한 소리가 들려왔다
(두 사람은 이제 분비물을 삼키지 못해 그 물질이 기관과 폐로 들어가지 못하도록 기
계 장비로 빨아내야 한다). 과연 이런 조건 속에서 산다는 것이 가치가 있
을까 하는 생각이 드는 것을 어쩔 수가 없었다. 그러나 두 환자 다 자
식―한 사람에게는 성인이 된 아들, 또 한 사람에게는 성인이 된 딸―
이 있으며 아직까지 접촉과 간단한 의사소통이 가능하고 신문을 읽어
주고 텔레비전을 보여주고 라디오를 들려줄 수 있다. 두 사람 다 근육
은 그렇지 못하지만 정신은 온전하여 활발하게 움직이며, 두 사람 다
기계로 연명할지라도 할 수 있을 때까지는 살고 싶다는 뜻을 밝혔다.
두 사람 다 성화와 성상에 둘러싸인 채 깜빡이지 않는 눈으로 시선을
던지고 있었다. 그들은 비록 몸은 구룩구룩 하면서 신음하고 있을지
라도 표정은 평화로워 보인다고, 나는 생각하고 싶었다.

보덕이 상당히 진행된 환자도 세인트도미닉 병원으로 많이 오는
데 그들 중에는 파킨슨증만이 아니라 심각한 치매와 강직까지 함께
앓는 환자들도 있다. 그런 환자들이 마지막 단계에 이르면 입이 벌어
져 침을 흘리며, 위턱도 움직이지 않아 말하거나 뭔가를 삼키는 것이
불가능해진다. 그리고 팔다리에 심한 경련이 일어나며 움직일 수 없는
굴곡 변형이 일어난다. 이 단계의 환자들은 아무리 헌신적인 가족이
라 해도 집에서 간병하기가 쉽지 않아 수녀들이 돌봐주는 여기 세인
트도미닉 병원으로 많이 온다. 나는 이 간호를 맡은 수녀들의 헌신적
인 모습을 보고 깊이 감동받았다. 그들을 보면서 내가 뉴욕에서 함께
일하는 수녀회 '가난한 이들의 작은 자매회'가 생각났다. 대부분의 병
원에서 볼 수 있는 것과 달리 자매회가 가장 우선으로 여기며 지속적
으로 마음 쓰는 일은 환자 한 사람 한 사람의 존엄성과 마음의 상태다.
여기에서는 환자를 진료 대상, 하나의 인체, 하나의 '사례'가 아닌 하나

의 총체적 인격체로 대한다는 것을 느낄 수 있다. 그리고 여기, 가족과 공동체의 유대가 너무도 긴밀한 여기 세인트도미닉 병원에서 환자들의 방, 복도, 안뜰, 정원은 늘 가족과 이웃으로 북적인다. 환자 한 사람 한 사람이 속한 가족, 마을, 공동체가 여기서 축소판으로 재건된다. 세인트도미닉 병원에 들어간다고 소중하고 가까운 모든 것을 지워 없애야 하는 것이 아니다. 이 모든 것을 될 수 있는 한 그대로, 병원이라는 의료적 환경으로 옮기는 것뿐이다.

나는 상태가 지독한 말기 리티코와 보딕 환자들을 보고 나니 심신이 고갈되어 여기서 어떻게 해서든 빠져나가 침대에 뻗어버리든지 아니면 저 태고의 산호초로 돌아가 헤엄을 치든지 하고 싶은 마음뿐이었다. 내가 왜 그렇게 버거워했는지 모르겠다. 뉴욕에서 보는 환자들도 대부분이 이미 움직일 수 없으며 치료가 되지 않는 사람들이지만, 신경위축성경화증은 드물다. 두세 해에 한 명 정도밖에 되지 않을 것이다.

나는 중증 리티코-보딕 환자만 40명 넘게 돌보는 존이 이런 감정을 어떻게 감당하는지 알 수 없었다. 나는 존이 환자들과 함께 있을 때면 쩌렁쩌렁한 직업적 목소리와 낙관적이며 유쾌한 태도로 환자들에게 기운을 주려 한다는 것을 느꼈다. 그러나 이는 겉모습일 뿐 속내는 너무나 섬세하고 여린 사람이다. 필이 나중에 해준 얘기에 의하면 존은 혼자 있을 때, 아니 혼자라고 생각할 때면 환자들의 고통, 아무것도 해줄 수 없는 자신의 무능함, 우리의 무능함에 눈물을 흘린다고 한다.

세상이 층계로 이루어져 있다면 얼마나 좋을까

점심을 먹고 나서 우리는 세인트도미닉 병원의 다른 구역—환자들이 점심 휴식 시간에 모이는, 정원이 내다보이는 쾌적하게 탁 트인

방—을 찾았다. 세인트도미닉 병원은 만성질환자 전문병원이면서 또한 섬 전역의 통원 환자들을 위한 일반 프로그램도 주관한다. 통원 환자들은 이 방에서 만나 함께 밥을 먹고 정원을 거닐고 교육을 받기도 하고 각종 치료—물리치료, 언어치료, 미술치료, 음악치료—를 받는다. 존은 여기서 또 다른 자신의 환자 유프라시아를 내게 데려왔다. 유프라시아는 일흔 살이지만 나이보다 훨씬 젊어 보이고, 파킨슨증 형태의 보딕을 20년 동안 앓아왔지만 기억상실이나 치매는 전혀 없었다. 그녀는 전쟁 직후 젊은 새댁일 때 캘리포니아로 이주해서 오랫동안 괌에 돌아오지 않았다. 하지만 괌을 떠난 지 22년 만인 1969년에 보딕에 걸렸다.

유프라시아를 보면서 나는 괌에 있는 무언가에 노출되는 것과 그 결과 리티코-보딕에 걸리는 것 사이에 존재할지도 모르는 어마어마한 시간 간격을 깨닫게 되었다. 과연, 존은 괌을 떠나고 나서 이 병을 얻기까지의 시간 간격이 40년이 넘는 환자가 한 명 있다는 이야기를 들은 적이 있다고 했다. 괌으로 이주해 온 사람들의 경우에도 비슷한 시간 간격이 있을 수 있다고 한다. 그가 아는 한 백인은 단 한 명도 이 병에 걸리지 않았지만, 괌으로 이민 와서 차모로인과 결혼하여 이 문화에 완전히 흡수되었던 일본인과 필리핀인 가운데 한참이 지나서 리티코나 보딕에 걸린 경우는 있었다.[73]

존은 이것이 리티코-보딕에 특별한, '잠잠한' 기간이 있음을 증명하는 가장 강력한 임상적 근거라고 보았는데, 이 병이 긴 시간 증상 없이, 곧 '잠복'해 있다가 겉으로 나타난다는 생각이었다. 그 세월 동안 서서히 타들어가고 있었던 것일까? 아니면 어떤 새로운 사건이 있어야 그전까지는 탈 없이, 아마도 정지 상태로 있던 것이 양성으로 전환하게 되는 것일까? 존은 어떤 때는 앞의 것이 더 맞는 것 같고 또 어떤 때는 뒤의 것이 더 맞는 것처럼 느껴지더라고 했다. 만인이 부러워하는 건강을 누리다가 느닷없이 발병하여 처음부터 폭발적으로 진행되는 로케 같은 환자를 보면, 서서히 진행되다가 마지막에 발현되는 병이라기보다는 급성으로 치명적인 병변이 일어나는 병이라고 느껴진다는 것이다.

나는 기면성 뇌염을 처음으로 기록했던 의사 폰 에코노모가 뇌염 후 환자를 "사화산"이라고 부른 것이 생각났다. 이는 적절한 비유였던 것 같은데, L-도파가 나온 뒤로는 나는 이 신약에 대한 반응으로 이것이 느닷없이 (때로는 위험하게) 폭발할 수 있어 '휴화산'이라고 생각하게 되었다. 그러나 이 뇌염후 환자들은 이미 병을 명백하게 앓고 있는 상태에서 몸이 뻣뻣하게 굳는 긴장증을 보였다. 반면에 리티코-보딕 환자들은 증세가 시작되기 전까지는, 겉보기에는 너무나 건강하고 활동적이었다. "하지만 순수하게 임상적인 면만 보자면 그런지 아닌지 확신을 가질 수가 없어요." 존이 말했다. "세포 단위에서는 무슨 일이 벌어지고 있는지 알 도리가 없죠." 괌을 떠나 있던 그 22년 동안 유프라시아한테는 무슨 일이 벌어졌던 것일까?

유프라시아는 캘리포니아의 담당의로부터 1969년부터 L-도파를 투여받기 시작했다(내가 뇌염후 환자들에게 L-도파를 투여하기 시작한 것도 같은 해였으니, 묘하다 싶었다). 보통의 파킨슨병이라면 이 약을 처음 투여하면 약효가 완만하고 안정적으로 몇 시간 지속되지만, 어느 정도 지나면 약효가 불안정해져 환자들을 얼마간 흐물거리게 만들며, 때로는 무도병과 그 밖의 불수의 동작도 함께 나타나고, 그러다 한 시간가량 뒤에는 극심한 강직 상태에 돌입한다. 이른바 꺼졌다 켜졌다 하는 효과다. 이렇게 꺼졌다 켜졌다 하는 효과는 내가 본 뇌염후 환자들에게서는 훨씬 이른 시기에 나타나는 편이다. 때로는 아주 초기부터 나타나는데, 존은 유프라시아도 처음부터 극단적이고 과장된 반응을 보였다고 말했다. 이렇게 약효가 오르락내리락하긴 했지만 그러면서도 L-도파로 중대한 효과를 꾸준히 보았는데, 그래서 하루에 몇 시간씩은 나름대로 편하게 움직일 수 있었던 것이다.

우리가 들렀을 때 유프라시아는 몇 시간째 아무런 약도 투여하지 않고 있었고, 고개를 가슴에 묻다시피 숙인 채로 의자에 꼼짝도 않고 앉아 눈동자만 가까스로 움직일 수 있는, '꺼진' 상태였다. 팔다리도 심하게 굳어 있었다. 목소리는 소곤소곤하고 밋밋하여 거의 알아들을 수 없었고, 생기도 높낮이도 없었다. 그리고 끊임없이 침을 흘렸다.

존이 우리를 인사시켰고, 나는 유프라시아의 손을 잡고 살며시 힘을 주었다. 그녀는 말은 하지 못했지만 눈가에 주름을 지으며 웃어주었고, 아주 미미하나마 내 손을 잡아주는 힘을 느낄 수 있었다.

나는 유프라시아에게 눈을 찡긋하면서 존에게 말했다. "내가 근사한 걸 보여드리죠. 아니, 유프라시아가 보여줄 거예요." 쉽지는 있지만 유프라시아를 일으켜 세웠다. 나는 유프라시아 앞에 서서 그 옹이진 손을 붙잡고는 신호를 주면서 동동걸음으로 뒷걸음쳐 그녀를 정원까지 인도할 수 있었다. 불규칙한 비탈과 바위 턱이 있는 작은 산 모양의 바위 정원이 있었다. "좋아요." 내가 바위를 가리키며 유프라시아에게 말했다. "이걸 올라가는 거예요. 혼자서요… 자!" 존이 기겁하고 수녀들도 기겁했지만, 나는 잡았던 손을 놓아 유프라시아 혼자서 가게 했다. 휴게실의 평평하고 특징 없는 바닥에서는 움직이지 못했던 유프라시아가 다리를 높이 들어 올리더니 성큼 내딛고는 다시 한 발, 또 한발, 바위 정원 꼭대기까지 척척 올라갔다. 유프라시아는 한번 웃고는 올라갈 때만큼이나 성큼성큼 내려왔다. 땅으로 내려오자마자 유프라시아는 아까와 똑같이 무력해졌다. 존은 깜짝 놀란 표정이었지만 유프라시아의 입가에는 아직도 웃음이 남아 있었다. 적어도 유프라시아 자신은 전혀 놀랍지 않았던 것이다. 만약 그녀가 말을 할 수 있었더라면, 너무나 많은 내 뇌염후 환자들이 그랬듯이, 이렇게 말했을 것이다. "이 세상이 층계로 이루어져 있다면 얼마나 좋을까!"

2시라고, 유프라시아가 약 먹을 시간이라고, 수녀가 와서 말했다. 이제 휴게실로 돌아와 앉아 있는 유프라시아에게 수녀는 하얀색의 작은 알약 한 알과 물을 가져왔다. L-도파를 먹은 지 14분 만에—우리는 어떤 화학 반응, 그러니까 폭발 같은 것을 기다리는 사람들처럼 시간을 쟀다—유프라시아는 의자가 뒤로 넘어갈 만큼 넘치는 힘으로 벌떡 일어서더니 좌충우돌 복도를 뛰어다녔고, 그동안 하고 싶었지만 강직 상태라서 하지 못했던 모든 말을 활기차게, 시끄러울 만큼 쏟아냈다. 이것은 파킨슨증, 운동 근육 문제가 사라진 것만이 아니라 감각기관, 감정, 몸가짐 자체의 일변이었다. 나는 (어느 정도는 그런 반응이 나올 거라고 예상은 했지만) 20년이 넘도록 이런 경우는 본 적이 없어 얼떨떨하면서도 또 옛 생각에도 조금 젖어들었다. 특히 유프라시아와 비슷하게 중간 단계라든가 뜸 들이는 시간 같은 것 없이 눈 깜짝할 사이에 일변했던 내 뇌염후 환자 헤스터가 생각났다.

헤스터의 과잉 반응도 유프라시아의 반응도 그저 단순한 '깨어남'만 있는 것은 아니었다. 갑작스럽게 운동 근육이 살아나고 원기가 넘치고 쾌활해지면서 동시에 기지 넘치는 언사를 늘어놓고 틱 경련을 일으키는가 하면 느닷없이 사방을 휘돌아보고 아무것이나 만지고 몸부림치고 돌진하고 주먹과 팔을 휘둘러대는 행동—심신이 어딘가로 치닫는 듯한 온갖 기이한 충동 행동—도 나타났다. 이처럼 어마어마한 생명력의 폭발과 과도한 흥분에는 건강한 면도 병적인 면도 모두 있지만, 그러고 나서 20분 뒤에는 원래 상태로 돌아와 거듭 하품을 하다가 갑작스레 완전한 기면 상태로 빠져들었다.

"그래, 어떻게 생각하세요?" 존이 곁에서 뭔가를 고대하는 듯한 말투로 물었다. "뭔가 짚이는 게 있나요?"

세 질병의 공통점

존은 환자를 보지 않을 때는 타무닝에 있는 괌메모리얼 병원에서 강의도 하고 그곳 실험실에서 연구도 한다. 그는 지역 시설에 연구 기금을 유치하기 위해 로비 활동을 열심히 해왔으며, 이 섬에 정교한 신경병리학 장비와 MRI 촬영 시설, 그 밖의 뇌 화상 진찰 시설을 갖춘 리티코-보딕 연구소를 세우고 싶어 한다. 지금은 이 연구의 많은 부분을 본토에서 해야 하지만, 환자 면담이나 광범위한 가계도를 이어 맞추는 작업 등 유행병 관련 연구뿐 아니라 기본적인 임상 연구와 각종 실험 연구는 섬 현지에서 이루어지고 있다.

존이 실험실을 구경시켜주었다. 나에게 보여주고 싶은 특별한 것이 있다면서. "선생님, 이 슬라이드 좀 보세요." 존이 현미경 쪽으로 오라고 손짓하며 말했다. 접안경의 배율을 낮추고 들여다보니 착색된 세포들이 V자 모양으로 대칭을 이루고 있었다.

"흑색질이네요." 내가 말했다. "많은 게 탈색돼서 하얀색이고… 교세포 반응이 많이 일어났고… 유리된 색소도 조금 있고." 배율을 높였더니 엄청난 수의 엉킨 신경섬유가 보였는데 파괴된 신경세포 속에서 복잡하게 뒤엉킨 얼룩덜룩한 덩어리가 눈에 거슬리게 두드러져 보였다. "피질하고 시상하부, 척수 표본 본 적 있으세요?" 존이 그것들을 건넸고, 나는 하나하나 들여다보았다. 뒤엉킨 신경세포가 득시글거렸다.

"그러니까 리티코-보딕이 이렇게 생겼단 말이죠?" 내가 말했다. "변질된 신경섬유 천지로군요!"

"예." 존이 말했다. "아주 전형적이에요. 여기 다른 게 하나 있는데, 한번 보세요." 나는 그 표본도 아까처럼 살펴보았다. 아까와 아주 비슷해서, 뒤엉킨 신경세포의 배열이 거의 똑같았다.

"리티코-보딕이 전부 이렇게 생겼나요?" 내가 물었다.

"그게 말입니다…." 존은 씩 웃었다. "지금 보신 건 리티코-보딕이 아니랍니다. **선생님**의 병, 뇌염후파킨슨증이에요. 런던에서 수 대니얼이 보내준 슬라이드예요."

"수련의 시절부터 병리학은 많이 공부하지 않았어요." 내가 말했다. "게다가 전문가도 아닌 내가 이걸 어떻게 구별하겠어요?"

존이 다시 한번 씩 웃었다. "여기 표본이 더 있어요." 나는 그 묶음도 중뇌의 흑색질에서부터 시작해서 오르락내리락하면서 살펴보았다.

"난 손들었어요." 내가 말했다. "리티코-보딕인지 뇌염후파킨슨증인지 구별을 못하겠어요."

"둘 다 아니에요." 존이 말했다. "이건 **내** 병, 진행성핵상신경마비입니다. 사실 이건 1963년에 보고서가 나왔던 그 최초의 환자 것이에요. 그때 이미 이것이 뇌염후파킨슨증과 흡사하지 않은가 하는 의문이 제기되었지요. 지금은 괌병도 있는데… 이 셋이 사실상 똑같아요. 수 대니얼과 앤드류 리스가 파킨슨 뇌은행 동료들과 함께 이 병들이 사실은 친척이 아닌지, 심지어 어쩌면 같은 병인데 바이러스에 의해서 세 형태로 나타나는 것은 아닌지에 대해서도 연구했어요. 이것들은 알츠하이머병에서 볼 수 있는 신경세포 엉킴과 아주 비슷해요." 존은 계속해서 말했다. "다만 알츠하이머에서는 양이 그만큼 많지가 않고 배열도 다르죠. 그러니까 지금까지 네 가지 주요 신경계 퇴행성 질환에서 나타나는 신경세포 엉킴… 신경계의 묘비라고나 할까요, 그 엉킴을 잡아낸 겁니다. 이 엉킴에 신경계 퇴행에 관한 중대한 단서가 있는 것인지, 아니면 다소 비특이적인 신경세포 반응으로 이런 엉킴이 나타난 것인지는 모르겠습니다."

무너진 소철 가설

우마탁으로 차를 운전해 돌아오면서 존은 계속해서 리티코-보딕의 역사를 훑어주었다. 1960년대에 새로운 국면에 접어들었는데, 이 병의 자연 진행 과정을 기록하던 중에 한 가지 별난 변화가 관찰된 것이었다. 1940년대와 1950년대 초에는 리티코보다 훨씬 드물었던 보딕이 1960년대 들어 늘어나면서 리티코 발병률을 초과한 것이다. 발병 연령도 높아졌다. 이제 (콜랜드가 보았던 19세의 리티코 환자 같은) 10대 환자는 더는 생기지 않았고 20대 환자는 거의 없었다.

그런데 어째서 하나의 병이 어느 10년 동안에는 주로 리티코 형태로 나타나다가 다음 10년 동안에는 주로 보딕 형태로 나타난 것일까? 보딕 환자들이 리티코 환자들보다 열 살가량 많았는데 연령과 관계가 있는 것일까? 어떤 물질의 복용량과 관계가 있는 것일까? 1950년대에 (뭐가 되었건) 작용물질에 가장 심하게 노출되었던 환자들은 운동 신경세포가 거덜 나 신경위축성경화증 같은 증후군으로 발전했지만, 그 물질에 덜 노출되었던 환자들은 효과가 뇌에서 서서히 나타나면서 이것이 파킨슨증이나 치매의 원인으로 작용했던 것은 아닐까? 리티코 환자 대부분이 충분히 오래 생존한다면 시간이 지나서 보딕까지 앓게 되는 걸까? (이것은 물론 답이 나올 수 없는 물음이다. 급성 리티코는 수명을 단축시키기 때문이다. 그러나 리티코에 걸린 지 25년이 되어도 아직 생존해 있는 토마사에게서는 보덕 발병의 기미도 보이지 않았다.) 이러한 물음들이 제기되었으나, 어느 하나 답을 얻지 못했다.

컬랜드는, 이상하게 들리기는 하지만, 소철의 독성이 그 답이 될 수도 있다고 생각해왔고, 최대한 신중하게 연구해야 한다고 믿었으며, 이를 위해서 위팅과 함께 1963년에 시작하여 10년 동안 지속된 일련의 대규모 학회를 조직했다. 창립 초기에는 어떤 돌파구를 찾으리라는 기대와 흥분으로 전 세계의 식물학자, 영양학자, 독성학자, 신경학자, 병리학자, 인류학자들이 한자리에 모여 그간 해온 연구를 발표했다. 소철 씨의 성분 가운데 사이카신은 1950년대에 분리해낸 배당체配糖體인데, 이것이 맹독성 물질이라는 보고가 나왔다. 다량의 사이카신은 급성간부전을 일으켜 죽음에 이르게 할 수 있으며, 소량은 간에서는 견디더라도 나중에 각종 암을 일으킬 수 있다. 사이카신은 성인의 신경세포에는 유독하지 않은 것으로 보였지만 이후에 가장 강력한 발암물질의 하나로 밝혀졌다.

소철 씨에서 또 하나의 성분이 분리되자 다시 한번 흥분이 일었다. 이 물질은 베타-N-메틸아미노-L-알라닌BMAA으로, 신경독을 야기하는 아미노산인 베타-N-옥살릴아미노-L-알라닌BOAA과 구조가 아주 비슷하며, 신경 중독으로 인한 마비를 유발하는 것으로 밝혀졌다. 그렇다면 BMAA가 리티코-보딕의 원인일까? 이를 알아내기 위한 동물 실험이 수차례 이루어졌지만, 리티코-보딕과 비슷한 병에 걸린 동물은 한 마리도 없었다고, 존이 말했다.

그사이에 한 유행병에 관해서 두 가지 발견이 더 이루어졌다. 뉴기니 동부(파푸아뉴기니)에서 발생한 치명적인 중추신경계 질환인 쿠루의 원인을 연구해온 칼턴 가이두섹(이 연구로 나중에 노벨상을 받았다)이, 1962년에 서뉴기니의 남부 해안 평원에 사는 아우유족과 자카이족 사람들에게서 리티코-보딕 같은 풍토병을 발견한 것이다.[74] 이는 실로 '뜨거운' 병소病巢였는데, 이 지역에서 10만 명당 1,300명이 이 병에 걸렸고, 그들 가운데 30퍼센트가 30세 미만이었기 때문이다. 비슷한 시기에 일본에서 기무라 기요시와 야세 요시로가 혼슈섬의 기이반도에서 리티코-보딕 같은 병의 제3의 병소를 발견했다.[75] 그러나 이 가운데 어느 지역에서도 소철을 식용하지 않는 것으로 보였다.

이들 새로운 발견과 이 병의 동물 모델을 만들 수 없었던 상황과 더불어 소철 가설의 개연성은 빛을 잃어갔던 것으로 보인다. "소철 옹호자들은 자기들이 찾아낸 거라고 믿었어요." 존이 다소 아쉬운 듯이 말했다. "자기네가 리티코-보딕을 해결한 걸로 알았는데…. 소철 가설이 그렇게 사라진 것은 진짜 큰 손실이었어요. 그걸 대체할 게 아무것도 나오지 않았으니, 일종의 개념적 진공상태가 된 거죠." 1972년에 이르면 컬랜드만이 계속해서 소철 가설의 가능성을 염두에 두고 있었고, 대다수 연구자들은 그것을 죽은 이론으로 여겨 다른 곳으로 관심을 돌렸다.

일본 식당에서의 생선 독 강의

존은 그날 저녁 아가냐에 있는 한 일본 식당을 예약했다. "어마어마한 관광객들 덕분에 여기서 세계 최고의 일본 음식을 먹을 수 있답니다. 물론 일본 본토는 제외하고요." 존이 말했다. 자리를 잡고 방대하고도 이국적인 차림표를 보는데, 복어에 눈길이 갔다. 차림표에 있는 다른 요리들보다도 열 배는 비쌌다.

"생각도 마세요!" 존이 완강하게 말했다. "중독될 확률이 200분의 1이에요. 요리사들은 고도로 훈련된 이들이지만 어쩌다가 실수해서 껍질이나 내장에 독이 아주 조금 남아 있을 수도 있는 거죠. 사람들은 이걸로 생사를 건 도박을 즐기는데, 죽고 싶다면 그보다 좋은 방법이 얼마든지 있어요. 테트로도톡신이요? 끔찍한 방법이라고요!"

존은 이 주제로 계속 열을 올리면서 괌에서 가장 흔한 해산물 중독의 형태인 시구아테라 중독 이야기를 했다. "여기서 얼마나 흔하면 그냥 '생선독'이라고만 부르겠어요." 시구아톡신은 산호들 사이 좁은 통로에서 자라는 해조류에 붙어 사는, 쌍편모충(감비에르디스쿠스 톡시쿠스)이라고 하는 미세한 원생동물이 만들어내는 강력한 신경독이다. 시구아톡신은 어류한테는 해롭지 않지만—어류는 오히려 이걸 먹으면 더 잘 자라는 것 같다—포유류에게는 매우 위험하며, 사람에게도 그렇다고 한다. 존은 이 방면에 전문가다. "20년 전에 마셜제도에서 일할 때 처음 봤어요. 열네 살 먹은 남자아이가 어떤 농어를 먹더니 전신이 마비되고 호흡기까지 마비되더라고요. 이 시구아톡신이 든 물고기가 쉰다섯 종이나 있어요. 어부라고 해서 어떤 물고기에 독이 들어 있는지 알아낼 방법도 없고, 어떤 식으로 다듬거나 조리한다 해도 이 독의 활동력을 죽일 방법은 없다고요."

그는 또 말했다. "언젠가는 이것과 비슷한 어떤 생선독이 리티코를 유발하는 것이 아닌가 하는 의문도 제기되었어요. 하지만 근거는 전혀 찾을 수가 없었지요."

내가 하루 종일 맛난 생선회를 먹겠다고 부풀어 있었던 걸 생각하니 등줄기가 오싹해졌다. "저는 치킨 데리야키로 하지요. 아보카도 말이도 하나 할까요? 생선은 건너뜀니다." 내가 말했다.

"잘 생각하셨어요." 존이 말했다. "저도 같은 걸로 할게요."

괌에는 새가 없다

막 먹기 시작하려는데 전기가 나갔다. "또야?" 식당 안이 웅성거렸고 웨이터들이 재빨리 양초를 가져다가 불을 붙였다. "정전 대비가 철저한 것 같군요." 내가 말했다.

"당연하죠." 존이 말했다. "노상 그러거든요. 뱀들이 하는 짓이랍니다."

"뭐라고요?" 내가 잘못 들은 건가? 이 친구가 정신이 나간 건가? 나는 화들짝 놀라 순간적으로 존이 무슨 독 있는 생선을 먹고 헛소리를 하는 건가 생각했다.

"웃기죠? 이 갈색나무뱀이 수백만 마리나 있어요. 섬 전체가 이놈들로 뒤덮였죠. 이놈들이 전신주를 타고 변전소로 들어가 환기 통로를 통해 변압기 속으로 들어가서는, 팟! 또 정전이죠. 그렇게 해서 정전이 하루에만 두세 번이니, 대비 안 할 수가 없죠. 우린 그걸 "뱀정전"이라고 부른다니까요. 물론 실제로 몇 번이나 일어나느냐는 예측 불허이긴 해요."

"잠은 어떻게, 잘 주무시나요?" 존이 뜬금없이 물었다.

"잘 자는 편이에요." 내가 답했다. "평소보다 잘 자요. 집에서는 새벽에 새 우는 소리에 깨거든요."

"여기선요?" 존이 제꺼덕 물었다.

"말씀을 하셨으니 얘긴데 새벽에 새 우는 소리가 통 없더라고요. 다른 시간대에도 그렇고요. 이상하네…. 선생이 묻기 전까지는 생각도 못하고 있었네요."

"괌에는 새 울음소리가 없어요. 소리 없는 섬입니다." 존이 말했다. "전에는 새가 참 많았는데 지금은 다 없어졌어요. 단 한 마리도 안 남았어요. 저 나무 타는 놈들한테 다 잡아먹혔어요." 존이 워낙 장난기 넘치는 사람인지라 이 소리를 곧이곧대로 믿어야 할지 어쩔지 알 수 없었다. 그러나 그날 저녁 호텔로 돌아와서는 내가 믿어 마지않는

《미크로네시아 길잡이》를 꺼내 존이 한 말이 전부 사실임을 확인했다. 갈색나무뱀은 제2차 세계대전이 끝날 무렵 어떤 군함에 실려 괌으로 들어왔고, 이곳 토종 동물군 사이에는 천적이 거의 없어 순식간에 증식했다. 책에 나온 소개를 보니 이 뱀은 야행성이고 긴 것은 길이가 1.8미터까지 되지만 "독니가 턱 안 깊숙이 들어가 있어 성인에게는 위험하지 않다"고 되어 있었다. 하지만 각종 작은 포유류와 조류, 알을 먹이로 삼는데 이것이 괌에서, 여기에만 사는 몇 종을 포함하여, 모든 새가 멸종된 원인이었다. 그나마 남아 있는 괌과일먹이박쥐도 지금은 사라질 위기에 처해 있다. 정전은 해마다 수백만 달러의 손실을 끼치고 있다고 한다.[76]

괌의 국가대표 고사리

다음 날 아침 나는 괌의 밀림에서 자라는 양치류 식물을 찾아보기로 약속을 잡았다. 식물학자 린 롤러슨에 대해서는 뉴욕에 있는 미국양치류학회 친구들에게 이야기를 들은 적이 있었다. 린과 또 다른 동료 애그니스 라인하트는 괌대학 식물표본관에서 일하며, 무엇보다도 《마리아나제도의 양치류와 난Ferns and Orchids of the Mariana Islands》(한 양치류 식물의 일생을 묘사한 이 책의 머릿그림은 알마가 그린 것이다)이라는 반가운 책을 출판했다. 나는 린을 대학에서 만났고, 날이 널찍한 벌채용 칼을 들고 나타난 린의 제자 알렉스도 함께 밀림을 향해 떠났다. 알렉스는 이 지역의 산림이 얼마나 울창한지 말해주었다. "아무리 방향 감각을 타고난 사람이라도 길을 완전히 잃을 수 있어요." 알렉스가 말했다. "5미터만 들어가도 얼마나 빽빽한지 갈피를 못 잡으실 겁니다."

밀림으로 들어가는 길부터 아주 큰 연녹빛 줄고사리의 대양이었다. 수백, 수천 줄기가 꼿꼿하게 우리 눈이 닿는 데까지 솟아 있었다.

적어도 우리가 본 넉줄고사리는 흔히 보는 소박한 줄고사리가 아니라 큰 것은 길이가 3미터나 되는 어마어마한 크기의 갈래잎이 달린, 마리아나제도의 고유종이다. 이 고사리의 바다를 헤치고 나가니 커다란 판다누스와 벤자민고무나무(속칭 무화과)가 머리 위로 닫집(궁전의 옥좌 위에 만들어서 달아놓는 집 모형—옮긴이)을 친 것처럼 우거진 밀림이 나왔다. 내가 여태껏 보아왔던 어떤 숲보다도 울창하고 푸르러서, 나무 한 그루마다 온갖 착생식물로 뒤덮여 있고 한 움큼의 흙만 있어도 초목이 서 있었다. 알렉스는 우리보다 몇 발짝 앞서 걸으면서 벌채 칼로 길을 터주었다. 커다란 새둥지고사리—차모로 사람들은 이걸 갈락이라고 부른다고 알렉스가 알려주었다—가 있었고 좀 더 작은 '새둥지고사리'가 있었는데, 생긴 것만 보면 친척일 것 같지만 사실은 속이 다른 미역고사리속으로 마리아나 고유종이라고 린이 말해주었다.

레이스 같은 세모꼴 갈래잎의 넉줄고사리, 바소 같은 잎으로 판다누스의 몸통을 덮고 있는 석위고사리, 도처에 매달려 있는 것 같고 은은하게 빛나는 일엽아재비속 등등 온갖 모양과 크기의 양치류를 볼 수 있어서 무척 기뻤다. 대기가 축축한 보호 구역에서 차꼬리고사리를 보았을 때는 특히 신이 났는데 우아하고 아름다워서만이 아니라 새퍼드가, 그답지 않게, 괌에는 차꼬리고사리가 없다고 기술하는 실수를 저질렀음을 알아냈기 때문이었다(사실은 세 종이 있다고, 린이 말해주었다). 우리는 우연히 희귀한 나도고사리삼속 식물과 마주쳤는데, 이 커다란 다시마고사리삼의 즙 많은 이파리들이 어떤 나무 몸통에 붙어 가닥 가닥 갈래진 채 잔잔히 물결치고 있었다.[77] 나로서는 처음 보는 종이었고, 린마저도 이 종을 처음 발견했다고 즐거워했다. 우리는 그 옆에 서서 사진을 찍었다. 자기 손으로 청새치라든가 호랑이를 잡은 사람이 사신의 포획물 옆에 서서 기념 촬영하는 자세로 말이다. 하지만 우리는 이 식물을 괴롭히지 않으려고 조심했다. 우리가 들어온 이 길이 며칠이면 다시 뒤덮여버릴 거라고 생각하니 마음이 놓였다.

"여기 한 종이 더 있어요." 린이 말했다. "꼭 보셔야 할걸요. 요 녀석 좀 보세요. 이파리 모양이 두 가지예요. 갈래가 진 놈들은 번식력이 있고, 창처럼 뾰족뾰족한 놈들은 불임이에요. 이름은 후마타 헤테로 라(넉줄고사리과)인데 괌 최초의 식물 탐사대가 1790년에 발견했던 우마탁 마을의 이름을 딴 거예요. 괌의 국가대표 고사리라고 보시면 돼요."

헤수스의 공놀이

존과 나는 오후에 왕진을 몇 집 더 갔다. 우리는 요나 마을로 차를 몰아 첫 번째로 나온 집에서 멈췄다. 존의 환자 헤수스가 현관에 앉아 있었다. 보딕 때문에 이제는 전신이 거의 돌처럼 굳어버린 그는 하루 종일 여기 나와 앉아 있는 것을 제일 좋아한다고 한다. 헤수스를 보고 '만-만'—차모로어로 허공을 멍하니 노려보는 상태를 가리키는 말이다—이라고 하지만, 이것은 멍한 눈빛, 허공을 응시하는 눈빛이 아니라, 길가에 뛰노는 아이들을, 이따금씩 지나다니는 자동차와 수레를, 매일 아침 출근했다가 날 저물면 돌아오는 이웃 사람들을 고통스러울 정도로 동경하는 눈빛이다. 헤수스는 (드물게 바람이 세거나 비가 퍼붓는 날을 제외하고는) 해 뜰 때부터 한밤중까지 이 자리에 거북이처럼 눈도 깜빡이지 않고 꼼짝 않고 앉아 넋을 빼앗긴 구경꾼이 되어, 이제는 함께하고 싶어도 할 수 없는, 눈앞에서 끊임없이 달라지는 삶의 장면 장면을 하염없이 바라만 보는 것이다.[78] 입센이 말년에 뇌졸중으로 쓰러진 뒤 실어증이 오고 반신불수가 되어 더는 밖에 나가지도, 글을 쓸 수도, 말을 할 수도 없었다는 이야기를 읽은 기억이 났다. 그러나 그는 항구와 길거리, 활기 넘치는 도시의 모습을 볼 수 있도록 방의 키 큰 창가에 서 있게 해달라고 한사코 고집을 부렸다. "나는 다 보여." 그는 몇 년 전에 한 젊은 동료에게 더듬더듬 이렇게 말했는데 다른 능력은 다 잃었어도 보고자 하는 열정, 구경꾼이 되고자 하는 열정은 그대로 살아 있었던 것이다. 나는 여기 현관에 앉아 있는 헤수스 할아버지도 그럴 것이라고 생각했다.

존과 내가 인사하자 헤수스는 높낮이 없이 밋밋하고 작은 목소리로 대답했지만, 그의 말은 정확하고 상세했다. 그는 1913년에 아가냐에서 태어났는데 그 시절에는 정말 쾌적하고 고요한 곳이었다는 이야기("지금하고는 달랐어요. 전쟁이 나고는 완전히 변해버렸죠"), 여덟 살 때 부모님과 우마탁으로 이사 왔고 그 뒤로는 평생 낚시와 농사일에만 매달려 살았다는 이야기를 해주었다. 아내 이야기도 했다. 일본인 피와 차모로인 피가 절반씩 섞였던 아내는 보딕을 앓다가 15년 전에 죽었다. 아내 쪽에 리티코나 보딕을 앓은 친척이 많았지만 자녀와 손자 중에는 다행히도 그런 병에 걸린 아이가 없다.

헤수스는 하루 종일 말 한마디 하지 않고 지낼 때가 많다고 했다. 그렇지만 일단 대화할 기회만 생기면 말하는 데는 문제가 없었고 심지어는 달변이라고 했다. 가만 보니 헤수스는 우리가 뭔가 물어주기를 기다리는 눈치였다. 그는 우리가 물으면 대답은 제꺽제꺽 했지만 먼저 말문을 떼지는 못했다. 몸을 움직이는 것도 비슷했다. 어떤 일이 생기거나 누군가 움직이라고 요구하지 않는 한 몇 시간씩 꼼짝도 않고 앉아 있다. 내 뇌염후 환자들도 말이건 움직임이건 누군가 다른 사람이 먼저 시켜주지 않으면 할 수 없었다. 나는 공책을 한 장 뜯어 똘똘 뭉쳐서 공처럼 만든 다음 헤수스에게 던졌다. 그는 내내 앉아 있었고 보기에도 움직이지 못하는 것 같았는데, 갑자기 팔을 번개처럼 뻗더니 종이공을 정확하게 잡아냈다. 옆에 서 있던 어린 손자들 가운데 하나가 놀라 눈이 휘둥그레졌다. 나는 계속 공놀이를 하다가 헤수스에게 공을 손자에게 던지라고, 또 다른 손자에게, 또 다른 손자에게 던지라고 했다. 금세 전 가족이 공놀이에 매달렸는데, 운동불능이던 헤수스가 더는 운동불능이 아니라 이 놀이를 주도하고 있었다. 아이들은 혼자서 움직일 수 없다고만 알았던 '마비된' 할아버지가 공을 붙잡고, 정확하게 조준해서, 온갖 자세와 온갖 방향으로 던지고, 속임수 동작까지 쓰면서 펄펄 날고 있는 것을 실감하지 못했다.

손자들에게는 놀라운 발견이었고, 나는 이것이 앞으로 그와 손자들의 관계를 변화시킬 거라고 생각했다. 그러나 이 '시켜야 움직이는' 경향은 마을의 노인 친구들 사이에서는 익숙한 것이었다. 그는 일주일에 한 번 노인정에 나갔는데 그럴 때면 친구들이 그를 일으켜 세워(그는 "시체처럼"이라고 말했다) 차에 태워줘야 했다. 하지만 노인정에 도착해서 일단 자리에 앉혀지고 나면 카드놀이에 빠르고도 맹렬하게 임할 수 있었다. 헤수스는 놀이를 먼저 개시할 수는 없지만—이 역할은 누군가 해줘야 한다—일단 패를 돌리고 나면 갑자기 생기를 되찾아 다른 카드를 집어 들고, 그러고는 놀이가 시작된다는 것이다. 우마탁, 메리조, 데데도, 산타리타 사람들에게 파킨슨증에 대한 과학적 지식은 없을지 몰라도, 수년 동안 가까운 사람들의 보덕을 곁에서 관찰해온 경험을 바탕으로 하는 민간 신경학, 일상적 지식은 대단한 경지였다. 그들은 꼼짝 못 하고 굳어 있는 환자에게 어떻게 말을 시키거나 선동작을 취하면 그 굳은 상태에서 풀려나는지를 아주 잘 알았다. 그러려면 환자와 함께 움직여주거나 신나게 쿵짝거리는 음악을 틀어주거나 해야 한다. 그들은 파킨슨증 환자를 걷게 하는 데 바닥이나 땅의 무늬가 어떻게 도움이 되는지, 환자가 평평한 바닥은 걷지 못하지만 복잡한 장애물이 있거나 울퉁불퉁한 땅에서는 얼마나 능숙하게 걷는지, 평소에는 말이든 동작이든 불가능하게만 보이던 환자가 음악과 춤에는 얼마나 아름답게 반응하는지를 너무도 잘 알았다.

그리고 증상은 아주 뒤늦게 찾아온다

하지만 리티코-보딕을 일으키는 것은 무엇이었을까? 뭐가 왔다가 간 걸까? 1970년대 초 소철 가설이 무너지고 난 뒤로 일종의 개념적 진공 상태가 있었다고 존이 말한 바 있다. 이 병은 차모로인들을 계속해서 공격했고, 환자들은 치료가 가능할 때면 치료를 받았다. 그러나 리티코-보딕 연구는 한동안 적어도 괌에서는 현저한 소강 상태였다.

하지만 1970년대에 한 가지 아주 중요한 발견이 있었다. 병리학자 프랭크 앤더슨과 천렁이 차모로인 200명을 대상으로 부검을 실시했다. 200명 중에는 교통사고로 갑자기 죽은 사람이 많았다(아가냐는 제2차 세계대전 전까지만 해도 교통의 흐름이 느긋한 작은 도시였다. 뿔이 커다란 물소가 끄는 수레들이 물넘이가 잦은 흙길에 바퀴 자국을 남기며 돌아다니는 것이 일상적인 풍경이었다. 그러나 전쟁이 끝나면서 인구가 급증했는데, 특히 미군의 주둔으로 자동차와 고속도로가 등장하자 그렇게 빠른 속도에 전혀 익숙지 않았던 차모로인들이 교통사고로 사망하는 사례가 급증한 것이다). 이때 부검받은 사람들 중에서 신경질환 증후는 전혀 나오지 않았지만, 그 가운데 1940년 이전 출생자 70퍼센트의 신경계에서 히라노 아사오가 리티코-보딕 환자들에게서 발견했던 신경섬유 엉킴과 흡사한 병리학적 변화가 있었음이 확인되었다. 1940년대 출생자들한테서는 이 신경섬유 엉킴이 급격히 줄었고, 1952년 이후 출생자들에게서는 한 건도 나타나지 않았다. 이 범상치 않은 연구 결과는 어느 한 시기의 차모로인들에게는 리티코-보딕 인자가—명백한 신경질환 증후로 발전한 사람은 소수뿐이었을지라도—거의 보편적으로 존재했을 수도 있음을 보여준다. 이 연구 결과는 또한 이 병에 걸릴 확률이 현재는 크게 감소되었음을 보여준다. 환자가 계속 생겨나고는 있지만, 이 사람들은 아마도 오래전에 이 병에 걸렸고 이제야 증상이 나타나는 경우일 것이다. "지금 우리가 보는 건 말입니다"—존은 이 점을 강조하고 싶은지 여기서 운전대를 한 번 쾅 쳤다—"오래전에 발생한 어떤 것의 만발晩發 효과인 거죠."[79]

가이두섹의 쾌거

신경학자이자 낚시광인 야세 요시로는 기이반도에서 새로 확인된 질병을 연구하러 그곳에 갔을 때 그 지역 강에서는 물고기가 거의 잡히지 않는다는 소리를 들었다. 미나마타의 비극이 아직까지 기억에 생생한 그는 곧장 강물을 분석했다. 감염원이나 독소는 없었지만 칼슘과 마그네슘 함량이 이상하게 낮았다. 이것이 이 병의 원인일 수 있을까?

가이두섹은 야세 요시로의 연구 결과에 마음이 끌렸다. 아우유 부족과 자카이 부족 마을 일대의 철과 보크사이트 함량이 높은 적토를 보고 깊은 인상을 받은 터라 더욱더 그랬다. 1974년 이들 마을을 다시 찾은 그는—서뉴기니는 고산지대에 자리한 이리안자야가 되어 있었다—마을 사람들이 적토에서 끌어 올린 얕은 우물물을 검사하여 철분, 알루미늄 그 밖의 금속 함량은 높지만 칼슘과 마그네슘 함량은 유독 낮다는 사실을 알아냈다.

이 시기에 컬랜드는 다른 연구를 위해서 메이요클리닉으로 옮겼지만, 소철 가설은 유효하나 다만 증명하지 못한 것뿐이라는 생각에는 변함이 없었다. 그의 미국 국립보건원 원장직은 가이두섹이 이어받았는데, 그는 서태평양 지역 병의 원인이 광물질이라는 이야기에 끌리고 있던 참이었다. 가이두섹은 야세 요시로를 불러 괌의 우물물을 함께 연구한 끝에 이 물 또한 칼슘과 마그네슘 함량이 낮다는 사실을 알아냈다. 이 세 건의 우연의 일치가 결정적인 것으로 보였다.

서뉴기니 문제와 괌의 신경위축성경화증과 파킨슨병 문제, 일본의 기이 반도 문제를 비교하지 않기는 어렵다(라고 가이두섹은 썼다). 그리고 차모로인이 아닌 인구 집단에서 파킨슨증과 운동신경 관련 증후가 밀접한 관계를 보인다는 사실은 두 증후군이 밀접한 관련이 있음을 부인하는 대부분의 의문을 떨쳐버릴 뿐만 아니라 어떤 알려지지 않은 환경 요인이 병인으로 작용함을 시사한다.

그 알려지지 않은 환경 요인은 식수에 칼슘과 마그네슘 수치가 낮다는 사실이고, 그것이 신경계에 어떤 영향을 미치는 것처럼 보였다. 그는 이 낮은 수치가 부갑상샘에 일련의 보상작용으로 칼슘과 알루미늄, 망간 이온을 과잉 흡수하게 만드는 것일 수 있다고 보았다. 신경계에 이런 물질이 침착하여, 리티코-보딕 환자들에게서 나타나는, 때 이른 신경 노화와 죽음이 야기되는 것일 수 있다는 이야기다.

존은 1983년에 가이두섹 연구팀에 합류하여 이 병의 수수께끼를 풀고 싶어 했다. 그러나 가이두섹은 너무 늦었다고, 리티코-보딕의 원인은 입증되었으며 어쨌거나 이제는 칼슘 흡수가 높은 서구적 식생활로 바뀌면서 이 병이 거의 사라졌다고, 이제 할 일도 얼마 없어 연구팀도 머잖아 철수할 것이라고 답했다. 존은 가이두섹의 말투가 너무 위압적이어서 놀랐고, 그와 함께 일해보고 싶었기 때문에 실망이 컸다고 한다. 존은 그래도 괌으로 가기로 했다. 연구자가 아니라 오로지 의사로서, 환자들을 돌보기 위해서.

그러나 존은 괌에 온 바로 다음 날 짐머먼이 거의 40년 전에 겪었던 것과 비슷한 것을 경험했다. 아가냐 해군병원에서 일하던 짐머먼은 진료를 시작한 첫날 10여 명의 리티코-보딕 환자를 보았다. 그리고 한 사람은 핵상신경마비(좌우로는 볼 수 있지만 위아래로는 볼 수 없는 복잡한 응시장애)도 앓고 있었다. 리티코-보딕에서는 이 증세가 한 번도 보고된 적이 없었지만, 이것은 거의 20년 전 존이 토론토의 동료들과 함께 다루었던 그 증후군의 특징이었다. 존은 이것을 보고 리티코-보딕이 멸종되지도 포괄적으로 보고되지도 않았으며, 더 연구할 시간과 기회가 남아 있다고 믿게 되었다.

괌에는 해군기지에 훌륭한 의료 시설이 있지만 외딴 마을로 가면 기본적인 치료조차 제대로 받을 수 없고 신경과는 가뭄에 콩 나듯 있다. 신경의는 천쿠앙밍 박사 딱 한 명으로, 이 한 명이 차모로인 5만 명과 다른 주민 10만 명을 돌보고 있다. 천은 존에게 리티코-보딕을 앓는 차모로인이 몇백 명이나 있을뿐더러 새 환자들도 계속 생겨나고 있다고 했다. 한 해에 수십 명은 되는데 전형적인 리티코나 보딕과는 다른 형태로 나타나며 핵상신경마비를 앓는 환자가 좋은 예라고 했다.

존은 노령 환자, 그중에서도 여성 환자가 늘고 있다고 느꼈는데, 치매 증세는 없이 심각한 기억력 장애와 기억상실증을 앓는 환자, 파킨슨증 없이 긴장증을 앓는 환자(에스텔라), 파킨슨증 없이 치매를 앓는 환자(에스텔라의 시누이), 홍분장애를 앓는 환자(유프라시아), 그 밖에 아직 보고된 바 없는 새로운 형태의 증후군을 앓는 환자(후안) 등이다.

존은 광물질 가설에 홍미를 느끼고 계속 연구해서 좀 더 결정적인 증거를 얻고 싶었다. 그는 오랜 친구이자 토론토 시절 동료인 도널드 크래퍼 매클러클런(일찌기 1973년에 알츠하이머 환자의 뇌에서 알루미늄 수치가 높아졌음을 증명했던 신경학자이자 화학자)을 괌으로 불러 괌 대학의 동료들과 팀을 짜서 우마탁의 토양 표본과 괌 55개 지역의 토양 표본을 비교했고 섬 전역의 우물물 표본에서 광물질 함량을 재조사했다.

그들이 얻은 결과는 놀랍게도 가이두섹과 야세 요시로의 결론과 너무나도 달랐다. 초기 연구자들이 칼슘 수치가 낮다고 보고했던 우마탁의 피가 샘 딱 한 군데만이 오히려 예외로 보였다. 모든 다른 수원水源과 토양은 전부 칼슘 수치가 높게 나왔는데, 이는 석회암으로 된 섬에서나 나올 법한 수치였다. 토양과 거기서 나는 푸성귀를 다시 분석한 결과 칼슘과 마그네슘은 충분한 수치, 알루미늄은 정상 수치로 나왔다. 이는 리티코-보딕의 원인이 광물질 결핍이나 알루미늄 과잉이라는 의견을 (완전히 배제할 수는 없겠지만) 흔들어놓는 결과였다.

존은 대상이 뭐가 되었건 간에 열정적으로 달려드는 기질의 소유자로, 이론이나 생각에 많은 시간과 노력을 쏟는 사람이다. 그는 가이두섹의 직관을 높이 사 그가 제기한 광물질 가설에 많이 치우쳐 있었다. 그리고 자신의 연구로 이 가설을 확인하고 싶어 했으며, 어쩌면 자신의 이름으로 이 질병을 보고할 수 있었으면 했다. 그런데 한순간에 이 모든 것이 무너진 것이다. 그는 컬랜드가 10년 전에 봉착했던 그 지점, 개념적 진공 상태로 돌아왔다.

스펜서, 새로운 독소를 발견하다

그러다 1986년《랜싯》에 실린 한 편지에 눈이 갔는데, 흥미롭게도 소철 가설을 되살리는 내용이었다. 신경독학자 피터 스펜서가 소철씨에서 분리해낸 정제 아미노산 BMAA를 써서 이것이 원숭이에게 사람의 리티코와 유사하다고 볼 수 있는 신경계 증후군을 유발할 수 있음을 밝혀냈다.

스펜서의 이 분야 연구는 1970년대로 거슬러 올라간다. 그는 그 시기에 동료 허브 슘버그와 인도에서 풀완두신경중독을 연구했다. 풀완두를 지속적으로 먹으면 다리에 강직성 마비가 올 수 있다는 이야기는 수 세기 전에 알려졌다. 1960년대에는 그 원인이 신경독 아미노산 BOAA로, 이 물질이 피질 운동신경세포와 아래쪽으로 척수와 이어지는 부분을 손상시킨다는 사실이 밝혀졌다. 스펜서의 새로운 연구는 BOAA가 운동신경 영역에 관여하는 신경전달 물질인 글루타민산염에 반응하는 능력을 높이며, 나아가 글루타민산염의 활동을 흉내 낸다는 사실을 분명하게 밝혀냈다. BOAA의 독성은 글루타민산염 수용세포를 과열 상태로 밀어붙여 과도한 흥분과 극도의 고갈로, 문자 그대로 죽게 만든다. BOAA는 하나의 흥분독소였다(흥분독소는 신조어다). 스펜서는 BOAA와 구조가 너무나 비슷한 BMAA도 흥분독소로 작용하여 리티코와 같은 장애를 일으킬 수 있는가 하는 의문을 제기했다.

1960년대에 동물을 대상으로 그런 장애를 유도하려는 실험이 있었지만, 결과는 결정적이지 않았으며 이 계열의 연구는 중단되었다. 스펜서는 이제 게잡이원숭이를 이용해 BMAA 실험을 거듭하여 8주 뒤에 대뇌피질과 척수의 운동신경 세포 훼손과 관련이 있는 '하나의 퇴행성 운동신경 영역 질환'을 유도하는 데 성공했다.[80] 그는 또한 BMAA에 두 가지 구분되는 효과가 있는 것으로 보인다고 밝혔는데 다량을 투여하면 신경위축성경화증 같은 질환의 진행을 빠르게 만들지만, 소량을 투여하면 상당히 긴 기간이 지난 뒤에 파킨슨증을 야기하는 것으로 보인다는 것이다. 이 이중 작용은 괌병을 연상시킨다.

이러한 결과는 1960년대 소철 가설에 내려졌던 비판, 그러니까 동물 모델이 존재하지 않는다는 비판을 반박하는 것으로 보였다. 이제 스펜서는 소철 가설에 치명타를 날린 것으로 보였던 다른 또 하나의 비판, 즉 기이반도나 이리안자야에서는 가공하지 않은 소철이 의미를 둘 만큼 사용되지 않는다는 비판을 뒤집기 위해 평소의 그답게 정력적으로 작업에 착수했다. 앞서 가이두섹이 했던 것처럼 스펜서도 이리안자야의 밀림 속으로 들어가 원주민들이 소철을 사용하는가를 조사했다. 그가 발견한 것은 여기에도 (괌에 자라는 것과는 다른 종인 것 같기는 하지만) 소철이 있다는 사실과, 그리고 원주민들이 소철을 진정한 약재로 취급하더라는 사실이었다. 기이반도에서도 그는 다친 부위에 소철씨 날것을 습포처럼 덮어 상처를 치료하는 등 그것을 약재로 사용하고 있음을 알아냈다. 실험실과 현지에서 이루어진 이 두 발견으로 15년 전에 버려졌던 소철 가설이 되살아났다.

존은 새로이 제기된 주장과 연구 결과 소식을 듣고는 흥분을 누를 길이 없었다. 모든 것이 완벽하게 맞아떨어지는 것 같았다. 그는 오리건의 스펜서에게 전화를 걸었고, 두 사람은 임상 자료를 논하고 마리아나제도에서 소철과 병이 짝을 이룬 사례를 있는 대로 다 끄집어내면서 몇 시간이고 열띤 대화를 나누곤 했다. 존은 동료 타마라 구즈만과 함께 마리아나제도의 소철 분포와 용도 문제를 다시 전면적으로 검토하기 시작했다. 두 사람은 리티코-보딕이 소철이 풍부한 괌과 로타의 차모로 사람들에게서는 흔히 나타나지만 사이판에서는 리티코-보딕 사례가 보고된 적이 없다는 사실을 발견했다(적어도 지난 70년 동안에는 그랬다. 그 이전에 사이판에 살았던 차모로인들에게 리티코-보딕이 흔히 나타났는지 여부는 밝혀지지 않았다).[81] 그러나 그들은 사이판의 소철 숲이 1914년 일본인들 손에 벌채되어 사탕수수밭으로 개간되었고 이때부터 파딩은 더는 사용되지 않았다는 사실을 짚어냈다. 그리고 리티코-보딕이 발생하지 않은 티니언섬에는 소철 숲은 있지만 차모로인들은 이것을 식용으로 전혀 사용하지 않는다는 사실도 밝혀냈다. 그들은 알려진 어떤 유전자 배열과도 일치하지 않으면서 일가가 병을 앓는 괌의 현상이 가족마다 다른 파당 조리법과 관련이 있을 수도 있다고 주장했다. 어떤 가족은 소철 씨를 밤새 물에 담가두고 어떤 가족은 3주 동안 물에 담가두는가 하면, 바닷물을 쓰는 가족도 있고 민물을 쓰는 가족도 있는 데다, 또 어떤 가족은 분말의 강한 맛이 달아나지 않도록 물에 씻거나 담그는 시간을 단축시킨다. 스틸과 구즈만은 파당을 단 한 번 먹고 20년이 지나서 리티코-보딕에 걸린 사람이 있다는 놀라운 이야기로 논문을 맺었다.

한바탕 일었던 열기가 잠잠해지면서 많은 연구자가 스펜서가 원숭이에게 투여했던 BMAA 양이 철저히 비非생리학적이라고 느끼기 시작했다. 파당 없이는 못 사는 사람이 평생 먹을 수 있는 것보다 많은 양이었다. 가이두섹이 스펜서의 실험을 사람을 대상으로 재현하여 계산했더니 과연 그 피실험자는 12주 동안 가공하지 않은 소철 씨를 1.5톤이나 먹어야 할 것이라는 셈이 나왔다. 그렇다고 이 비판으로 스펜서의 실험이 일거에 무너진 것은 아니다. 독물학 분야의 실험은 일관된 결과를 얻을 확률을 높이기 위해서 초기에 실험 물질을 다량으로 사용하곤 한다. 파당을 만들 때 어떻게 해야 소철 씨의 독소가 제거되는지를 소상히 아는 존이 파당 가루에 실제로 함유된 BMAA의 양을 측정하는 작업을 시작했다. 그는 표본이 나오는 대로 분석 기관으로 보냈고, 놀랍게도 일부 표본에는 BMAA가 거의 없는 것으로 밝혀졌다.

한편 가이두섹 연구팀은 리티코-보딕 동물 모델을 만들기 위해서 원숭이 몇 마리에게 저低 칼슘 고高 알루미늄 식단을 공급했다. 원숭이들은 4년이 지나도록 아무런 증상도 보이지 않았지만 부검 결과 다량의 신경섬유 엉킴과 신경축 전체에 걸쳐 운동신경세포가 퇴행한 흔적이 나왔다. 이러한 변화는 리티코-보딕의 증후 또는 앤더슨과 천이 기술했던 잠복기 증후와 흡사한 것으로 보이며, 또한 칼슘 결핍이 더 오래 지속되거나 금속의 독성 함량이 더 높아지면 뚜렷한 임상 질환으로 발전할 수 있다는 예측이 나왔다. 존은 1983년에 가이두섹으로부터 괌에서 리티코-보딕이 거의 사라졌다는 이야기를 들었지만 연구를 멈추지 않았고, 1993년에는 이리안자야에서 이 병이 여전히 현저하게 빈번히 발생하고 있다는 사실을 알아냈다. 그는 동료들과 알루미늄의 신경독성이 리티코-보딕과 그 밖의 다양한 질환의 원인인지 계속해서 지켜보았다.

스펜서 쪽을 보자면, 그는 BMAA로 신경 장애를 유도하는 실험의 성공에 크게 흥분했지만 곧 몇 가지 문제점에 봉착했다. 원숭이들한테서 나타난 장애는 투약 양과 관계가 있고 즉각적으로 발병한 데다 급성에 비진행성이었다(이런 면에서는 소의 소철신경장애와 비슷했다). 반면에 사람의 리티코-보딕은 많은 사례에서 명백하게 나타났듯이, 잠복기가 굉장히 길지만 일단 증상이 나타났다 하면 거의 예외 없이 진행성이었다. 이에 스펜서는 궁리했다. BMAA 이외에 오랜 기간 명확한 장애를 일으키지 않는 또 하나의 인자가 개입되었을 가능성이 있는가? 가이두섹은 느림보 바이러스를 밝혀냈는데 이와 비슷하게 느림보 독소가 있을 수는 없는가? 그렇지만 이 단계에서는 그런 독소가 어떻게 작용하는지, 이 생각을 어떻게 증명할 것인지, 전혀 알지 못했다.

그는 가이두섹이라면 느림보 독소라는 발상에 공감해줄 것이라고 기대했을지도 모르겠다. 그러나 가이두섹은 〈소철 독성은 괌, 일본 기이반도 혹은 서뉴기니에서 발생 빈도가 높은 신경위축성경화증/파킨슨증-치매의 원인이 아니다〉라는 엄격한 제목의 논문을 통해 그런 가설은 첫째로 불필요하고, 둘째로 선례가 없으며, 셋째로 증거가 없으며, 넷째로 불가능하다는 내용으로 격하게 반대 주장을 펼쳤다.

해당 신경독소에 대한 노출이 끝나고 몇 년이 지나서야 포착이 가능해지는 치명적인 중추신경계 질환, 신경 증상과 증후를 일으키는 것으로 증명된 신경독소는 없다. 분명히 말하건대, 우리는 해당 물질에 마지막으로 노출된 지 몇 년이 지나서 그 어떤 기관에든 진행성 손상을 일으키는 그 어떤 독소의 사례도 보지 못했다. … 이렇게 장기간 지연되는 유형을 발생시키는 것은 과민성 장애, 느림보 바이러스 감염 질환, 유전적으로 시한이 정해진 장애뿐이다.

스펜서는 이에 굴하지 않고 가이두섹의 말을 도전으로 받아들였으며, 여전히 자신의 사명은 지금까지 의학계에서 인식되지 않은 새로운 종류의 독소와 그것의 작용 원리를 찾는 것이라고 여겼다. 1960년대와 1970년대에는 발암 문제에 세간의 이목이 집중되었는데, 일부 경우에는 방사능물질이 되었건 독소가 되었건 바이러스가 되었건 그 물질에 처음 노출된 뒤로 몇 년 뒤에 암이 발생하기도 했다. 컬랜드가 처음 조직했던 소철학회에서는 사이카신이 강력한 발암물질이며 간암과 대장과 신장 기형을 유발할 수 있다는 가설을 입증한 바 있다. 그뿐만 아니라 실험용 새끼 쥐에게 사이카신 함량이 높은 먹이를 먹이면 소뇌에서 분열 중인 푸르키니에세포가 기이한 다핵세포 형태로 변형되며 이소성異所性 '둥지(세포의 모임—옮긴이)'가 만들어진다는 실험 결과가 발표되었으며, 사람 리티코-보딕 사례 중에서도 일부 그러한 결과가 나왔음이 보고되었다.

스펜서는 궁금했다. 그렇다면 사이카신이 더는 분열 능력이 없는 성인의 신경세포에는 어떤 영향을 미칠 수 있는가? 그와 글렌 키스비는 최근에 사이카신(혹은 그 성분인 MAM, 즉 메타족시-메타놀)이 신경세포 안에서 DNA와 안정된 화합물을 형성할 수 있다고 주장했다(이러한 첨가 형성 반응은 체내 다른 곳에서도 사이카신이 일으키는 발암과 기형 발생 효과의 기초가 되는 것으로 보인다). 스펜서는 신경세포의 이 돌연변이 DNA가 미묘하지만 집요하게 신진대사 기능을 쇠약하게 만들며, 그러다 신경세포가 결국에는 자기의 신경전달물질, 자기의 글루타민산염에 과민하게 반응하여 그 자체가 하나의 흥분독소로 작용할 수 있다고 생각한다. 이쯤 되면 어떠한 외부의 매개체가 없더라도 신경계에 엄청난 재앙이 일어날 수 있는데, 이렇게 병적으로 민감해진 상태에서는 정상적인 신경 기능마저도 신경전달물질의 수용체 세포를 지나치게 흥분시킴으로써 자멸의 길로 밀어붙이기 때문이다.

10년 전에는 이러한 독소 유전자 개념이 기이하게 들렸지만 지금은 아니며, 스펜서와 키스비는 사이카신에 노출된 세포조직 배양액에서 DNA에 변화가 일어나는 것을 관찰해냈는데, 이는 그러한 작용이 리티코-보딕에서도 일어날 수 있음을 시사한다. 그런 독소 유전자가 영향을 미친 신경세포에서는 실제로 유전자 특징에 변화가 일어나, 요컨대 유전자를 바탕으로 한 형태의 과민성 장애를 유발한다.

사이카신이 성인의 신경세포에 미칠 수 있는 효과를 연구하던 스펜서는 차모로 부족의 전통 조제법으로 만든 소철 가루를 새로이 분석하여 (존이 앞서 보고했던 내용과는 반대로) 꽘 표본에는 사실 주목할 만한 분량의 BMAA와 사이카신이 들어 있다는 것을 발견했다. 사이카신 수치가 가장 높은 것은 리티코-보딕 발병률이 가장 높은 마을에서 온 표본이어서 사이카신 독성 가설에 강력한 정황적 근거가 되어주었다.[82]

또 다른 가능성—유전자 가설

존은 아주 생동감 넘치는 이야기꾼인데 이 이야기—과학적 오디

세이일 뿐만 아니라 존 자신의 열렬한 희망과 실망이 담긴 이야기—를 해줄 때는 흥분을 억누르지 못하는 듯했다. 그는 컬랜드나 가이두섹과의 관계가 예의 바른 것이었다면 스펜서와의 관계는 열정에 넘쳤다고 말한다. 그러나 1990년에 소철 가설을 포기했을 때는 (4년 전에 광물질 가설을 포기했을 때처럼) 사무치는 소외감에 사로잡혔다. 모두에게 변절자로 낙인찍혀 따돌림을 당한 것이다. 1990년대 초, 그는 바이러스 가설을 궁리했다(우리가 처음 만난 1993년에 존이 몰두하고 있던 것이 이 가설이다). 그러나 주치의이자 일반의로서 정이 넘치는 우마탁 공동체에서 살고 일하면서 그는 자신이 진료하는 리티코-보딕 환자들을 전체 가족 혹은 전체 부족의 문제로 생각하게 되었는데, 외적 요인만 갖고는 그러한 발병 양상이 충분히 해명되지 않았기 때문이다. 유전자설을 너무 섣불리 팽개친 것일까? 이 가능성은 컬랜드와 멀더가 처음 검토한 뒤로 수차례 굴곡을 겪었고, 1950년대에 다시 폐기되었다. 이제 고전적인 멘델 유전 양상에 여러 가지 유전자 이상, 그리고 유전자 이상 간의 상호작용과 환경 인자와의 상호작용 등 복잡한 유전 개념이 접맥되었다. 게다가 이제는 분자생물학의 발전으로 초기 연구자들에게는 없었던 기술과 개념을 적용하여 유전 물질을 직접 조사하는 것이 가능해졌다.

존은 인류학자 베레나 케크와 함께 그동안 치료해왔던 모든 환자의 가계도—50년 전까지 거슬러 올라가는 병력을 포함하여 전례 없는 정확도와 충실성을 갖춘 가계도—를 수집하기 시작했다. 가계도를 수집하면 할수록 어쩌면 예닐곱 가지의 유전적 소인이 있다는 확신이 강해졌다. 가족별로 리티코와 보딕의 유형이 달라 보였기 때문이다. 리티코만 걸린 가족이 있는 집이 있는가 하면, 임상 발현이 보딕밖에 없는 집이 있었고, 좀 드물기는 하지만 두 병 다 나타나는 집도 있었다.

그는 리티코와 보딕의 임상 증세들이 유사하다는 점으로 인해서 모두가 오해하게 된 것인지도 모른다고 느끼기 시작했다. 계보상으로 리티코와 보딕은 서로 다른 병으로 보였던 것이다.

최근에 존은 새로운 연구에 착수해 그의 환자 전원의 DNA 표본을 수집하여 유전자 분석 기관에 보냈다. 그는 몇몇 보딕 환자에게 하나의 유전자 표지가 존재함을 시사하는 가결과를 받아보고 신이 났다. 이 표지는 리티코 환자와 정상인의 표본에는 없는 것으로 보였다. 그의 즉각적인 반응은 충만감이었다. "흥분이 다시 밀려오는 느낌이었어요. 1986년 이후로는 그런 감정을 느껴보지 못했거든요. 스펜서의 가설을 듣고 홀딱 빠져버렸을 때였죠." 그러나 그는 돌다리도 두들겨 보고 건너는 심정으로 이 흥분을 가라앉혔다("그게 무슨 의미인지 잘 모르겠어요.") 유전자 표지를 찾는다는 것은 어마어마하게 고되고도 어려운 일이며—헌팅턴무도병의 유전자 표지를 찾아내는 데 부단한 노력과 10년이 넘는 긴 세월이 들었다—게다가 존은 이 가결과가 입증이 될지 어떨지도 확신할 수 없었다.

존과 그의 동료들이 1960년대 초 진행성핵상신경마비의 그림을 그리고, 이것이 희귀병이기는 하나 일반 신경퇴행성 질환을 해명하는 데 하나의 실마리가 될 모범으로 인식한 지 30년이 넘었다. 존은 리티코-보딕과 뇌염후파킨슨증의 임상 증세가 진행성핵상신경마비와 유사한 것은 왜인지 내내 궁금해했다. 그는 핵상신경마비가 일부 리티코-보딕 환자들에게서, 그리고 뇌염후증후군을 앓는 환자들에게서도 이따금씩 발견된다는 사실이 처음부터 지금까지 줄곧 머리에서 떠나지 않았다(최근 뉴욕을 방문한 그는 30년 넘게 핵상신경마비를 앓아온 뇌염후 환자 한 사람을 만나보고 싶어 했다). 하지만 이런 친화성을 어떻게 해석해야 할지까지는 알 수 없었다.

그는 리티코-보딕과 뇌염후파킨슨증, 진행성핵상신경마비에 너무나 특징적으로 나타나는 신경섬유 엉킴이 전형적인 알츠하이머병의 그것과 유사하다는 사실에 호기심을 느껴 밴쿠버의 신경병리학자 패트릭 맥기어와 함께 연구해왔다. 신경섬유 엉킴 그 자체는 염증성 반응이 일어나는 부위와 사실상 똑같다(알츠하이머병에는 다른 특징들도 있지만 가장 눈에 띄는 것은 나머지 세 병에서는 보이지 않는, 이른바 '반점'이다). 엉킴 주위에 나타나는 이런 염증성 반응을 보자 존은 즉각적으로, 그리고 실용적인 차원에서 항염증제가 리티코-보딕 치료에 도움이 될 수 있을까를 생각했다. 알츠하이머병에의 항염증제의 효용에 관한 연구가 이루어지는 것을 보며 존은 이것이 자신의 환자들에게도 도움이 될지, 아니면 그저 치명적인 질병의 진행 속도라도 늦출 수 있을지, 당장이라도 알고 싶었다. 존은 계속해서 나빠지기만 하는 만성 환자들을 나날이 진료하면서 이처럼 치유에 대한 낙관 혹은 희망을 잠깐이라도 품을 수 있었던 경우가 몇 번 없었다. 그리고 그는 풍토병인 리티코-보딕조차 줄어드는 판국에 전형적인 알츠하이머병과 파킨슨병 환자가 꾸준히 늘고 있다는 사실—제2차 세계대전이 일어나기 전까지 괌에서는 있더라도 아주 희귀한 병이었다—을 우려하고 있다.

40년 동안의 숨바꼭질

연구가 시작된 지 40년이 지난 지금, 우리는 가설과 연구의 계보를 대략 넷(혹은 그 이상)—유전자, 소철, 광물질, 바이러스(알마는 프리온에 걸었다)—으로 나눌 수 있을 것 같다. 가설마다 어느 정도는 뒷받침되는 면이 있으나 어느 것도 압도적인 증거는 나오지 않았다.[83] 존은 답은 간단한 어떤 것이 아닐 것이라고, 다른 많은 병이 그렇듯이, 다양한 유전적, 환경적 인자의 영향을 받은 복잡한 결합물이 되리라고

생각한다.[84]

　아니면 다른 어떤 것일지도 모른다고, 존의 동료 연구자 울라 크레이그는 생각한다. "우리가 뭘 찾고 있는 건지 모르겠어요. 존처럼 저역시 있다가 없어진 어떤 바이러스 같은 것이 아닐까 하는 생각은 해요. 즉각적 효과는 없지만 나중에 가서 면역체계의 반응에 따라 작용하는 어떤 돌연변이 바이러스가 아닐까 하고 말이에요. 하지만 잘 모르겠어요. 우리가 뭔가 놓치고 있는 게 아닐까 하는 생각도 들어요. 그래서 젊은 정신이 필요한 거죠. 기존의 것을 새로운 방식으로 보는 눈이요. 누군가가 우리가 묻지 않았던 물음을 물을 수도 있는 거잖아요. 지금 우린 복잡한 무언가를 찾고 있지만, 어쩌면 우리가 보고도 지나쳐버린 어떤 것, 아주 단순한 어떤 것일 수도 있어요."

　"그때, 1940년대와 1950년대엔, 리티코-보딕의 원인을 몇 달이면 찾을 수 있을 거라는 분위기가 팽배했어요. 도널드 멀더가 1953년에 여길 왔을 때는 컬랜드가 도착하는 여섯 주 뒤에는 이미 문제가 해결되었을 거라고 생각했지요. 그 뒤로 45년이 지났는데 지금까지도 완전한 수수께끼죠. 가끔은 이러다 우리가 이걸 못 푸는 게 아닐까 하는 생각도 들어요. 하지만 이제 시간이 다 돼가고 있어요. 어쩌면 우리가 알아내기 전에 이 병이 사라질지도 몰라요. … 이 병이 말이에요, 선생님. 이것이 나의 열정 그리고 나 자신이 되어버렸어요." 그것이 존의 열정이자 존 자신이라면, 컬랜드와 스펜서 그리고 다른 많은 이들에게도 그렇다. 그들을 알고 또 존경하는 내 동료 중 하나는 이렇게 말한다. "괌은 그들에게 빼도 박도 못할 운명이 되어버렸어요. 한번 발을 들여놓으면 절대로 놔주질 않죠."

　이 병은 실제로 사라져가고 있으며, 그 원인을 찾는 연구자들은 날이 갈수록 마음이 쫓기고 속이 타들어간다. 과학에서 동원할 수 있는 수단이란 수단은 다 동원하여 40년이 넘도록 간절히 찾아다녔던 그 원인이, 잡히려는 찰나에 애만 태우고는 끝내 빠져나가는 것인가?

기억하지 못할 테니 만나면 또 반가울 겁니다

"이제 펠리페를 보러 갑니다." 또다시 차에 오르면서 존이 말했다. "선생님도 펠리페를 좋아할 거예요. 사람이 아주 선량해요. 최소 네 가지 형태의 리티코-보딕이 이 양반을 건드렸답니다." 그는 절레절레 고개를 저었다.

펠리페는 평소처럼 집 뒤뜰에 앉아 웃음이 희미하게 밴 얼굴로 정원을 멍하니 바라보고 있었다. 토종 식물이 가득한 아름다운 정원이었고, 뒤뜰 전체가 바나나 나무 그늘에 덮여 있었다. 펠리페는 평생 대부분의 시간을 고기 잡고 농사지으면서 우마탁에서 살았다. 그가 키우는 어린 수탉들은 여남은 마리가 다 깃털이 화려했고 다들 아주 순했다. 이 녀석들이 우는 바람에 진찰이 중단됐는데, 그 소리를 펠리페가 아주 우렁차게, 완벽하게 흉내 냈다(말할 때 목소리가 기어들어가는 것과는 너무 달랐다). 또 진찰을 하려고 하면 우리 위로 홰를 치면서 날아올랐고, 펠리페의 검은 개까지 와서 살갑게 코를 비비고 한 번씩 짖어댔다. 정겹기 그지없는 풍경이었다. 괌 오지 소박한 시골 마을의 소박한 시골 의사….

펠리페가 그동안 살아온 이야기는 심금을 울렸다. 그는 가끔씩 파당을 먹지만("다들 그러는걸요."), 다른 차모로 사람들처럼 전쟁 때 파당을 주식으로 삼지는 않았다. 미 해군 병사로 참전해서 일부 기간을 포츠머스와 버지니아의 기지에서 보냈으며(그래서 영어가 유창하다), 괌을 일본으로부터 빼앗은 부대에 소속되었다. 그는 아가냐 폭격 작전에도 동원됐는데 자기 고향을 자기 손으로 파괴해야 하는 상황이 너무나 참담했다고 했다. 리티코-보딕에 걸린 친구들, 가족 이야기도 심금을 울렸다. "그리고 지금은, 나도 걸렸어요." 그는 자기 연민이나 호들갑의 기미 없이 나직하고 간단하게 말했다. 그는 예순아홉 살이다.

펠리페는 옛날 일은 고스란히 기억하지만 최근 일을 기억하는 능력은 심각하게 좀먹히고 있다. 사실 전날 그의 집에 잠깐 들러 인사를 하고 갔는데 그는 우리가 두 번째 왔다는 것을 전혀 기억하지 못했다. 존이 펠리페에게 자기 이름을 차모로 말로 어떻게 부르는지 (존 스틸은 '후안 룰락'이라고 번역된다고) 말해주자 웃음을 터뜨리면서 따라했지만, 1분도 안 되어 잊어버렸다.

펠리페는 최근 일을 기억하여 단기적 기억에서 영구적 기억으로 전환하는 능력은 없었지만, 다른 인지 능력에는 전혀 문제가 없었다. 언어 구사 능력, 인식력, 판단력은 전부 훌륭했다. 그의 기억력은 10년 정도에 걸쳐 서서히 나빠졌다. 그러다가 근육 소모 증세가 생겼다. 한때는 다부지고 힘에 넘치는 농부다운 손이었다는데, 존이 진찰했을 때는 눈에 띄게 가냘팠다. 마지막 단계로, 두 해 전에 파킨슨증이 시작되었다. 펠리페가 더는 활동적으로 살 수 없어 정원으로 물러난 것도 이때였다. 존이 몇 달 전에 진찰했을 때만 해도 파킨슨증이 몸의 한쪽에만 나타났지만 진행이 빨라져서 지금은 양쪽 모두에서 나타나는데, 떨림은 아주 미미하지만 전신에서 강직 증세가 나타나고 자발적 운동능력이 없다. 지금은 응시마비 증세도 나타나기 시작했음을 존이 알려주었다(리티코-보딕의 네 번째 형태가 진행되고 있음을 보여주는 징후다). 펠리페는 이런 병을 앓으면서도 정중한 행동거지와 성품을 그대로 간직하고 있었으며, 침울한 직관과 유머도 잃지 않았다. 돌아서서 작별 인사를 하려고 보니 펠리페는 한쪽 팔에 한 마리씩, 수탉 두 마리를 얹고 있었다. "곧 또 오세요." 그가 명랑하게 말했다. "선생님을 기억하지 못할 테니, 만나면 또 굉장히 반가울 겁니다.”

우마탁의 묘비 사이를 거닐며

우리는 우마탁으로 돌아와 마을 위 산허리에 있는 오래된 묘지를 찾았다. 이 묘지를 지키는 존의 이웃 베니가 안내를 맡았다. 잡초를 베고, 작은 교회의 집사가 하는 일도 하고, 필요할 때면 무덤 파는 일도 하는 베니는 우마탁에서 리티코-보딕 환자가 가장 많이 나온 집안 사람으로, 컬랜드가 40년 전에 여기 왔을 때 특히 관심 있게 지켜본 세 집안 중에 그의 집안도 있다고, 존이 알려주었다. 사실 베니의 선조 중에 한 사람은 18세기 말에 마을 목사의 망고를 몇 개 훔쳤다가 이 세상에 종말이 찾아올 때까지 자손대대로 치명적인 마비병에 걸려 고통받을 거라는 저주를 받았다. 이것이 우마탁의 전설, 우마탁 사람들이 하는 이야기다.

우리는 베니와 함께 석회석 묘비 사이를 천천히 걸었다. 오래된 비석은 시간에 패고 닳았으며, 최근에 세워진 듯한 비석은 단순한 하얀 십자가 모양에 플라스틱으로 된 동정녀 마리아상이나 고인의 사진으로 장식한 것이 많았다. 생화가 놓인 비석도 보였다. 베니는 길을 안내하면서 묘비석 하나하나를 가리키며 이야기해주었다. “여긴 에르만, 그걸로 떠났어요… 저쪽에 저건 제 사촌이고요… 또 다른 사촌이 여기 이쪽에 누워 있어요. 이건 부부의 비석인데 아내가 그걸로 세상을 떴어요… 맞아요, 전부 리티코-보딕이었어요. 그리고 여기 위쪽에… 우리 누이의 시아버지가 같은 병으로 떠났고… 제 사촌여동생하고 그 부모도 같은 걸로…. 촌장님 누이도 같은 문제였고… 여기도 세상을 떠난 사촌이고요. 네, 여기 사촌여동생이 또 있어요. 후아니타와 그 아이 아빠, 두 사람 다 그랬어요. 또 여긴 시몬 숙부님이신데요, 리티코-보딕으로 세상을 떠난 가족 중에서 가장 연세가 많았어요… 여기도 사촌, 두 달 전에 떠났어요. 여기는 다른 숙부님인데 같은 문제였고, 숙모님도 같은 병이었어요. 숙부님 이름은 잊었어요. 실은 어떤 분인지 잘 몰라요. 알 기회도 없이 돌아가셨거든요."

베니는 계속해서 무덤을 하나하나 안내하며 그의 끝나지 않는 비극을 설명해주었다. 여기는 숙부님, 여기는 사촌 그리고 여기는 그의 아내, 여기는 내 여동생, 여기는 내 남동생…. 그리고 여기, (이 모든 비극의 귀결로, 어쩔 수 없이, 그의 목소리는 넌지시 이렇게 말하는 것 같았는데) 나도 여기, 우마탁 마을, 이 바닷가 묘지에, 우리 가족, 리티코-보딕으로 세상을 떠난 이들 가운데 눕게 될 거라면서. 같은 이름을 수없이 되풀이해서 보다 보니 묘지 전체가 리티코-보딕에 헌납된 것 같은 느낌, 여기 누운 모두가 같은 저주에 묶인 한 가족 혹은 서로 관계가 있는 두세 가족이라는 느낌이 들었다.

비석 사이를 천천히 걸으면서 나는 바닷가에 있던 또 다른 묘지가 생각났다. 마서즈비니어드섬에 갔을 때 방문했던 그곳은 17세기 말로 거슬러 올라가는 아주 오래된 묘지였는데, 그곳의 묘비에서도 같은 이름이 수없이 되풀이되었다. 마서즈비니어드에서는 선천성 청각장애인들의 묘지였고, 여기 우마탁은 리티코-보딕 환자들의 묘지다.

내가 마서즈비니어드를 방문했을 때는 청각장애인이 한 명도 남아 있지 않았는데—1952년에 최후의 청각장애인이 죽었다—이와 함께 200년이 넘도록 이 섬의 역사와 공동체의 한 부분을 차지해왔던 특이한 농아 문화도 끝났고, 고립도 끝났다. 덴마크의 자그마한 색맹섬 푸르도 그랬고, 핀지랩도 그럴 것이며, 괌도 십중팔구 그렇게 될 것이다. 섬의 고립성이라는 특수성이 부여한 잠시의 가능성, 짧은 시간 스치고 지나가는, 기이한 유전자 이상, 유전자의 소용돌이. 그러나 섬은 바깥세상으로 열리고 사람들은 죽거나 다른 종족과 결혼하여 유전적 특성은 희소해지고 그러면서 병도 사라진다. 그처럼 고립된 지역에 발생하는 유전병의 수명은 여섯에서 여덟 세대로, 대략 200년이면 그에 얽힌 기억 그리고 흔적과 함께 그침 없는 시간의 흐름 속으로 사라진다.

로타

고대 식물과의 첫 만남

내가 다섯 살 때 런던의 우리 집 정원은 내 키보다 높이 자란 양치류의 밀림이었다(제2차 세계대전이 시작되자 전쟁 물자로 재배를 장려했던 돼지 감자를 키우느라 전부 뿌리째 뽑아야 했지만). 어머니, 그리고 내가 제일 좋아하던 이모가 식물과 마당 가꾸기를 좋아했던 까닭에 두 사람이 마당에 나란히 앉아 일하다가 한번씩 손을 멈추고 너무나 온화하고 기쁜 얼굴로 갓 나온 갈래잎이나 소용돌이잎을 들여다보는 광경이 내 어릴 적 기억의 한 부분을 차지하고 있다.

우리 어머니의 정신적 지주 가운데 한 사람이었던 마리 스톱스(화석 식물 강사였다가 피임 운동가로 나섰던 인물이다)는 《고대의 식물Ancient Plants》이라는 책을 썼는데, 나는 이 책을 읽으면서 유독 흥분했다.[85] 스톱스가 말하는 식물 삶의 '일곱 단계'를 보면서 내가 처음으로 우리 시대의 식물과 가장 오래된 고대 식물 사이에 수백만 년, 수억 년이라는 아득한 시간이 놓여 있다는 것을 알게 되었기 때문이리라. 스톱스는

"사람의 이성은 막대한 수, 거대한 공간, 혹은 영겁의 시간이라는 의미를 이해할 수 없을 것"이라고 썼다. 그러나 한때 지구에 살았던 (대다수는 멸종한 지 오래된) 어마어마한 범위의 식물을 묘사한 이 책은 그 영겁의 시간이 어떤 것인지를 막연하게나마 처음으로 느끼게 해주었다.[86] 나는 속씨식물 단계는 건너뛰고 곧장 고대 식물—은행속, 소철속, 양치류, 석송류, 속새류 따위—로 넘어가 몇 시간이고 빠져 있곤 했다. 나는 그 이름만으로도 마법에 걸린 것처럼 베네티테스(화석소철식물목), 스페노 레스(설엽목) 따위를 무슨 주문이나 진언眞言인 양 속으로 읊조리곤 했다.

전쟁 때 이모는 체셔에 있는 한 초등학교 교장이었는데 들라미어 숲 깊숙이 자리한 이 학교는 '맑은 공기 학교'라 불렸다. 내게 숲속에서 냇가 축축한 땅에 한두 자 높이로 자라 있는 속새를 처음 보여준 것도 이모였다. 이모는 내게 그 뻣뻣하고 마디진 줄기를 만져보라면서, 이것이 지금 살아 있는 식물 중에서 가장 오래된 것이라고 말해주었다. 그리고 이것의 선조인 노목(칼라미테스)은 숲을 이룬 대나무들처럼 훤칠하고 울창했으며 키가 지금 우리를 에워싼 이 나무들보다 두 배는 컸다고도 했다. 노목속은 거대한 양서류가 원시 늪지를 철벅철벅 헤치고 다니던 수억 년 전에는 지구를 뒤덮었다고 한다. 이모는 거미줄처럼 뒤엉킨 속새의 뿌리며 잎자루마다 기는줄기를 올려 보내는 나긋나긋한 뿌리줄기도 보여주었다.[87]

그러고 나서는 자그마한 석송을 찾아 보여주었다. 비늘처럼 잎으로 덮인 이 식물은 나도히초미라고도 부른다. 이모는 이 식물도 옛날에는 키가 30미터가 넘는 커다란 나무였고, 비늘 덮인 거대한 몸통에 자잘한 이파리가 장식 술처럼 매달려 있었으며, 꼭대기에는 방울열매가 열렸다고 설명해주었다. 나는 밤에 잠들면 이들 속새와 석송 나무들이 거대한 탑처럼 묵묵히 솟아 있는 3억 5000만 년 전의 평화로운 습지, 고생대의 에덴동산을 꿈꾸었다. 그러다 꿈에서 깨어나면 나도 모를 흥분에, 또 상실감에 젖기도 했다.

이런 꿈, 과거를 되찾고자 하는 열정은 전쟁 때 (다른 수천 명의 어린이들이 그랬던 것처럼) 런던에서 피난하면서 이산가족이 되었던 경험과 관계가 있을 것이다. 그러나 이 잃어버린 어린 시절의 에덴동산, 상상 속의 어린 시절은 무의식의 속임수에 의해 머나먼 과거의 에덴동산, 온갖 변화와 동요는 삭제하고 편집하여 오로지 좋은 것만 남겨놓은 어떤 마법 같은 '옛날'이 되어버렸다. 이런 꿈은 꼭 그림처럼 정적인 구석이 있어서, 기껏해야 미풍에 나뭇잎이 살랑거리거나 잔물결이 일 뿐이다. 이런 그림은 진화도 변화도 없이 아무 일도 일어나지 않은 채 호박 속에 화석처럼 갇혀 있다. 내가 이런 장면 어딘가에 등장한 적은 없고 다만 디오라마를 구경하듯이 쳐다만 보고 있었던 것 같다. 나는 그 안에 들어가 나무를 만져보고, 그 세계의 일부가 되고 싶었다. 그러나 그 그림들은 들어가는 것을 허락지 않았으며, 지나간 시간처럼 닫혀 있을 뿐이었다.

이모는 런던의 자연사박물관에도 가끔 데려가 주었는데, 거기에는 몸통이 악어가죽처럼 깔쭉깔쭉한 마름모꼴 비늘로 덮인 고대 석송류 인목(레피도덴드라), 몸통이 늘씬한 나무 속새류 노목(칼라미테스)이 우거진 화석 정원이 있었다. 박물관 안에서 이모는 고생대의 디오라마를 보여주었다(거기에는 '데본기 늪의 생태' 같은 제목이 붙어 있었다). 나는 여기가 마리 스톱스의 책에서 본 그림보다도 훨씬 더 좋았고, 이젠 이것이 내 꿈속의 정경이 되었다. 이들 거대한 식물의 **살아 있는** 모습을 당장 보고 싶었지만 나무 속새도 나무 석송도 남아 있지 않고 거대한 식물은 모두 사라졌다는 이모의 말에 가슴이 아팠다. 하지만 이모는 그 대부

데본기의 거대한 석송石松. 프란츠 웅거의《원시 세계Primitive World》중에서.

로타

석탄기의 인목鱗木과 노목蘆木. 루이 피기에의《대홍수 이전의 지구Earth before the Deluge》중에서.

분이 늪에 잠긴 채 영겁의 세월이 지나는 동안 응축되어 석탄으로 변했다고 설명해주었다. 한번은 집에서 탄구炭球 하나를 쪼개 그 안에 남아 있는 화석을 보여주기도 했다.

그러고는 1억 년을 이동해 쥐라기의 디오라마('소철의 시대')를 구경했는데 이모가 보여준 이 늠름한 나무들은 고생대 나무들과는 너무도 달랐다. 소철에는 커다란 방울열매가 열려 있었고 꼭대기의 갈래잎도 커다랬다. 이모는 이 식물이 한때는 우점종(식물 군집 안에서 가장 수가 많거나 넓은 면적을 차지하는 종—옮긴이)이었다면서, 익수룡이 이 나무들 사이로 날아다녔으며 거대한 공룡들의 간식이었다고 설명해주었다. 나는 산 소철류는 본 적이 없었지만, 이 나무들의 아름이 크고 강건한 몸통은 이보다 먼저 살았던 칼라미테스며 코르다이테스처럼 상상이 되지 않는 식물보다는 덜 낯설었고 더 믿음직하게 느껴졌다. 이 나무들은 양치류와 야자류의 중간쯤 되어 보였다.[88]

여름날 일요일이면 우리는 1877년에 개통되어 많은 초창기 전철 차량이 아직까지 운행 중인 옛 대도시권 자치구 노선의 지하철을 타고 큐 식물원으로 향했다. 입장료는 1페니, 이거면 널찍한 산책로와 골짜기, 18세기에 세운 파고다, 그리고 내가 제일 좋아하던 유리와 철로 만들어진 멋진 온실까지 식물원을 한 바퀴 다 돌 수 있었다.

특별 온실에 따로 전시된 큰가시연꽃 빅토리아 레기아—그 큼직한 연잎은 웬만한 어린아이 하나는 거뜬히 받쳐준다고 이모가 말해주었다—는 이국적인 풍취가 흠씬 넘쳤다. 이모는 이 종이 발견된 곳은 기아나의 야생이지만 젊은 여왕을 기려 빅토리아라는 이름을 붙여준 것이라고 설명해주었다.[89]

기다란 가죽띠 같은 잎 두 장이 몸부림치듯 둘둘 말린 기묘한 생김새의 벨비치아 미라빌리스에는 더욱 매료되었다. 내 눈에는 무슨 식물 문어처럼 보였다.[90] 벨비치아는 자연 서식지인 나미브 사막을 벗어나면 잘 살지 못해서 큐 식물원에 있는 커다란 표본은 드물게 재배에 성공한, 아주 특별한 보물이었다(조지프 후커는 이 식물을 처음으로 발견한 19세기 오스트리아의 식물학자 벨비치의 이름을 따서 근사하게 벨비치아라는 이름을 붙여주었는데, 그는 이것이 생기기는 지지리도 못생겼지만 영국으로 들여온 식물 가운데 가장 흥미로운 종이라고 생각했다. 다윈은 이 식물이 고등식물과 원시식물의 특성을 함께 갖고 있는 점에 매료되었고, 이를 '식물계의 오리너구리'라고 불렀다).[91]

우리 이모는 특히 아담한 양치식물 온실을 좋아했다. 우리 집 마당에도 보통 양치류는 있었지만, 5미터에서 10미터나 되는 높은 키에 꼭대기에는 레이스 같은 갈래잎이 활모양으로 굽어 있고 몸통은 굵은 밧줄 같은 뿌리로 무장한—멸종하지도 않았고 기운이 넘치지만 고생대 양치류와 그다지 다를 것 없어 보이는—나무고사리는 처음이었다.

내가 마침내 현존하는 소철을 본 것도 큐 식물원에서였는데, 거대한 야자 온실 한구석에 저렇게 한 세기 넘도록 무리지어 서 있었을 것이다.[92] 그들도 머나먼 과거로부터 살아남았으며, 온몸으로 그 오랜 역사의 흔적—큼직큼직한 방울열매, 날카롭고 뾰족뾰족한 잎, 기둥처럼 묵중한 몸통, 중세의 갑옷 같은 상록 잎자리—을 보여준다. 나무고사리가 우아했다면 이 소철들은 웅대했고, 내 어린 눈에는 어떤 도덕적 기품까지 느껴졌다. 한때는 세상을 뒤덮었으나 지금은 몇 속밖에 남지 않았다. 나는 이 식물이 비극적인 동시에 영웅적이라는 생각을 떨칠 수가 없었다. 그들이 생겨나 자랐던 옛 세계를 잃었으니, 비극적이다. 가까운 친척이었던 모든 식물—고생대의 씨고사리, 베네티테스, 코르다이테스 등—은 지구에서 사라진 지 오래이며, 이제는 그들이 속했던 기품 있고 기념비적인 시간의 척도에서 밀려나, 자잘하고 시끄럽고 빨리 움직이는 동물과 빨리 성장하고 색깔 현란한 식물 사이에서 희귀하고 기이하고 색다르고 변칙적인 존재가 되어버렸으니. 그러나 공룡을 멸종시킨 재난을 이기고 전과는 다른 기후와 환경(특히 소철이 자기네 씨를 퍼뜨리는 데 활용하고 있는 조류와 포유류의 패권)에 적응하여 살아남았으니, 영웅적이다.

그들의 지구력, 어마어마한 계통발생 연령은 한 그루 한 그루 따로따로 보니 더 굉장하게 느껴졌다. 그중 하나인 아프리카산 긴가시잎 소철(엔케팔라르토스 롱기폴리우스)은 큐 식물원에서 가장 오래된 화분 식물로, 1775년에 들여왔다고 한다. 나는 생각했다. 이런 경이로운 식물이 큐에서 자랄 수 있다면 집에서라고 못 기를 거 없잖아? 나는 전쟁이 막 끝난 열두 살 때 버스를 타고 런던 북부 에드먼턴에 있는 한 온상에 가서 두 종—솜털로 덮인 나무고사리 금모구척과 자그마한 자미아소철을 한 그루씩—을 샀다.[93] 뒷마당에 있는 유리 온실에서 그 식물들을 키워보았다. 하지만 우리 집은 너무 추웠고, 그것들은 결국 시들어 죽었다.

좀 커서 처음 암스테르담에 갔을 때 작은 세모꼴 지붕이 아름다운 암스테르담 대학 식물원을 발견했다. 아주 오래된 이곳에는 식물원의 유래가 된 중세 수도원의 정원, 약초원의 분위기가 아직까지 남아 있었다. 특히 다양한 소철이 있는 온실에는 세월에 (어쩌면 화분과 작은 공간에 갇혀서 그랬는지도 모르겠지만) 일그러진 옹이투성이의 고대 소철도 한 그루 있었는데, 이 나무도 세계에서 가장 오래된 화분 식물이라고 했다.[94] 이름이 스피노자소철이라는(스피노자가 이 나무를 본 적이 있는지는 모르겠다) 이 나무는, 이 정보를 믿어도 된다면, 17세기 중반 무렵에 화분에 심겨졌다는데 이 점에서는 큐 식물원의 소철과 어깨를 겨룬다고 하겠다.[95]

하지만 정원이 제아무리 웅대하다 해도 생명계의 복잡성과 역동

성을, 진화와 멸종을 밀어붙인 그 힘을 실제로 느낄 수 있는 야생과는 천양지차다. 그렇기에 나는 재배한 것, 이름표 붙여놓은 것, 전시용으로 따로 옮겨다 놓은 것이 아니라 그들이 자라는 원래 환경 속에서 고무나무, 판다누스나무, 양치류 식물들과 나란히 어울려 살아가는, 그 얽히고설킨 조화를 총체적으로 느낄 수 있는 소철의 밀림을 보고 싶었다. 어릴 적 꿈에 보던 정경이 생생히 살아 있는, 실체를.

쥐라기 수풀 속으로

로타는 마리아나제도에서 괌과 가장 가까운 섬으로 융기와 침강, 산호초의 형성과 파괴 등 약 4000만 년에 달하는 복잡한 지질 변동을 지리학적으로 비슷하게 거쳤다. 이 두 섬에 서식하는 동식물군도 비슷하다. 그러나 로타가 면적도 괌보다 작고, 거대한 항만 시설의 존재나 상업적, 농업적 잠재력에 있어서도 훨씬 덜 현대적이다. 생물학적으로나 문화적으로나 외부의 영향이 거의 없었던 로타는 어쩌면 숲이 소철로 뒤덮여 울창했던 16세기 괌의 모습을 보여준다고 할 수 있을 텐데, 이것이 내가 이 섬에 와보고 싶었던 이유다.[96]

나는 로타에 몇 명 남지 않은 여주술사 베아타 멘디올라를 만나게 되었다. 존 스틸이 이 여인과 그 아들 토미를 오랫동안 알고 지냈다. "그 두 사람이 소철에 대해 아는 게 많고, 원시 식물, 이 섬의 음식과 자연 약초와 독초에 대해서도 잘 알아요." 존이 말했다. "내가 아는 어떤 사람보다도요." 그들은 활주로에서 나를 기다리고 있었다. 토미는 20대 후반이나 30대 초반으로 보이는 상냥하고 총명한 사람이었고, 차모로 말과 영어가 유창했다. 마르고 까만 피부에 권능의 기운이 느껴지는 베아타는 일본 강점기에 태어나 차모로 말과 일본어밖에 하지 못해서 토미가 통역을 맡아야 했다.

불규칙하게 가지를 뻗은 소철. 마리 스톱스의 《고대의 식물》 중에서.

로타

우리는 비포장도로를 따라 차로 몇 킬로미터를 달리다가 밀림 들머리부터는 걸었다. 토미와 그의 어머니가 벌채 칼을 들고 앞장섰다. 밀림은 군데군데 빛이 뚫고 들어가지 못할 정도로 빽빽했고, 나무의 몸통과 가지마다 이끼류와 양치류가 착생해서 이따금씩 여기가 요정의 숲인가 하는 착각을 불러일으켰다.

내가 괌에서 본 소철은 따로따로 서 있어서 많이 모여 있어야 두세 그루였다. 그러나 로타에서는 수백 그루씩 몰려서 밀림을 지배하고 있었다. 수풀을 이룬 곳도 있고 키가 3~4미터 되는 것이 한 그루씩 서 있는 곳도 있고 도처에 소철이 있었다. 하지만 대부분의 소철은 키가 작은 편이었고, 빽빽한 양치식물 밭에 에워싸여 있었다. 잎이 달려 있던 흔적으로 굵고 튼튼해진 몸통들은 기관차나 검룡(스테고사우루스)처럼 힘세 보였다. 강한 바람과 태풍이 이곳 섬 지역을 주기적으로 강타하는데, 그래서 나무의 몸통이 온갖 각도로 굽어 있었고 가끔은 땅에 납작 엎어져 있는 것도 있었다. 그러나 이것이 오히려 이들의 생명력을 더 강하게 해주는 듯 굽은 곳, 특히 밑둥 쪽에는 새 곁가지며 짧은 비늘줄기가 무성하게 돋아 있고 거기엔 또 보드랍고 연한 푸른빛의 어린잎들이 매달려 있었다. 우리를 둘러싼 소철 대부분은 생명력이 하늘로 솟구치는 듯 잔가지 없이 키가 컸지만, 폭동이라도 일으키는 것처럼 충만한 활기와 자만에 넘쳐서 사방팔방으로 무질서한 생명력을 뿜어대는 괴물 같은 놈들도 있었다.

베아타는 나무마다 단단한 잎자리가 몸통을 에두르고 있는 것을 지적했다. 새 잎이 돋아나면서 오래된 잎은 시들어갔지만 잎자리는 그대로 남아 있었다. "이 비늘잎 수를 세면 소철의 나이를 어림으로 알 수 있어요." 베아타가 말했다. 내가 땅에 엎드린 큰 그루에서부터 비늘잎을 세기 시작하자 토미와 베아타가 웃었다. "몸통을 보면 더

쉬워요." 베아타가 말했다. "나이 많은 것들은 1900년에 아주 가는 테두리가 하나씩 생겼어요. 그해에 엄청난 태풍이 있었거든요. 그리고 1973년에도 가느다란 테두리가 하나 더 생겼죠. 그해엔 아주 강한 바람이 불었어요."

"맞아요." 토미가 끼어들었다. "그때 바람이 시속 320킬로미터로 불었다고 그러더라고요."

"그때 태풍으로 나뭇잎들이 죄다 떨어져 나갔어요." 베아타가 설명했다. "그래서 원래만큼 자라지를 못했지요." 아주 오래된 나무 중에는 천 살이 넘는 것도 있을 거라고 베아타는 생각하는 것 같았다.[97]

소철 숲은 소나무 숲이나 참나무 숲처럼 높지 않고 나무들이 땅딸막해 높이가 낮다(그러나 아주 단단하고 강하다는 인상을 준다. 소철은 튼튼한 모델 같다). 소철은 현대의 나무들 같지 않게 크지도 화려하지도 않고 빠르게 자라지도 못하지만 태풍이나 가뭄에 견딜 수 있도록, 오래가도록 만들어졌다. 중무장한 채 천천히 자라 우람한 그들은 공룡처럼 중생대의 흔적, 2억 년 전의 '유행'을 지니고 있는 것 같다.

소철은 성숙해서 근사한 방울열매가 매달릴 때까지는 암수를 구분할 수 없다. 수컷 소철속은 엄청나게 크고 곧추선 열매를 하나 맺는데, 길이 30센티미터 이상에 무게는 13킬로그램까지 나가는 이 열매는, 괴물 솔방울이라고나 할까, 방울의 축을 아주 다부진 비늘 조각들이 우아한 곡선형 소용돌이로 감싸고 있다.[98] 암컷 소철속은 방울열매라 할 만한 것은 열리지 않지만 대신 한가운데에 털이 북슬거리는 보드라운 잎다발—번식 전문 큰홀씨잎—이 열리는데, 오렌지빛에 벨벳처럼 매끈거리고 잎 끄트머리가 톱니 모양이다. 그리고 잎마다 밑에는 회푸른빛 밑씨가 여덟에서 열 개가량 매달린다. 보통 밑씨는 아주 미세한 구조로 이루어지지만 소철 암컷은 향나무 열매만 하다.

로타

우리는 50센티미터 높이에 꽃가루를 가득 머금은 잘 익은 열매 앞에 멈춰섰다. 토미가 그것을 흔들자 뿌옇게 꽃가루가 날렸다. 톡 쏘는 강한 향이 났고, 나는 눈물과 재채기가 나왔다(소철 숲은 바람 부는 철이면 필시 꽃가루 천지가 될 텐데 리티코-보딕이 이 가루를 들이마셔서 생기는 것은 아닐까 의심해본 연구자도 있을 법하다는 생각이 들었다). 사람한테는 수소철 열매의 향이 꽤 불쾌한 편이다. 멀리 1795년의 아가냐로 거슬러 올라가면 마당에 수소철이 있는 가정에서는 열매를 제거하라는 법령이 있을 정도였다. 물론 이 냄새는 우리를 위한 게 아니다. 토미는 이 강력한 냄새에 개미가 꼬인다면서, 어쩌다가 나무에 생채기가 나면 사람을 무는 깨알만 한 것들이 한 무더기씩 날아든다고 말한다. "저것 보세요!" 토미가 말했다. "이 작은 거미 보이죠? 우리 차모로 말로는 파라스 라나스라고 부르는데요, '거미줄 짜는 놈'이란 뜻이에요. 이 거미는 주로 소철나무에서 보이는데 개미를 잡아먹죠. 소철이 어리고 푸를 때는 이놈들도 푸른빛이고, 소철이 갈색으로 변하기 시작하면 이놈들도 같은 색깔로 변해요. 이 거미들이 보이면 아주 반갑죠. 내가 열매를 딸 때 개미들한테 물어뜯기지 않는다는 뜻이거든요."

젖은 땅에 현란한 빛깔의 버섯들이 피어 있었다. 베아타는 어느 것에 독이 있는지 어느 것이 해독제로 쓰일 수 있는지 어느 것이 환각을 일으키는지 어느 것이 맛있는지까지 하나하나 잘 알았다. 토미가 야광 버섯도 있다고 말해주었다. 양치류 중에도 야광이 있었다. 고사리들이 모여 있는 덤불을 둘러보는데, 작은 키에 자그마한 빗자루같이 생긴 식물, 솔잎난이 보였다. 연필심 지름만 한 뻣뻣하고 잎 없는 줄기에 축소판 나무마냥 몇 센티미터마다 갈래가 덤불을 뚫고 뻗어나간 이 식물은 사람 눈에 잘 띄지 않는다. 나는 허리를 굽히고 이 식물을 찬찬히 보다가 그 자잘한 프랙탈 가지마다 핀, 머리만 한 크기에 세 군

솔잎난, 일명 빗자루고사리. 프레더릭 바우어의《육상식물의 기원Origin of a Land Flora》중에서.

로타

데가 가늘게 째진 노란색 홀씨주머니가 붙어 있는 것을 보았다. 솔잎난은 괌과 로타 도처—강둑에, 초원에, 건물 주위에, 가끔은 소나무겨우살이이끼처럼 나무 위에 늘어져 착생하면서—에서 자라는데 이것을 자연 서식지에서 보게 되다니 정말로 짜릿했다.

솔잎난은 주목하는 사람도, 수집하는 사람도, 값을 매기는 사람도, 귀히 여기는 사람도 없다. 작고 평범하고 잎도 뿌리도 없는 이 식물에게는 수집가들을 유혹할 만한 볼거리라곤 없다. 그러나 나에게는 이것이 세상에서 가장 흥미로운 식물의 하나인데 바로 이 솔잎난의 조상인 실루리아기의 고생송엽란류가 최초로 관다발 조직을 갖게 되었고 그때 비로소 물속에서 살아야 하는 제약에서 해방되었던 것이다. 이 개척자들로부터 석송, 고사리, 지금은 멸종된 씨고사리, 소철, 침엽수 그리고 이 조건 덕에 지구 곳곳으로 퍼져나갈 수 있었던 광범위한 속씨식물이 나온 것이다. 그러나 이 원조, 이 여명기의 식물은 자기네가 낳았던 무수한 종들과 공존하며 눈에 띄지 않게 소박한 모습으로 아직까지 살아 있다. 괴테가 이 식물을 보았더라면 이것이 바로 자기가 찾던 그 원형식물이라고 칭했으리라.[99]

뭍으로 올라온 최초의 식물

소철이 쥐라기의 무성한 수풀을 연상시켰다면, 솔잎난을 보고는 그와는 아주 다른, 훨씬 오래전 실루리아기의 황량한 바위땅 광경이 떠올랐다. 쥐라기보다 2억 5000만 년 앞선 이 시기, 바다에는 커다란 두족류와 갑옷물고기, 광익류, 삼엽충이 가득하지만 육지는 이끼와 지의식물 몇 종 말고는 서식하는 것 없이 텅 비어 있었다.[100] 고생송엽란류는 어떤 조류藻類보다도 줄기가 뻣뻣한데 이 황량한 육지의 초기 서식 생물에 속한다. 내가 어렸을 때 그렇게도 좋아했던 '육지의 최초

생물' 디오라마에서는 숨을 헐떡이는 폐어, 양서류 네발짐승들이 원시의 바다 속에서 기어나와 이제는 푸른빛 도는 육지 기슭으로 올라오는 모습을 볼 수 있었다. 고생송엽란류와 그 밖의 초기 육지 식물에게는 육지에서 살려면 어떤 동물에게라도 없어서는 안 될 흙과 수분, 몸 숨길 곳, 풀밭이 있었다.

야자열매를 따 먹는 게

조금 더 걸어가다 속이 비고 깨진 야자열매 껍데기가 수북이 쌓여 있는 것을 보고 깜짝 놀랐지만, 주위를 돌아보니 어디에도 야자나무는 보이지 않고 소철과 판다누스뿐이었다. 한심한 관광객들 같으니라고, 나는 생각했다. 여기 와서는 이 껍데기들을 버려놓은 게 분명해… 하지만 로타에는 관광객이 거의 없는데? 그렇다고 밀림을 그렇게도 애지중지하는 차모로 사람들이 쓰레기덤을 여기 쌓아놓았을 리는 없을 것 같았다. "이게 뭐죠?" 토미에게 물었다. "이 껍질을 누가 다 갖다 놓은 거예요?"

"게예요." 토미가 대답했다. 내가 어리둥절해하는 것을 보더니 그는 조금 더 설명해주었다. "이 야자집게들의 소행이죠. 야자나무는 저기 저쪽에 있고요." 토미가 몇백 미터 떨어진 바닷가를 가리켰는데, 아닌 게 아니라 야자나무 숲이 있었다. "게들도 자기네가 바닷가에서 야자를 먹다가는 방해받을 걸 알고 이리로 가져와 먹는 거예요."[101]

한 껍데기에는 큼직한 구멍이 나 있었는데 마치 반절을 이빨로 물어뜯은 것 같은 모양새였다. "해놓은 걸 보니 진짜로 큰 놈이었겠어요." 토미가 평했다. "이거, 괴물이네! 게잡이라면 야자 껍질이 이렇게 쌓여 있으면 근처에 야자집게가 있다는 걸 알아요. 우린 그러면 고놈들을 찾아내서 먹어주죠. 이 짓을 해놓은 놈이 어떤 놈인지, 고놈을 잡고 싶군요! 야자집게들은 소철도 좋아합니다. 그래서 소철 열매를 주우러 나올 때는 게를 가져갈 자루도 같이 가져와요." 토미는 벌채 칼로 덤불을 쳐내 길을 만들었다. "이러면 소철들한테 좋아요. 자라날 자리를 만들어주거든요."

방울열매가 뜨거운 이유

"이 방울열매를 만져보세요!" 어떤 커다란 수소철나무 앞에서 토미가 말했다. 나는 그 열매를 만졌다가 뜨끈해서 놀랐다. "꼭 가마 같죠." 토미가 말했다. "꽃가루를 만드느라 열이 나는 거예요. 날이 선선해지는 저녁때면 확실히 느낄 수 있어요."

식물학자들은 한 세기 전에 꽃가루받이를 할 준비가 되면 방울열매가 열을 발산한다—때로는 주변의 기온보다 20도 이상 올라간다—는 사실을 알아냈다. 성숙한 방울열매는 날마다 몇 시간씩 비늘 조각 안의 지방질과 전분을 파괴하여 열을 발산한다. 이 열이 벌레 꼬이는 냄새를 강하게 만들어서 꽃가루 퍼뜨리는 것을 돕는 것이라고 알려져 있다. 나는 방울열매가 동물의 몸에서나 느낄 수 있을 정도로 후끈한 열을 내는 것이 기특해서 와락 껴안았다가 어마어마한 꽃가루 안개 속에 파묻히고 말았다.

소철의 신기한 번식 방법

새퍼드는 《괌의 유용한 식물Useful Plants of the Island of Guam》에서 남양소철에 대해 많은 것—차모로 부족 문화에서 남양소철의 역할과 음식으로서의 용법 등—을 알려준다. 그러나 그는 덧붙여 말한다(이 대목은 그가 식물학자임을 상기시켜준다). "무엇보다 흥미로운 것은 이것의 꽃차례 구조와 열매맺이 방식이다." 여기서 그는 열광과 흥분을 감추지 못한다. 그는 꽃가루가 어떻게 노출된 밑씨에 달라붙어 그 안에 관을 들여보내는지, 그 안에서 수나무의 배젖세포, 즉 웅성배우자가 어떻게 만들어지는지를 묘사한다. 성숙한 웅성배우자는 "어떤 동물이나 식물에서 발생하는 것보다도 큰 것으로 알려져 있다. 심지어는 맨눈으로도 보일 정도다." 그는 계속해서 이 웅성배우자가 솜털에 의해 운동성을 얻어 난세포 속으로 들어가 "세포질은 세포질끼리, 세포핵은 세포핵끼리" 완전하게 결합하는 과정을 설명한다.

이런 정보는 그가 책을 쓰던 시절에는 상당히 생소했다. 17세기에도 유럽인들이 소철에 대해 기록한 것이 있었지만, 그 기원이며 식물계에서 이 종의 위치에 관해서는 이런저런 의견이 뒤섞여 있었던 것이다. 그러다 1896년에 일본 식물학자들이 이들에게 운동성 있는 웅성배우자가 있음을 발견하고 나서야 이 식물이 양치류를 비롯하여 (마찬가지로 운동성을 가진 웅성배우자가 있는) 다른 '하등' 홀씨식물과 친척관계임을 처음으로 확고하게 입증할 수 있었다(이리하여 이들 전체가 겉씨식물군으로 묶였다). 새퍼드가 이 책을 쓰기 겨우 몇 년 전에 밝혀진 것인데 그에게는 이 발견의 중요성이 강력하고 신선하게 받아들여졌으며, 이것이 어떤 지적인 열정을 불어넣어 그의 저술을 더욱 풍성하게 만들었다. 맨눈으로도 보인다는 이 수정 과정을 직접 보고 싶은 마음에 나는 무슨 연극 구경이라도 하는 사람처럼 자루 달린 돋보기를 꺼내 들고는 수컷의 방울열매를 들여다보고, 또 잎 끄트머리가 톱니 모양인 밑씨를 들여다보았다.

토미와 베아타는 내가 미친 사람처럼 열광하는 것을 보고는 웃음을 터뜨렸다. 그들에게 소철은 기본적으로 음식이니까. 그들은 수나무며 수나무가 만들어내는 꽃가루며 밑씨 안에서 번식 활동을 벌이는 커다란 웅성배우자 따위에는 관심이 없었다. 이 전부가 그들에게는 그저 암나무가 꽃가루를 받아서 큼직하고 광나는 자두 크기의 씨를 생산하는 데 필요한 도구일 뿐이었다. 그렇게 나온 씨를 모으고, 썰고, 씻고 또 씻고, 말린 뒤, 갈아서 고운 파당 가루를 얻는 것이다. 토미와 어머니는 품평인들이 하듯이 이 나무 저 나무를 돌아다니면서 최고만 골랐다. 이건 아직 꽃가루를 안 받았고, 저건 아직 덜 익었고… 그러다 아주 농익은 씨앗이 열 개 넘게 다발로 매달린 심피가 하나 나왔다. 토미는 벌채용 낫으로 그것을 베고는 떨어지는 다발을 잡았다. 그러고는 너무 높아서 베어낼 수 없는 다른 다발을 막대기로 찌르면서 떨어지는 씨앗 다발을 나보고 잡으라고 했다. 내 손가락은 찐득거리는 하얀 수액으로 뒤범벅이 되었다. "그거 정말로 독이 셉니다." 토미가 말했다. "손가락 핥지 마세요."

5억 년을 살아남은 생명력

어렸을 때 나를 그렇게 매료시켰던 것은 그저 소철의 번식기관이나 이 무리의 특징인 거대함(최고로 큰 웅성배우자에 최고로 큰 난세포에 최고로 크게 자라는 잎끝에 최고로 큰 방울열매, 식물계에서 뭐든 최고로 큰 것)만은 아니었다. 이런 점에 (부인할 수 없이) 매력이 있기는 했지만. 오히려 나를 매료시킨 점은 소철이 적응력이 뛰어나고 수완 좋은 생활력, 비범한 수용력과 진화력을 지녔다는 사실이었다. 같은 시대에 살았던 수많은 종이 스러지는 와중에도 2억 5000만 년을 살아남을 수 있게 해준 그 능력 말이다. (어려서는 어쩌면 그 열매에 독이 너무 강해서 그걸 먹은 공룡들한테 타격을 입힌 것은 아닐까 생각하곤 했다. 어쩌면 저놈들이 공룡이 멸종한 원인일지도 몰라!)

소철이 어떤 관다발 식물보다도 잎끝이 크게 자라는 것은 사실이다. 하지만 그와 동시에 이들의 가느다란 잎끝은 아름다운 상록 잎자리로 보호받는 까닭에 내화성이 있을 뿐만 아니라, 그 어떤 것에도 이례적일 정도로 내성이 강하며, 천재지변을 겪은 뒤에는 다른 어떤 식물보다도 빠르게 새 잎을 틔운다. 그런데도 어쩌다 잎끝에 나쁜 일이 닥치게 되면 소철한테는 대안인 비늘줄기가 있어서 여기에 의지할 수 있다. 소철은 바람으로 꽃가루받이를 할 수 있다. 아니면 벌레로도 할 수 있으니 결코 번식이 까다로운 식물은 아니다.

소철은 지난 5억 년 동안 너무나 많은 종이 걸어왔던 과대특수화(생물의 진화에서 형태가 지나치게 특수화하여 결국에는 멸종하는 현상을 뜻한다—옮긴이)의 길을 피했다.[102] 수정 작용을 하지 않는 소철은 곁가지와 기생뿌리를 통해 무성생식한다(원하는 대로 성을 바꿀 수 있는 식물도 존재한다는 주장이 있다). 소철의 많은 종이 독특한 '산호질' 뿌리로 진화했는데, 땅속의 유기질소에만 의존하지 않고 대기 중의 질소를 고정固定하는 남조류와 공생하는 것이다. 나는 이 능력이 특히나 탁월하다고 생각했다. 토양이 메마르게 될 경우 대단히 뛰어나게 적응할 것이다. 속씨식물인 콩류도 1억 년이 더 걸려서 이와 비슷한 요령을 터득했다.[103]

단단한 소철 씨의 비밀

소철 씨는 굉장히 크지만 아주 단단하고 영양가가 풍부해 생존과 발아에 아주 유리하다. 게다가 꽃가루받이도 어느 하나가 아니라 다양한 매개체의 도움을 받을 수 있다. 소철 씨의 화사한 색과 영양가 풍부한 씨껍질에 박쥐에서 조류, 유대류에 설치류까지 온갖 작은 동물이 꼬이며, 이 동물들은 소철 씨를 찾아 뜯어먹지만 그 안의 진짜 정수인 배젖은 다치게 하지 않고 내버린다. 일부 설치류는 이를 저장하고 땅에 묻어—사실상 심는 격인데—발아의 성공률을 높여준다. 덩치 큰 포유류는 씨 전체를—원숭이는 씨 하나하나를, 코끼리는 방울열매를 통째로 먹고는 배젖은 다치게 하지 않고 딱딱한 껍질째 똥으로 배설하는데, 꽤 멀리 가서 배설하는 경우도 있다. 베아타는 다른 소철나무를 살피면서 아들한테 차모로 말로 뭐라고 소곤소곤 이야기했다. 비가 오면 이 씨들이 물에 떠내려갈 거라는 이야기였다. 얘네들이 밀림의 어디로 흘러갔는지도 알 수 있는데, 작은 강가나 시냇가를 따라 새 소철의 싹이 올라오기 때문이라고 한다. 베아타는 이 씨들이 바다로도 나간다고, 그런 식으로 다른 섬으로 이동하는 것이라고 생각한다. 베아타는 이런 이야기를 하면서 씨 하나를 짜개서 씨껍질 바로 안쪽에 붙어 있는, 물에 뜨는 해면질층을 보여주었다. 이 층은 마리아나소철과 바닷가나 바닷가 근처 숲에서 사는 소철종에만 있다.

더 다양하게, 더 복잡하게

소철은 쥐라기 때 우거졌던 고온다습한 열대에서 사막 인근, 열대원, 산지, 해안까지 아주 다양한 생태 기후대로 퍼졌다. 가장 널리 분포한 것은 이 해안가 종들인데 이들의 씨가 해류를 타고 머나먼 거리를 여행할 수 있는 까닭이다. 이 바닷가 종 가운데 투아르시소철은 아프리카 동부 해안에서 마다가스카르, 코모로, 세이셸제도까지 퍼져 있다. 또 다른 바닷가 종으로 남양소철과 룸피소철은 인도와 동남아시아의 바닷가 평지에서 처음 생겨났던 것으로 보인다. 이 지역에서 씨가 해류에 실려 태평양 일대로 퍼져 뉴기니, 몰루카제도, 피지제도, 솔로몬제도, 팔라우제도, 야프섬, 캐롤라인제도와 마셜제도 일부 지역 그리고 물론 괌과 로타를 서식지로 삼은 것이다. 이 조상 종들의 부력 있는 씨앗이 수많은 섬에 정착하면서 인상적인 변종들을 낳았으며, 일부는 지금까지 분화하여 대여섯 종 이상이 또 생겨났다. 다윈이 알았더라면 좋아했을 텐데 말이다.[104]

남양소철 군락. 유진 워밍의 《체계적 식물학A Handbook of Systematic Botany》 중에서.

로타

소철은 2미터짜리 장신 나무에서 땅속줄기가 있는 땅딸보까지 종별로 크기도 속성도 크게 다르지만 (종에 따라 생김새도 다르고 너무나 제 각각이어서 전부 같은 속이라는 것이 믿기지 않는 자미아속과는 달리) 예순 몇 종의 소철 중에는 생김새가 비슷비슷한 것도 많아서 어느 종이 어느 종인지 구분하기 힘든 것도 당연한 노릇일 게다.[105] 아닌 게 아니라, 괌에서 돌아온 뒤에—누군가의 결혼 선물로 남양소철을 한 그루 살 생각으로—샌프란시스코에 있는 한 화원에 갔는데 주인이 괌에서 봤던 남양소철과는 딴판인 것을 보여주는 통에 깜짝 놀랐던 일이 있었다. 남양소철이 아니지 않느냐고 따지자 주인은 맞다고 성을 내면서 아마도 내가 괌에서 본 게 남양소철이 아닐 거라고 대꾸했다. 식물 전문가들조차 그렇게 헷갈린다는 것이 놀라웠다. 그러나 데이비드 존스는 《세계의 소철Cycads of the World》에서 섬 지역의 소철을 식별한다는 것이 얼마나 까다로운 일인지 말한다.

> 이 식물은 세대에 세대를 거치면서 자기네가 사는 환경 조건과 기후에 맞추어 아주 다양한 방식으로 적응해왔다. … 새로운 종자가 꾸준히 해류에 밀려들어오면서 사정은 한층 더 복잡해진다. 이런 신입종들은 성숙기가 되면 토속종들과 교배하며, 그 결과 복잡한 변이가 발생하여 기존의 분류법을 무색하게 만들기도 한다. 이렇듯 남양소철은 극히 변이가 많은 종으로 봐야 마땅하다.

과연, 나는 괌에서 돌아온 뒤, 오랫동안 남양소철의 변종으로 여겨졌던 괌과 로타 고유의 소철이 최근 들어 룸피소철 '분류군' 내의 한 종으로 재분류되어 새로 미크로네시카소철이라는 이름이 붙었다는 사실을 알게 되었다.[106]

미크로네시카소철은 형태학적으로만이 아니라 화학적, 생리학적으로도 뚜렷이 구분된다. 지금까지 성분을 분석해본 어떤 소철보다도 발암물질과 독성물질(특히 사이카신과 BMAA) 함유량이 높은 것으로 드러났다. 따라서 다른 지역에서는 소철을 먹는 것이 상대적으로 양호할 수 있지만 괌과 로타에서는 위험할 수 있다. 새로운 종을 탄생시킨 진화 과정이 새로운 질환의 탄생에도 기여했다고 생각해볼 수 있겠다.

원시림은 숭고하다

나는 나무 아래 무성한 덤불 위를 살금살금 걷고 있었다. 잔가지 하나 부러뜨리지 않고 그 무엇 하나 털끝만치도 다치거나 해살하고 싶지 않았다. 그 안이 얼마나 고요하고 평화로운지 까딱 잘못 움직였다가는, 아니 거기에 있다는 것만으로도, 침입자가 된 것 같은 기분이, 말하자면 숲을 노하게 할 것 같은 기분이 들었다. 아까 토미가 했던 말이 다시 생각났다. "어려서부터 지금까지 숲에서는 뒷걸음으로 걸으라고, 아무것도 파괴하지 말라고 배워왔어요. … 저한테는 이 식물들이 살아 있는 것처럼 느껴집니다. 이들에게는 힘이 있어요. 숲을 존중하지 않는 자에게는 병을 내릴 수도 있지요…"

이 숲의 아름다움은 특별하다. 아니, '아름다움'이라는 말로는 다 표현되지 않는다. 이 숲에 있다는 것은 그냥 어떤 아름다운 것이 아니라 신비로움, 경외감에 흠뻑 잠기는 경험이기에.

어려서도 이런 비슷한 기분을 느낀 적이 있는데, 양치식물 아래 드러누웠을 때가 그랬고 좀 커서 큐 식물원의 거대한 철문을 들어설 때도 그랬다. 나에게 큐는 그냥 식물이 있는 곳이 아니라 어떤 신비로운 힘, 종교적인 분위기까지 서린 곳이었다. 아버지는 내게 '파라다이스'라는 낱말이 원래 정원이라는 뜻이라면서 히브리 말로 정원을 뜻하는 말 '파르데스'의 철자를 (페 레쉬 달레트 사메흐) 또박또박 짚어 읽어주셨다. 그러나 정원은, 에덴이 되었건 큐가 되었건 간에, 여기에 걸맞은 은유가 아니다. 원시란 사람과는 아무런 상관도 없는, 먼 옛날의, 원생의, 만물의 시원始原이기에. 여기에는 원시림, 숭고함이라는 말이 훨씬 더 어울린다. 도덕적 영역이나 사람의 영역과는 거리가 먼 이곳은 우리로 하여금 광대한 공간과 시간의 전경을 응시하게 만드는, 만물의 태초와 기원이 숨어 있는 세계였다. 로타의 소철 숲을 거닐다 보니 정말로 나의 오감이 확장되는 것처럼, 내 안에서 새로운 감각, 새로운 시간 감각, 그러니까 수천 년, 아니 영겁의 세월을 몇 초, 몇 분처럼 피부로 느낄 수 있게 해주는 그런 감각이 열리는 것 같았다.[107]

아득한 시간을 거슬러 지구의 벗이 되다

내가 사는 곳은 현란하나 사람이 빚은 덧없는 가공물로 둘러싸인 섬—뉴욕의 도시 섬—이다. 하지만 유월만 되면 어김없이 투구게들이 바다에서 올라와 해변을 돌아다니고, 짝짓기하고, 알을 까놓고는 슬슬 바다로 돌아간다. 나는 이 녀석들 옆에서 헤엄치는 것을 좋아한다. 녀석들은 무심하니 내버려두고. 이 녀석들은 4억 년 전 실루리아기의 선조 때부터 해왔던 대로 여름마다 기슭으로 기어올라 짝짓기를 하는 것이다. 투구게도 소철처럼 줄기차게 버티는 질긴 생존자들이다. 갈라파고스에서 코끼리거북을 본 멜빌은 《마귀의 주문에 걸린 섬》에서 이렇게 썼다.

이 짐승한테서 받은 강렬한 느낌은 나이에서 오는 것이었다. 날수를 헤아릴 수 없는, 무한한 세월을 견뎌낸 존재. 그들은 세계의 출발점에서 막 기어올라온 듯했다.

해마다 유월, 투구게한테서 받는 것이 바로 이런 느낌이다.

'아득한 시간'에서는 그윽한 평화가 느껴진다. 일상의 시간 척도, 다급함과는 분리된 초탈함 말이다. 이들 화산섬과 산호섬을 보면서, 그리고 무엇보다도 로타섬의 이 소철 숲을 거닐면서 나는 태고의 지구를, 서로 다른 생명의 형태들이 진화하고 태어나는 더디고 지속적인 과정을 살갑게 느끼게 된다. 여기 이 숲속에 선 나는 나보다 더 큰, 더 고요한 존재가 되는 것을 느낀다. 나는 본향으로 돌아왔음을, 지구와 벗이 되었음을, 폐부로 느낀다.[108]

소철 씨, 바다를 건너다

저녁이 되어 토미와 베아타는 약초를 캐러 나가고 나는 해변에 앉아 바다를 내다본다. 소철나무들은 물이 닿을락 말락 한 기슭까지 내려왔고 그 밑에는 큼지막한 소철 씨, 요상한 포춘쿠키 모양을 한 상어와 가오리의 단단한 알껍데기 따위가 즐비하다. 바람이 살랑 일어 소철 이파리들이 바스락거리고 잔물결이 일렁인다. 뙤약볕을 피해 숨어 있던 달랑게, 농게 무리가 나타나 앞서거니 뒤서거니 돌진한다. 귀에 들리는 것은 기슭을 때리는 파도 소리, 육지가 물 위로 올라온 이래 수십억 해 세월을 내왔던 소리, 최면을 거는 듯 사람의 마음을 가라앉히는, 저 태고의 소리뿐이다.

나는 이들 소철 씨를 바라보며 베아타의 말을 생각한다. 이들이 어떻게 바다에 떠다니는지, 얼마나 오랜 세월 바닷물에 잠겨 살아남았는지를. 대부분은, 말할 것도 없이, 내 머리 위의 나무들에서 떨어졌지만, 아마도 몇몇은 앞바다 건너 괌 혹은 더 먼 섬, 어쩌면 야프나 팔라우, 아니면 더 멀리에서 여기로 건너온 방랑자들일 것이다.

밀물이 한 차례 크게 들어와 소철 씨 두어 점이 물에 떠오르더니

까닥까닥 기슭을 따라 쓸려간다. 5분 뒤 하나는 기슭으로 다시 올라왔지만 다른 하나는 여전히 물결 위에서 까닥이며 육지에서 몇 미터 멀어졌다. 저 씨는 어디로 갈까? 살아남을까? 여기 로타로 다시 돌아올까, 아니면 수백, 수천 킬로미터 떨어진 태평양의 다른 섬으로 가게 될까? 10분쯤 지나니 더는 보이지 않는다. 저 씨는 이제 한 척의 작은 배가 되어 큰 파도 여행을 시작한 것이다.

주석

1부 색맹의 섬

섬 돌이

1. 이스터섬에 있는 석상 대부분은 사실 바다를 바라보는 것이 아니라 바다를 등진 채 이 섬에 있던 의기양양한 가옥을 바라보고 있다. 석상에 눈이 없는 것도 아니다. 원래는 하얀 산호와 붉은 응회암 또는 흑요암으로 홍채를 박아 넣은 부릅뜬 눈이 있었다. 이 사실은 1978년에야 밝혀졌다. 그러나 내가 어려서 읽었던 어린이 백과사전은 눈먼 거인이 절망에 빠져 바다를 응시하고 있다는 신화를 고수하고 있었다. 아마도 이 신화는 초기 탐험가들의 이야기와 1770년대에 제임스 쿡 선장과 함께 이스터섬을 여행했던 윌리엄 호지스가 그린 그림들을 통해 끊임없이 구전되다가 생겨났을 것이다.

2. 알렉산더 폰 훔볼트는 거대한 용혈수龍血樹에 대해 1799년 6월

테네리페에서 쓴 편지의 추신에서 아주 짧게 언급했다.

오로타바 지역에 아름이 13미터나 되는 용혈수가 한 그루 있다. … 400년 전에도 둘레는 지금만 했다.

훔볼트는 몇 해 뒤에 쓴 《나의 이야기Personal Narrative》에서 세 단락을 할애하여 이 나무의 태생을 추측했다.

이 나무는 아프리카 대륙의 야생에서는 발견된 적이 없다. 그 진짜 나라는 동인도다. 비슷한 구석이라곤 없는 테네리페라는 곳으로 어떻게 이 나무가 옮겨 갔을까?

훔볼트는 또 나중에 《자연의 경관Views of Nature》에 다른 글과 함께 수록된) 〈식물의 상관相觀〉에서 처음 관찰했던 내용에 풍부한 상상력과 추측을 덧붙여 아홉 쪽 분량으로 "오로타바의 거대한 용혈수"에 대해 썼다.

이 거대한 용혈수 드라카이나 드라코Dracaena draco는 … 세계에서 가장 아름다운 곳으로 꼽을 만한 … 작은 도시 오로타바에 사는 프랑키 씨의 정원에 우뚝 서 있다. 우리는 테네리페의 고지로 올라간 1799년 6월에 아름이 14미터나 되는 이 거대한 나무를 발견했다. … 우리는 용혈수가 어디에서건 아주 느리게 자란다는 사실을 기억하고는 오로타바에 있는 이 나무가 가장 오래된 것일 거라고 결론 내렸다.

그는 이 나무의 수령樹齡을 약 6,000년으로 추정했는데, 이는 "피

훔볼트의 용혈수.

라미드 건설자들과 같은 나이로 … 독일 북부에서 아직까지 남십자성이 보이던 시기였다." 그러나 이런 엄청난 나이의 이 나무에 아직까지도 "무궁한 젊음의 꽃과 열매"가 열린다고 썼다.

훔볼트의 《나의 이야기》는 다윈이 아주 좋아한 책이었다. 그는 누나 캐롤라인에게 이런 편지를 썼다. "테네리페의 정상과 이 위대한 용혈수를 보기 전에는 … 결코 발 뻗고 잘 수가 없을 것 같아요." 그는 스승 존 스티븐스 헨즐로와 이곳을 방문할 계획이었지만 검역 문제로 상륙 허가가 나지 않았다. 하지만 비글호 항해 때 라이엘의 《지질학 원리Principles of Geology》와 훔볼트의 《나의 이야기》를 가져간 덕분에 훔볼트의 남아메리카 여행 경로 일부를 따라가볼 수 있었으며, 이에 한없이 열광했다. 그는 편지에 이런 말도 썼다. "전에는 훔볼트를 존경했어요. 그런데 이제는 푹 빠져버렸어요."

3. 비범한 특수화나 진보는 섬에서만이 아니라 특별하고 고립된 모든 환경에서 일어난다. 최근 팔라우의 한 섬인 에일 말크 내륙의 함수호(염분이 많아 물맛이 짠 호수—옮긴이)에서 독침을 쏘지 않는 독특한 해파리가 발견되었는데, 낸시 바버는 다음과 같이 묘사한다.

이 호수에 사는 해파리는 문어다리해파리속이다. 팔라우의 초호에서 흔히 발견되는 이 속의 해파리들은 막강한 촉수를 써서 자기를 방어하고 플랑크톤을 잡아먹는다. 수백만 년 전에 팔라우의 화산이 폭발하여 물속에 잠겨 있던 암초들이 융기하면서 암초의 깊숙한 부위가 바다에 면하지 않은 함수호로 변했고, 이때 문어다리해파리속의 조상들이 이 호수에 갇혀버린 것으로 보인다. 이 호수에는 먹이도, 천적도 거의 없었던 까닭에 곤봉같이 생긴 기다란 촉수가 서서히 쏘는 능력이 없는 뭉툭한 부속기관으로 진화했고, 이들 해파리는 자기네 체내 조직 속에 사는 조류藻類한테서 양분을 섭취하는 공생 관계가 된 것이다. 조류는 태양에서 에너지를 흡수하여 그것을 해파리의 먹이로 바꾼다. 또한 해파리는 조류가 광합성하기에 충분한 양의 태양을 받을 수 있도록 낮에 수면 가까이에서 헤엄쳐 다닌다. … 160만 마리가 넘는 해파리 무리가 매일 아침 호수의 이쪽 기슭에서 저쪽 기슭으로 이동하는데, 갓의 어떤 면에 있는 조류라도 다 똑같이 햇빛을 받을 수 있도록 시계 반대 방향으로 빙글빙글 돌면서 움직인다. 오후가 되면 방향을 바꾸어 호수로 헤엄쳐 돌아간다. 밤이 되면 호수 중간 깊이로 내려가 조류가 번식할 수 있도록 질소를 흡수한다.

4. 다윈은 오스트레일리아 여행에 대해 이렇게 썼다. "나는 햇볕 따사로운 강둑에 누워 이 나라에 사는 희한한 동물들과 나머지 세계의 동물들을 비교해보곤 했다." 다윈이 여기서 말한 것은 유대 포유동물과 태반 포유동물이다. 이 둘이 얼마나 다른지, 그는 이런 생각까지 했다.

이성이 허락하지 않는 한 그 어떤 것도 믿지 않는 사람이라면 비난의 소리가 절로 나올지도 모르겠다. "성격이 전혀 다른 두 창조주가 벌인 일이 아니고서야!"

그러다 그는 윈뿔꼴로 생긴 구덩이에서 커다란 개미귀신 한 마리가 모래를 분사해 자그마한 모래사태를 일으키는 장면을 포착했다. 그러자 작은 개미들이 그 구덩이로 미끄러져 들어오는데, 유럽에서 보았던 개미귀신이 하는 것과 똑같은 행동이었다.

두 장인이 아무리 손발이 잘 맞는다 해도 그토록 근사하고 그토록 손쉬운, 그러면서도 그토록 인위적인 발명품을 만들어낼 수 있을까? 아무리 생각해도 아니다. 우주 전체를 빚어낸 것은 분명 한 사람의 솜씨다.

5. 프랜시스 퍼터먼 역시 자신의 시각 문제를 아주 긍정적으로 묘사한다.

'색맹' 같은 어휘는 우리에게 없는 것만을 강조한 것입니다. 우리에게 있는 것, 우리가 보고 느끼며 우리가 이루는 그런 세계는 전혀 고려하지 않은 것이지요. 저에게 해 질 녘은 마법 같은 시간입니다. 극명한 명암 대비가 없어 시야가 확장되고 시력도 갑자기 좋아집니다. 제 인생 최고의 경험은 해 질 녘이나 달빛 아래 이루어진 것이 많습니다. 저는 보름달 아래 요세미티를 돌아다녔고, 제가 아는 어느 색맹은 거기서 야간 경비로 일했습니다. 저에게 가장 행복한 추억은 거대한 미국삼나무 숲 속에 누워 별을 구경하던 그 순간입니다.
어려서는 더운 여름밤에 반딧불이를 따라다니며 놀았고, 네온 불빛이 반짝거리는 놀이공원, 어두컴컴한 유령의 집에 놀러가는 것을 좋아했습니다. 저는 유령의 집을 전혀 겁내지 않았습니다. 저는 실내장식이 화려한 옛날 극장, 야외극장을 좋아합니다. 크리스마스 철에 상점 진열장과 장식 나무의 반짝이 조명을 구경하는 것도 좋아합니다.

6. 많은 독자들이 크누트가 그렇게 나쁜 시력으로 어떻게 별을 그렇게 잘 볼 수 있는지 믿을 수 없다는 반응을 보였다. 왜냐하면 그나마 백내장이나 녹내장 같은 병에 걸렸다가는 그 시력마저도 0.1로 떨어져 별을 보는 것이 불가능에 가깝지 않느냐는 것이다. 그러나 크누트의

막대세포는 정상 시력인과 똑같으며, 어두운 곳에서의 시력—막대세포에 의해 이루어지는 시력—에는 장애가 전혀 없다. 그러니 크누트가 우리 같은 사람들만큼 별을 잘 본다는 것은 이상할 게 없다.

하지만 크누트가 우리보다 별을 더 잘 본다는 사실에는 별도의 설명이 필요할 것 같다. 나에게 편지를 보낸 스티븐 제임스(잉글랜드의 아마추어 천문학자)가 이 점을 상세히 설명한다.

밤이 되면 선생님의 눈이나 저의 눈이나 별을 인식하는 데 '장애'가 생깁니다. 우리 눈은 자동적으로 초점을 중심오목(여기에 원뿔세포가 다량 있는 것으로 알려져 있죠)에 맞추는데, 원뿔세포가 밤에는 기능을 하지 못하지요. 저는 아마추어 천문학자 대부분이 그런 것처럼 '주변시'로 보는 훈련이 되어 있습니다. 초점을 우리가 망원경으로 보고자 하는 별 바로 아래쪽에 맞추는 겁니다. 그렇게 해서 별을 막대세포가 풍부한 망막 부위에 놓는 겁니다. 크누트 선생께서 그렇듯이 별을 보기 위해서는 막대세포 몇 개면 되거든요. 이 기술을 쓰면 그냥은 보지 못할 희미한 별들도 더 잘 볼 수 있습니다.

중심오목이 없는 크누트는 이런 편법을 사용하지 않고서도 막대세포만으로 별을 잡아낸다. 그렇다고 크누트가 보통 사람들보다 막대세포가 더 많다는 것이 아니라 그의 야간 시력 '전략'이 중심오목이나 정상 시력자에게서 이루어지는 자동 기능에 방해를 받지 않는다는 뜻이다.

풍부한 막대세포를 이용한 주변시 능력이, 크누트가 시야에 예기치 못한 움직임이 발생했을 때 보통 사람들보다 훨씬 잘 보는 능력에도 중요하게 작동하는 것일 수 있다. 그런 움직임은 주변시에 훨씬 잘 포착되기 때문이다(신경과 의사들은 피로나 각종 신경질환에서 나타나는 섬유다발성연축이라고 하는 미세한 근육의 꼬임을 찾는 방법으로 천문가들이 별을 찾을 때 하는 것처럼 시각의 초점을 돌리는 훈련을 받아야 한다. 아주 미세한 움직임이 주변시에 잡히기 때문이다).

수화를 할 때도 시지각 능력과 주변시 분석력을 강화해야 한다. 생리학자 헬렌 네빌은 청각장애자가 수화를 할 때 대뇌의 주변시 인식력이 높아진다는 사실을 발견했다. 색맹의 경우에도 이렇지 않을까?

7. 이 다윈 엽서의 소개글에서는 다윈이 산호섬 이론을 여기 마주로에서 '발견'했다고 주장한다. 하지만 다윈이 그 이론을 구상한 것은 산호섬을 직접 보기 전이었다. 사실 그는 마주로도, 마셜제도나 캐롤라인제도에도 온 적이 없다(타히티는 방문했다). 하지만《산호초의 구조와 분포Structure and Distribution of Coral Reefs》에서 폰페이를 (푸이니페트 혹은 세냐바인이라고) 간단하게 언급했고, 핀지랩 이야기도 (그 시절에 부르던 이름 마카스킬로) 나온다.

8. 에베예는 어쩌면 일종의 막장, 가망 없는 인구 과밀과 질병만이 아니라 광적인 소비주의, 현금 경제라는 외래 풍조에 문화적 정체성과 통일성을 빼앗긴 막장 사회로 보인다. 암암리에 진행된 식민지화 과정에는 처음부터 암운의 싹이 잠재했다. 타히티가 '발견'된 지 겨우 두 해 뒤인 1769년에 그곳을 찾은 쿡 선장은 자신의 일기에서 백인의 진입이 태평양 문화 전체에 파멸을 야기하지는 않을까 하는 우려를 피력했다.

우리는 그들의 도덕을 타락시키고 그들 사회에 그들이 이제껏 경험해보지 않은 욕망과 질병을 퍼뜨리고 있다. 이것은 그들과 그 선조들이 누려왔던 행복한 평온을 파괴하는 데 이바지할 따름이다. 나는 우리가 이들 앞에 나타나지 않았더라면 훨씬 나았을 거라는 생각을 자주 한다.

9. 스트렙토마이신 사용의 선구자 빌 펙은 1958년에 마셜제도의 원폭실험 감시인단으로 미크로네시아를 방문했다. 그는 원폭 실험 결과로 갑상선암, 백혈병, 유산 등이 엄청나게 발생했음을 최초로 보고했지만, 당시에는 이 보고서 발표 허가가 나지 않았다. 그는 저서 《섬의 삼라만상A Tidy Universe of Islands》에서 미국이 비키니섬에서 원자폭탄 브라보 폭발 실험을 한 뒤에 론지랩에 떨어진 방사능 물질에 대해 생생하게 묘사한다.

폭탄을 터뜨린 지 네 시간에서 여섯 시간 뒤에 낙진이 시작되었는데 처음에는 뿌연 아지랑이 같더니 순식간에 가는 입자의 하얀 가루로 바뀌었다. 콰잘레인에서 영화를 본 적 있는 일부 원주민들은 눈 같다고 말했다. 지마코와 티나는 이 기적 같은 일에 신이 나서 자기보다 어린 꼬마들과 함께 고래고래 소리 지르며 마을을 뛰어다녔다. "이야, 이거 크리스마스 그림 같다. 우리가 눈 속에서 놀고 있잖아!" 아이들은 자기네 피부 위에 얼룩지고 머리카락을 하얗게 뒤덮고 땅에 서리처럼 내려앉은 끈적거리는 가루를 가리키면서 흥분해서 폴짝폴짝 뛰었다.

해가 저물면서 눈으로 보이는 낙진은 줄어들었고 남은 것은 달빛에 반사된 약간 인공적인 광채뿐이었다. 그러고는 가렵기 시작했다. 거의 모든 사람이 몸을 긁고 있었다. … 아침이 되어서도 여전히 가려웠고, 몇 사람은 눈물을 연신 흘렸다. 낙진은 시커멓게 변했고 땀 때문에 몸에 달라붙어 찬물로 씻어도 떨어지지 않았다. 주민들 모두 메스꺼움을 느꼈고, 세 사람은 구토했다.

10. 태평양 인구 다수가 비만에 시달리고 있으며, 때로는 합병증으로 당뇨병이 나타나기도 한다. 1960년대 초 제임스 닐은 그 원인이 이른바 '절약' 유전자'thrifty' gene일 수도 있다고 주장했는데, 식량이 부족할 때 지방을 축적할 수 있도록 해주는 유전자라는 것이다. 닐은 그런 유전자는 풍요와 궁핍을 오락가락하는 자급자족경제 사람들에게는 적응력이 대단히 높지만, 제2차 세계대전 이래로 오세아니아 전역에서 나타났듯이, 늘 고지방을 섭취하는 식생활로 바뀌게 되면 치명적일 정도로 적응력이 떨어질 수 있다고 주장한다. 나우루에서는 서구화된 지 한 세대가 지나기도 전에 섬 주민의 3분의 2가 비만 환자가되었고, 3분의 1이 당뇨병에 걸렸다. 다른 많은 섬에서도 수치는 비슷하게 나타났다. 정말로 위험한 것은 이러한 유전적 경향과 이러한 생활방식이 결합했을 때라는 사실을 피마족의 대조적인 운명이 잘 보여준다. 애리조나에 사는 피마족은 늘 고지방 식품을 섭취하는데, 이들 사회의 비만과 당뇨병 발병률은 세계 최고다. 그러나 이들과 유전적으로 비슷하지만 자급자족 농경과 목축으로 살아가는 멕시코의 피마족은 몸집이 호리호리하며 건강하다.

핀지랩

11. 청각장애 여행자도 바다 건너 혹은 지구 반대편으로 갔다가 다른 청각장애인을 만난다면 이와 비슷한 동족 의식을 느낄 수 있다. 1814년 프랑스의 청각장애인 교육자 로랑 클레르크가 런던의 한 청각장애인 학교를 방문했는데, 그때 일에 관한 기록이 남아 있다.

클레르크는 이 장면(저녁을 먹는 아이들)을 보자마자 얼굴에 화색이 돌았다. 흥분한 그의 모습은 감수성 강한 사람이 이역만리에서 동포를 만난 것과도 같았다. … 클레르크는 아이들에게 다가가 수화로 말했고, 아이들은 수화로 대답했다. 이 예기치 못한 만남에 그들은 너무나 유쾌해했는데, 이들이 주고받는 표정과 감정을 보며 우리는 가슴속 깊이 더할 나위 없는 감동을 받았다.

나도 투렛증후군(반복적인 근육 경련과 불수의적 발성發聲이 일어나는 신경정신성 질환 - 옮긴이)을 앓는 친구 로월 핸들러와 앨버타 북부 오지에 있는 메노파 교회에 갔다가 이런 경험을 한 적이 있는데, 투렛증후군 유전이 이상할 정도로 흔한 지역이었다. 로월은 처음에는 약간 긴장한 탓인지 상태가 좋았고 경련도 참을 만했다. 하지만 몇 분이 지나자 비명이 터져 나왔다. 모두가 그를 돌아보았다. 그러더니 다들 웃고 말았고—그 사람들은 이해했다—몇 사람은 심지어 로월에게 경련과 비명으로 화답하기까지 했다. 다른 투렛 환자들, 투렛 동족에 둘러싸인 로월은 여러 모로 드디어 '고향에 온 것' 같다고 여겼다. 그는 그 동네를 '투렛 마을'이라고 불렀고, 거기서 투렛증후군을 앓는 아름다운 메노교도 아가씨와 결혼하여 영원토록 행복하게 사는 꿈에 젖곤 했다.

12. 로버트 루이스 스티븐슨은 폴리네시아 회고록 《남태평양에서In the South Seas》에서 돼지에 관해서 이렇게 썼다.

돼지는 이 일대 섬에서 이뤄지는 육식의 주된 요소다. … 우리가 개와 사는 것처럼 섬의 많은 주민이 돼지와 함께 산다. 사람과 돼지가 동등한 자유 속에 화롯가에 모여 앉으며, 이 섬에서 돼지는 생활과 여가, 의식 세계의 동반자다. 돼지는 껍데기를 까서 자기 몫의 야자열매를 먹는데, (사람들 얘기로는) 그 열매를 땡볕 아래 굴려 구워 먹기도 한다. … 어린 시절에는 돼지가 헤엄을 치지 못한다고 들었지만, 나는 한 마리가 배에서 물속으로 뛰어들어 해안까지 500미터를 헤엄쳐 자기 주인이 사는 집으로 돌아가는 것을 보았다.

13. 핀지랩에서는 놀랍게도 모든 것이, 그러니까 나뭇잎만이 아니라 열매까지도 모두 녹색이었다. 빵나무와 판다누스 둘 다 녹색이었고 다양한 바나나 종도 모두 녹색이었다. 파파야, 망고, 구아바같이 빨강과 노랑의 환한 빛깔 열매들은 이 섬의 토종이 아니라 1820년대에 유럽인들이 들여온 것이다.

걸출한 색각 원리 연구자 존 딕슨 몰런은 구대륙 원숭이들이 "(주로 빨강이나 자줏빛 열매에 이끌리는 조류와는 반대로) 주황이나 노랑 열매에 특히 이끌린다"는 사실을 발견했다. 대부분의 포유동물(실은 대부분의 척추동물)은 짧은—그리고 중간치—파장 정보의 상관 작용을 바탕으로 한 2원색 색각이 발달했는데, 이는 사는 환경과 먹이, 친구와 적을 알아보며 색조가 매우 약하고 제한적이기는 하지만 그런 색의 세계에서 살아가는 데는 유리한 능력이다. 3원색을 완전하게 분간하도록 진화한 것은 일부 영장류뿐이며, 이 능력 덕분에 얼룩얼룩한 녹색 배경 속에서 노랑과 주황 열매를 찾아낼 수 있는 것이다. 몰런은 이들 열매의 배색이 그러한 원숭이의 3원색 색각 계통과 공진화한 것일 수 있다고 주장한다. 3원색 색각은 또한 가장 섬세한 감정적, 생물학적 상태의 표징을 인식할 수 있게 해주며, 이것을 적대적 행동이나 성적 행동의 신호로 (원숭이들도 사람 못지않게) 이용한다.

색맹, 즉 (또 다른 이름으로) 막대세포 전색맹은 머나먼 고생대에 발달한 것으로 보이는 원시적인 2원색 색각조차 없다. 몰런이 말하는 "사람 2원색 색각이상자(색맹)"가 "환한 곳에서 아무렇게나 널려 있는 얼룩덜룩한 녹색 속에서 색 있는 열매를 찾아내는 데 특별히 어려움을 겪는다"면 전색맹은 훨씬 더 심각한 장애로, 최소한 2원색 색각이 상자에게 맞춰진 세계에서 살아남기란 더욱더 힘든 일이 될 것이다. 그러나 바로 여기가 적응과 보상이 중대한 구실을 하는 지점이다. 몰런의 주장과는 상당히 다른 이 인식을 프랜시스 퍼터먼이 잘 설명한다.

> 뭔가 새로운 사물을 접할 때면 나는 모든 감각기관을 다 동원하여 철저하게 경험한다. 만져보고 냄새 맡고 생김새를 본다(물론 색깔을 제외한 시각적인 모든 측면을 보는 것이다). 심지어는 그것을 때리거나 톡톡 치거나 청각적 경험을 만들어낼 만한 것은 뭐든 해본다. 모든 사물에는 우리가 음미할 수 있는 독특한 저마다의 특성이 있다. 모든 것을 다른 각도, 다른 면에서 볼 수 있다. 둔탁한 촉감, 반질반질한 촉감, 짜임새, 인상, 투명성 등. 나는 이 모든 것을 평소 습관대로 면밀히 살펴본다(시각적 장애 때문에 생긴 습관이지만, 나는 그 덕분에 여러 감각기관을 통해서 사물을 경험할 수 있는 것이라고 생각한다). 내가 색깔을 볼 수 있었다면 어땠을까? 아마도 사물의 색깔이 내 감각 경험을 독차지한 나머지 사물의 다른 특성은 그만큼 세세하게 알아내지 못하지 않았을까?

14. 핀지랩의 바나나는 녹색 품종과 노랑색 품종, 크고 작은 품종 등등 적어도 14종이 있다. 그리고 폰페이에는 40종 이상의 품종이 있는데, 일부는 이 섬에서만 나는 것으로 보인다. 바나나는 체세포돌연변이가 빈번하게 일어나는 것으로 보인다. 좋을 것이 없는 돌연변이도 있지만, 질병에 대항 저항력이 더 강해지거나 열매의 맛이 더 좋아지는 돌연변이도 있다. 이런 까닭에 전 세계에서 약 500종의 개량 품종이 경작되고 있다.

중요한 돌연변이가 바나나는 종으로 인정되지만(린네식 이항 학명도 붙는다) 덜 중요한 돌연변이는 품종으로만 간주된다(지역에서 부르는 이름만 있다). 그러나 그 차이는 다윈이 설명한 것처럼 정도의 문제일 뿐이다. 그는 《종의 기원》에서 "종과 품종은 알아볼 수 없을 만큼 미미하게 연속해서 서로 혼합되는데, 그 연속이 하나의 과정이라는 인상을 준다." 시간이 흐르면서 많은 품종이 별개의 종이 될 만큼 분화할 것이다.

15. 다윈의 동료였다가 나중에 편집자가 된 존 저드는, 화산 침식 이론의 가장 강력한 옹호자인 라이엘이 젊은 다윈이 세운 침식 이론을 듣고는 "기쁨을 주체하지 못해 덩실덩실 춤을 추고 온몸을 내던져 보기 흉한 몰골이 되었다"고 기록했다. 그러나 그는 다윈에게 이렇게 경고했다. "연구에 전념한 나머지 아무도 믿어주지 않는 세상에 짜증나서 나처럼 대머리가 되기 전까지는 그런 주장을 믿어줄 사람이 있을 것이라고 우쭐댈 생각일랑 말게나."

16. 스티븐슨이 "저 기린 같은 식물은 … 너무나 우아하고 너무나 다루기 어려우며 유럽인들의 눈에는 너무나 낯설다"고 말한 코코야자는 폴리네시아와 미크로네시아 사람들에게 가장 소중한 재산으로, 그들은 새로 정착하는 섬마다 이 식물을 가져갔다. 멜빌은 《오무》에서 코코야자를 이렇게 묘사한다.

그것이 주는 혜택은 이루 다 헤아릴 수 없을 정도다. 섬사람들은 해마다 그 그늘 아래서 쉬며 그 열매를 먹고 즙을 마신다. 커다란 가지로는 오두막에 이엉을 얹고, 또 바구니를 엮어 음식을 나르는 데 쓴다. 갓 나온 연한 잎은 땋아서 부채로 쓰고 갓을 만들어 뜨거운 해를 가리기도 한다.

줄기 밑동을 둘러싼 천 같은 물질로 옷을 만들어 입기도 한다. 열매 중에 큰 것은 껍데기를 거친 곳에 대고 얇게 밀어 광을 내고 멋지게 장식하여 근사한 술잔으로 만든다. 작은 열매로는 곰방대 놓는 대접을 만든다. 열매 껍데기에 붙은 바짝 마른 섬유질은 불쏘시개가 된다. 또 이 섬유질은 꼬아서 낚싯줄이나 마상이 엮는 새끼줄로 만든다. 몸에 상처가 나면 열매즙으로 만든 향유를 바르며, 과육에서 뽑아낸 기름은 시체 보존을 위한 방부제로 쓴다.

장대한 몸통도 결코 함부로 내버리지 않는다. 여러 개를 엮어서 집의 기둥으로 받치기도 하고 숯으로 만들어 음식을 익히는 데 쓰기도 한다. … 이 나무로 만든 노로 마상이를 젓기도 하고, 단단한 재질의 이 나무로 제작한 몽둥이와 창으로 전투를 하기도 한다.

이렇듯, 이 나무의 열매를 땅에 떨어뜨린 한 사람이 이곳보다 덜 따뜻한 기후대에 사는 사람 여럿이 누리는 것보다 더 많은 혜택과 더 많은 자손을 얻는다고들 말한다.

17. 핀지랩어를 폰페이어와 확연히 구분되게 만든 분화 현상은 미크로네시아 일대의 많은 섬에서 두루 발생했다. 폰페이 본토어와 사투리를 구분 짓는 기준이 명확한 것은 아닌데, 엘라이 자크 칸이 《미크로네시아의 기자A Reporter in Micronesia》에서 다음과 같이 설명한다.

마셜제도에서는 마셜어를 말하고, 마리아나제도에서는 차모로어를 말한다. 이를 시발점으로 언어가 복잡해졌다. 부족어들 가운데 … 희귀어로 손소롤 주민 83명이 사용하는 말과 토비 주민 66명이 사용하는 말이 있는데, 이 두 섬은 팔라우 구역에 속하면서도 사람의 왕래가 잦은 팔라우 항로에서는 벗어나 있다. 손소롤과 토비 주민들에게는 자기네 말이 없이 그저 이 구역의 주요어인 팔라우어의 사투리를 쓴다는 주장도 있다. 야프어도 또 다른 주요어인데, 13개 모음과 32개 자음을 지닌 복잡한 말이다. 야프 구역에는 울리시 산호섬과 월레이 산호섬이 있는데, 월레이어를 울리시어의 사투리로 치지 않는다면 두 섬 모두 그들만의 언어가 따로 있다고 볼 수 있다. 야프 구역의 또 다른 산호섬 사타왈에도 주민 321명이 사용하는 독자적인 말이 있지만, 이 언어를 그저 추크섬의 주요어인 추크어의 사투리라고 단정 짓는 사람들도 있다.

사타왈어를 포함시키지 않는다면 추크어에 딸린 사투리가 최소한 10개인데 풀루와트어, 풀랍어, 풀루숙어, 모틀로크어가 여기에 들어간다 (18세기 탐험가의 이름을 딴 모틀로크제도에서 쓰는 말을 하나의 독자적인 언어라고 주장하는 학자도 많다.) 폰페이 구역에는 폰페이어 말고도 코스라이에어가 있는데, 미크로네시아의 폰페이 구역에 있는 누쿠오로와 카핑가마랑기라는 두 폴리네시아 산호섬에서 각자 고유한 그들만의 언어를 쓰는 까닭이다. 두 섬은 또 서로 상당히 다른 사투리를 쓴다. 끝으로 일부 언어학자들의 주장과 달리 무오아킬과 핀지랩을 비롯하여 폰페이 구역의 섬 두 군데 이상에서 사용하는 말이 폰페이 표준어의 변형이 아니라 각각 무오아킬어와 핀지랩어라는 독자어라고 주장하는 언어학자들도 있다.

칸은 "일부 미크로네시아 사람들은 놀라울 정도로 다재다능한 언어학자가 되었다"고 말한다.

우리는 동물과 식물이 원래 종족에서 변종으로 분화했다가 각각의 종이 되는 과정을 생각하지 않을 수 없다. 이처럼 신종이 분화하는 과정은 섬처럼 독특한 환경에서는 특히나 집중적으로 나타날 수밖에 없으며, 하나의 제도에 속한 인접 섬들을 볼 때는 더없이 극적이다. 물론 문화와 언어의 진화는 일반적인 의미의 다윈주의보다 훨씬 빨리 진행되는데, 우리는 우리가 획득한 어떤 것이든 직접 다음 세대로 전달하는 까닭이다. 우리가 전달하는 것은 유전자가 아니라 리하르트 볼프강 제몬이 말하듯이 '므네메'(유기적 기억을 뜻한다. 제몬은 유기체의 생물학적 기억이 바깥 세계의 자극을 받아 지속적으로 변용된다고 주장했다—옮긴이)이다.

18. 규모가 작고 고립된, 혹은 최근에 발견된 인구 집단 안에서 추적되는 정확한 혈통, 예컨대 핀지랩의 구전 족보나 많은 공동체의 성문 기록을 통해서 한 개인의 조상 또는 소수의 조상을 찾아내 하나의 유전적 특징이 어떻게 전파되었는가를 알아낼 수 있다. 유전학자들은 이런 상황을 일러 '창시자 효과'라고 부른다. 마서즈비니어드섬의 꼼꼼한 기록은 이 지역에서 나타나는 유전적 결함의 '창시자'가 1690년대에 이 섬에 들어온 두 형제로, 이들이 퇴행성 유전자의 보유자였음을 보여준다. 이와 비슷하게 투렛증후군 발병률이 높은 캐나다 앨버타주 라크레트의 작은 메노파 공동체에서 밝혀진 모든 장애 사례 또한 1880년대에 우크라이나에서 이민 와 라크레트 공동체를 창시한 게르하르트 얀첸—그는 세 아내로부터 스물네 자녀를 얻었다—으로 거슬러 올라간다. 또한 미국에서 헌팅턴무도병은 1630년대에 롱아일랜드로 이민을 간 번식 능력이 아주 좋은 두 형제로 거슬러 올라간다.

규모가 큰 사회에서는 유전적 (그러나 전부가 다 질병은 아닌) 이상을 지닌 개인이 사회 전체의 균형을 깨뜨릴 정도로 많지 않지만, 규모가 작거나 고립된 사회 또는 외부인과의 결혼을 금지하는 사회(메노파 공동체, 암만파 공동체, 유럽의 유대인 사회 등)에서는 혈족 간의 결혼이 많을 수밖에 없으며 그들 가운데 다수가 (다음 세대로 전달되는) 그런 유전자의 보유자가 된다. 어떤 퇴행성 유전자 보유자 두 사람이 결혼한다면 멘델 법칙의 비율로 봤을 때 증상이 나타나는 질병을 지닌 자녀를 낳을 확률이 높아진다.

제러드 다이아몬드는 창시자 효과를 세계의 유전자 양상 변화와 비교하여 설명했는데, 그 양상이란 지난 몇천 년에 걸쳐—처음에는 농경의 확산에 의해서, 다음으로는 정치 국가의 형성과 더불어, 그리고 지금은 세계 여행의 걷잡을 수 없는 증가에 의해서—다른 종족들이 뒤섞이고 유전적으로 균질화된 인구 집단으로 변화하고 있다는 것이다. 그는 (이 책의 서평에서) 이렇게 썼다. "사람의 유전적 다양함"은,

현재보다 과거에 훨씬 높았을 것이다. 지금은 새로운 인구 집단이 끊임없이 형성되고 개개인의 유전자가 작은 지역 사회로 확대되기 때문이다. 따라서 핀지랩과 뉴기니(다이아몬드의 첫 진화학 연구 지역이 뉴기니였다)는 세계 인구에서 차지하는 비중은 아주 작지만 유전학에는 아주 중요한 곳이다. 왜냐하면 이곳의 유전적 양상이 우리의 과거 모습을 보여주기 때문이다.

19. 핀지랩에는 등유 발전기가 두 대 있다. 하나는 관청과 진료소와 그 밖의 건물 서너 채의 조명을 밝히기 위한 것이고, 또 하나는 이 섬의 비디오테이프 녹화기를 돌리기 위한 것이다. 그러나 앞의 것은 몇 년 동안 사용하지 않았고, 그걸 수리하거나 새것으로 교체하려는 사람도 없었다. 그들은 주로 촛불이나 등불에 의지한다. 하지만 다른 발전기는 아주 정성 들여 관리하고 있었는데, 섬사람들이 미국 액션영화를 보지 않고는 못 배기는 까닭이다.

20. 윌리엄 댐피어는 빵나무에 대해 묘사한 최초의 유럽인이었는

데, 그가 이 나무를 본 것은 1688년 괌에서였다.

이 나무의 열매는 큰 가지에 사과처럼 열린다. 열매의 크기는 1페니 식빵(페니 로프. 13세기 영국에서 법률로 규정한 일반적인 빵 덩어리의 크기를 지칭하는 말―옮긴이)만 한데, 비교하자면 밀값은 1부셸(대략 28킬로그램)에 5실링이다. 모양은 둥그렇고 단단하고 질긴 껍데기에 싸여 있다. 잘 익은 열매는 노랗고 말랑말랑하고 달콤해서 아주 맛있다. 괌 원주민들은 이 열매를 식빵으로 먹는다. 열매가 다 자라 단단한 녹색이 되었을 때 따서 가마에 넣고 껍데기가 새카매질 때까지 굽는다. 그러나 … 속은 연하고 부드럽고 하얀 것이 1페니 식빵 속과 비슷하다. 속에는 씨도, 심도 없이 식빵처럼 하나의 물질뿐이다. 이것은 굽자마자 먹어야 하는데 24시간이 지나면 딱딱하고 퍽퍽해지기 때문이다. 딱딱해지기 전에는 아주 맛있다. 한 해에 여덟 달 동안 열매가 열리는데, 원주민들은 이 기간 동안 다른 식빵 종류는 전혀 먹지 않는다.

21. 해삼류에는 체벽에 아주 날카롭고 미세한 침이 달린 종이 많다. 이 침은 단추 모양, 작은 알갱이형, 타원 모양, 막대 모양, 주걱 모양, 살 달린 바퀴 모양, 닻 모양 등 가지각색이다. 이 침(특히 닻 모양 침은 진짜 배의 닻처럼 생겼고 아주 날카롭다)이 녹거나 뭉개지도록 조리해야 한다. 그러려면 몇 시간, 심지어는 며칠씩 푹 삶아야 한다. 운이 나쁜 경우 먹은 이의 장벽에 이 침이 박혀, 심각하지만 보이지 않는 출혈을 일으킨다. 해삼을 진미로 여기는 중국에서는 이것이 수 세기 동안 사람을 죽이는 방법으로 사용되어왔다.

22. 존스홉킨스 의대의 이렌 모메니 허슬스와 그 동료들은 편지

랩 인구 전체와 폰페이, 무오아킬에 사는 많은 핀지랩인의 혈액 표본을 추출했다. 그들은 DNA 분석을 통해 마스쿤을 유발하는 유전자 결함을 찾아내고자 했다. 이것을 해낼 수 있다면 이 질환의 전달자를 알아낼 수 있으리라고 본 것이다. 그러나 모메니 허슬스가 지적했듯이, 이것은 복잡한 인종적·사회적 문제를 일으킬 수 있다. 가령 이것을 알아냈을 때, 이 유전자를 보유한 30퍼센트의 인구에게 결혼과 고용에 있어서 불리하게 작용할 수 있는 것이다.

23. 1970년에 모메니 허슬스와 모턴이 하와이 대학의 유전학 연구팀을 이끌고 미크로글로리호를 타고 핀지랩에 왔다. 그들은 빛이 반짝일 때 망막의 반응을 측정하는 망막 전도 측정기를 포함하여 각종 복잡한 장비를 준비해 왔다. 그들이 마스쿤을 지닌 사람들의 망막을 검사했을 때 막대세포는 정상적으로 반응하지만 원뿔세포에서는 아무런 반응도 일어나지 않는다는 것을 알아냈다. 그러나 생물체의 망막 원뿔세포를 직접적으로 관찰한 것은 1994년 로체스터 대학의 도널드 밀러와 데이비드 윌리엄스가 처음이었다. 그 뒤로는 천문학, 적응광학適應光學의 방법을 응용하여 눈에 보이는 상像을 시각화할 수 있었다. 아직은 선천적 색맹을 검사하는 데 이 장비가 사용된 적이 없지만, 이것으로 원뿔세포가 없는지 혹은 어떤 결함이 있는지를 직접적으로 시각화해서 볼 수 있다면 상당히 흥미로운 결과를 얻을 수 있으리라고 본다.

24. 스티븐슨은 이렇게 썼다. "식인 풍습의 흔적은 마르키스제도에서 뉴기니, 뉴질랜드에서 하와이까지 태평양 전역에서 발견된다. … 멜라네시아 전체가 이 풍습에 찌든 것으로 보인다. … (그러나) 내가 아

는 사람이라곤 관광객 한 명밖에 없는 미크로네시아와 마셜제도에서
는 이 풍습의 흔적을 찾을 수 없었다."

그러나 스티븐슨은 캐롤라인제도를 가본 적이 없고, 제임스 F. 오
코넬은 핀지랩의 자매 산호섬 가운데 하나인 파킨(그는 이 섬을 웰링턴섬
이라고 부른다)에서 식인 풍습을 보았다고 주장한다.

웰링턴섬 원주민들이 인육을 먹는다는 이야기를 들었지만 내가 직접 볼
때까지는 믿지 않았다. 그러다 내 눈으로 직접 보고 말았다. 그들은 주체
할 수 없는 열정에 휩싸인 것 같았고, 제물은 포로만이 아니었다. 족장
에 대한 섬뜩한 경의의 표시로 자기 친자식을 추장에게 바치는 부모들
도 있었다. 웰링턴 섬은 … 하나의 초호에 둘러싸인 세 섬으로 이루어져
있다. 그중 사람이 사는 섬은 한 곳뿐이고 나머지 두 곳에는 사람이 살
지 않는데도 여러 족장이 서로 자기 땅이라고 주장하는데, 아마도 이것
이 전쟁을 벌일 구실이자 인육에 대한 소름 끼치는 열망을 충족시킬 구
실로 작용하는 것 같다.

25. 전승에 남아 있는 핀지랩의 역사는 수 세기에 걸쳐 구전이나
노래를 통해 다음 세대로 전달되었던 서사시 혹은 전설인《리암-웨이
웨이Liam-Weiwei》에서 읽을 수 있다. 1960년대에는 난음와르키만이
161편의 운문 전체를 알았는데, 제인 허드가 이것을 기록하지 않았더
라면 이 서사시는 사라졌을 것이다.

그러나 인류학자는 아무리 호의적이라 하더라도 토착 노래나 제
의를 연구 대상으로 다룰 수밖에 없으며, 따라서 그 노래를 실제로 부
른 사람들의 영혼, 정신, 관점을 충분히 헤아리지 못하는 경우도 있다.
인류학자가 보는 문화는 의사가 환자를 보는 것과 같다고 말해도 될

것이다. 자신의 것과는 다른 의식 세계와 문화를 함께하고 관통하기 위해서는 역사가나 과학자의 기술 이상의 것이 필요하다. 그러자면 특별한 예술적, 시적 능력이 필요하다. 예를 들어 영국 시인 W. H. 오든은 스스로를 아이슬란드인의 후예로 여겼다(그의 이름 첫 머리글자 W의 위스턴은 아이슬란드계 이름이며, 그의 초기작도 《아이슬란드에서 온 편지들Letters from Iceland》이었다). 그러나 아이슬란드의 위대한 서사시 〈노인 에다the Elder Edda〉를 재해석하여 원작의 초자연적이며 초인적인 기풍을 그토록 생생하게 되살려낸 것은 그의 언어적 재능과 시적 능력이었다.

바로 이 점이 의사이자 시인으로 생의 마지막 35년을 미크로네시아에서 살았던 빌 펙Bill Peck의 작품이 지닌 비길 데 없는 가치이기도 하다. 젊은 의사 시절을 아프리카 남부에서 보냈던 그는 이 지역의 민담과 토착 미술에 진지하게 관심을 갖게 되었고, 토착 문화에 심취했다. 미크로네시아에 원자폭탄 실험의 감시단원으로 파견되었을 때 그는 섬 주민들에 대한 처우를 보고는 경악했다. 훗날 유엔 산하 태평양제도신탁통치령의 보건위원으로 미크로네시아에 다시 오게 된 그는 열정적이고 낭만적인 의사들(존 스틸과 그렉 데버 등)을 설득해 새로운 보건부서(오늘날의 미크로네시아 보건진료소)를 세우고, 원주민들을 대상으로 의사의 업무를 보조할 수 있는 간호사 양성 사업을 전개하는 데 도움을 받았다.

빌은 1970년대 초에 추크섬에 살면서 추크의 고대 전승과 신화에 눈을 떴고, 우도트 족장 킨토키 조셉을 만났을 때는 일종의 '개종'을 체험했다. 그는 족장과 몇 주를 함께 보내면서 그의 이야기를 진지하게 듣고 기록했다. 그에게 이것은,

마치 사해문서 혹은 모르몬경을 발견하는 것과 같았다. … 킨토키 족장

은 어떤 기도문이나 노래를 기억해낼 때면 묵묵히 앉아 마치 황홀경에 든 것처럼 이따금씩 고개를 끄덕였다. 그러다 생각이 나면 연극하듯 몸짓을 섞어가며 이탕어Ittang로 낭송하는데, 목소리가 높아졌다 낮아졌다 하면서 찬미 또는 경외 혹은 공포에 사로잡히는 듯했다. … 킨토키 족장은 내게 말했다. "이 시들을 낭송하는 순간만큼은 내가 그 계시를 처음으로 들었던 고대의 예언자라고 믿는다오."

이 만남으로 빌은 새로운 일에 헌신하게 되는데, 후대를 위해 추크 부족의 문화를 포함한 미크로네시아 모든 문화의 노래와 신화를 기록하고 보존하는 것이었다(하지만 그의 방대한 작업 가운데 아주 작은 일부만 출판되었다.《추크의 성서Chuukese Testament》와《태초를 노래하라 Speak the Beginning》, 그 밖에 논문과 여러 편의 시가 그것이다). 과학과 시를 관통하는 그의 목소리는 미크로네시아의 어느 목소리와 견주어도 부족하지 않을 통찰력을 보여준다. 은퇴한 뒤 로타(내가 그를 만난 곳)에 살면서 글을 썼던 그는 로타의 명예시민이라는 영예를 누린 유일한 이방인이었다. 내가 그곳을 떠날 때 그는 이렇게 말했다. "나는 미래 세대를 위하여 내 삶의 여든세 번째 해를 옛 전승을 번역하고 보존하는 일에 바치는 늙은 의사이자 늙은 시인이라오. 이 사람들에게서 받은 선물의 일부나마 보답할 수 있을까 하고 말이오."

26. 제러드 다이아몬드를 위시한 많은 독자가 핀지랩의 색맹, 즉 이 유전자 이상의 이형보인자에게 어떤 보상적 이점이 있는 것은 아닌가 하는 의문을 제기해왔다. 그 이점으로 인하여 퇴행성인 이 결함이 지속되는 것일 수도 있다고 보는 것이다. 다이아몬드는 이렇게 묻는다.

색맹 유전자 이형보인자는 주간 시력은 손상되어 형편없는 반면 야간 시력만은 정상 시각자보다 다소 좋은 편이 아닌가 말이다. 이렇듯 이형보인자가 정상 시각자보다 밤낚시에 유리한 까닭에 배우자를 획득하는 데 더 유리하고 따라서 자녀를 양육하는 데 더 유리하다면, 전통적 핀지랩 사회에서는 이점을 누릴 수 있다. 그렇다면 핀지랩의 색맹은 창시자 효과가 자연선택에 의해 확대된 좋은 예가 될 것이다.

27. 바닷물 0.028세제곱미터 안에는 이 미세한 발광생물이 3만 마리까지 있는데, 이 야광충으로 가득하여 엄청나게 빛나는 바다를 많은 이가 목격했다. 찰스 프레더릭 홀더는 1887년 《살아 있는 빛―발광동물과 발광식물에 관한 알기 쉬운 설명Living Lights: A Popular Account of Phosphorescent Animals and Vegetables》에서 프랑수아 드 트상이 반짝이는 물결을 보고 "강렬한 번개의 섬광" 같았다고 묘사한 부분을 언급하는데, 이 반짝임에 대한 설명이 읽을 만하다.

그 빛은 나와 내 길동무들이 든 방을 환히 밝혀주었다(고 드 트상이 썼다). … 하지만 우리 방은 부서지는 파도에서 50미터도 넘게 떨어져 있었다. 나는 그 빛 아래서 글을 써볼까도 했지만, 그러기에는 반짝이는 시간이 너무 짧았다.

홀더는 계속해서 이 "살아 있는 별들"에 대해 말한다.

배 한 척이 이 동물 무리를 뚫고 나아갈 때 그 빛이 가장 환하다. 한 미국인 선장은 인도양에서 이 동물이 사는 구역을 횡단하는데 이 무수한 발광체가 뿜어내는 빛이 거의 50킬로미터를 뻗어나가 … 별빛마저도 잠식

인광으로 빛나는 바닷가에서 책을 읽고 있는 프랑수아 드 트상.
찰스 홀더의 《살아 있는 빛》 중에서.

해버렸다 … 고 말한 바 있다. 은하수는 보일락 말락 희미할 뿐 시야에 들어오는 바다는 녹아내린 금속처럼 반짝이는 광대한 빛, 순백색 덩어리였다. 돛과 돛대와 삭구는 사방에 기이한 그림자를 던지고, 배가 물결을 따라 요동치자 이물에서 불꽃이 일고, 살아 있는 빛의 거대한 흐름이 우리 앞을 환히 비추었다. 무섭고도 황홀한 광경이었다.

야광충이 강렬하게 빛날 때는 환한 파란빛이다. 하지만 물결이 일렁일 때는 아주 하얀빛 또는 푸르스름하고 파르스름한 반짝이를 흩뿌린 은빛 광채를 낸다.

홈볼트도《자연의 경관》에서 이 현상을 묘사했다.

바다에는 젤라틴 성질의 바다 벌레들이 산 것이나 죽은 것이나 할 것 없이 별처럼 반짝여서, 푸른 수면을 불타는 거대한 종이 한 장으로 바꾸어놓았다. 저 고요한 태평양 열대의 밤은 내 마음에 지울 수 없는 인상을 남겨놓았다. 아르고자리가 천정天頂에 떠 있고, 저무는 남십자성은 은은한 빛을 파란 하늘에 퍼붓고, 돌고래들은 반짝이는 물이랑에 거품을 일으키는 그곳.

폰페이

28. 오코넬의 말이 지어낸 이야기 같겠지만, 10년 뒤 허먼 멜빌의 경험과 그보다 몇십 년 앞서 윌리엄 매리너가 경험한 것과 일치한다. 통가에서 가장 힘센 족장 피나우 울루칼랄라 2세는 젊은 매리너를 무척 좋아했는데, 그는 1806년 동료 선원 절반을 잃은 대학살에서 살아남은 잉글랜드 뱃사람이었다. 족장은 아내 가운데 한 명을 매리너의 '어머니'이자 교사로 임명해 부족의 관습을 가르치게 한 뒤 입양하고

그에게 자신의 죽은 아들 이름을 붙여주었다. 멜빌도 이와 비슷하게 1842년 마르키즈제도에서 배에서 달아나 타이피족이 사는 골짜기로 들어갔을 때, 그 골짜기에서 가장 힘센 족장 메헤비가 그를 입양하고 자신의 딸 페우에(파야웨이)를 그의 교사이자 연인으로 삼게 했다.

멜빌의 이야기는 독자들을 사로잡기는 했지만 사람들은 그것이 그저 지어낸 연애소설이라고 여겼다. 멜빌은 끝까지 실화라고 주장했다. 한 세기 뒤에 인류학자들이 그의 이야기가 실화임을 확인할 수 있었는데, 타이피 부족민 사이에 전해지는 구술사에 엄연히 남아 있었던 것이다.

29. 1972년에 재판된 오코넬의 회고록 서론에서 스미스소니언 연구소 태평양 민족지학 큐레이터 솔 H. 레이젠버그는 상세한 오코넬의 일대기와 그에 대한 비판적 재평가를 수록했다. 레이젠버그는 ('보나비'의) 원주민들의 삶에 대한 오코넬의 기록 가운데 많은 부분이 "정확하고 통찰력" 있으며 "아직껏 외부의 영향을 받지 않은 문화에 대한 대단히 소중한 민족지적 서술"을 보여준다고 본다. 그러나 오코넬의 회고 중에는 "뻔뻔할 정도로 부정확하여 날조한 것이 아닌지" 아니면 의식적으로든 무의식적으로든 그가 방문했을 수도 있는 다른 섬에서 본 것과 뒤섞어놓은 것은 아닌지 하는 의문이 드는 내용도 있다고 한다.

레이젠버그는 오코넬이 오스트레일리아의 형무소에서 징역을 살았던 전과자로, 이 사실을 숨기고 그의 이야기에 솔깃해하는 대중들에게 이야기를 마음껏 꾸며 전달하기 위해서 이름과 상황을 바꾸었을 수도 있다고 믿는다.

'저명한 문신 사나이' 오코넬은 훗날 유명한 서커스 단원으로 미국을 일주하면서 자신이 겪은 남태평양 모험담을 이야기하고, 나무피리 춤을 추고(나막신 춤을 미국에 들여온 것도 오코넬이라고 전해진다), 문신을 자랑했다.

30. 마셜 I. 와이슬러는 세계에서 가장 외딴 지역으로 꼽히는 피트케언섬과 헨더슨섬의 비교 연구를 통해 "폴리네시아 일대 10여 개 섬에서 불가사의한 종말을 맞이했던 인구 집단에게 어떤 일이 벌어졌는지를 연구했다. 두 섬 다 1000년 무렵 모(母)섬인 망가레바의 주민들이 이주해 갔다. 경작할 땅이 거의 없고 상용할 민물이 없는 산호섬 헨더슨은 50명 이상은 살 수 없는 곳이었지만, 화산섬 피트케언은 수백 명을 먹여 살릴 수 있는 곳이었다. 두 섬의 주민들이 서로 교류하고 모(母)섬과 접촉하던 초기에는 인구가 자원을 초과하지 않아 사회적, 생태적 균형을 유지할 수 있었다. 그러나 늘어난 인구가 망가레바섬과 피트케언섬의 삼림을 파괴하면서 헨더슨에 서식하던 바닷새와 거북이들을 거의 멸종시켰으리라는 것이 와이슬러의 가설이다. 망가레바섬 주민들은 살아남았지만, 제러드 다이아몬드의 말을 빌리자면 "전쟁과 동족끼리 잡아먹는 파국으로 치달아" 1450년 무렵 헨더슨섬, 피트케언섬과의 교류가 끊겼다. 망가레바섬과의 물자 및 문화 교류가 없어지자 이곳의 인구 집단도 점점 감소하여 1600년 무렵에 결국 사라지고 말았다. 다이아몬드는 이들의 가련한 마지막 시기에 어떤 일이 일어났을까를 다음과 같이 추측한다.

결혼을 하려는 사람들 가운데 근친상간의 금기를 어기지 않은 남녀는 없었을 것이다. … 이미 한계에 다다른 환경에다 이상 기후까지 발생하여 섬 주민들을 굶어 죽게 만들었을 것이다. … 헨더슨섬 주민들 사이에는 (망가레바섬과 이스터섬에서 그랬듯이) 동족을 잡아먹는 일도

(생겨)났을 것이다. … 그들은 사회적 박탈감으로 머리가 돌아버렸을 것이다.

그들이 이 모든 무시무시한 운명을 용케 피했다고 해도 "50명이라는 소수로는 사회가 존속하지 못한다는 현실에 부닥쳤을 것"임을 다이아몬드는 강조한다. 다른 지역으로부터 고립된 사회라면 인구가 수백 명이라 해도 "문화를 항속적으로 추동시키기에는 부족하다." 설사 물리적으로 살아남는다 해도 창조성을 잃고 정체되고 퇴보하는, 문화적 '근친교배' 상태를 면하지 못할 것이다.

나는 어린 시절에 우표를 수집할 때 특히나 피트케언의 우표를 좋아했는데, 이 외딴섬에 사람이 70명밖에 살지 않고 그들 모두가 바운티호 반란자들의 후예라는 점 때문이었던 것 같다. 물론 지금의 피트케언 주민들은 현대적 통신수단을 갖추고 잦은 선박과 항공 왕래로 더 큰 세계와 접촉하고 있다.

31. 다윈은 이들 연약한 산호섬들이 어떻게 살아남았는지 의아해했다.

이 낮은 지대의 홀쭉하게 패인 섬들은 광막한 대양 위에 불쑥 솟은 작은 점에 지나지 않는다. 그렇게 가냘픈 침입자들이 태평양이라는 이름이 어울리지 않는 저 광포한 바다의 전지전능하며 지칠 줄 모르는 파도에 가라앉지 않은 것이 놀랍다.

32. 쿡 선장은 종종 서쪽으로 부는 강한 무역풍에 밀려 우연찮게 사람들이 들어와 살게 된 섬이 많다는 것을 알았다. 아티우섬에 상륙

한 그는 1,100킬로미터 거리의 타히티 출신 생존자 세 사람을 발견했다. 그들이 처음 떠날 때는 스무 명이었는데, 바로 몇 킬로미터 거리의 라이아테아로 갈 생각이었지만 도중에 바람에 밀려 아티우에 좌초한 것이었다. 그는 이처럼 의도하지 않은 항해가 "남태평양처럼, 사람이 사는 어떤 대륙에서도 멀리 떨어진 곳(섬)에 사람이 살게 된 연유"가 될지도 모른다고 생각했다.

33. 나는 그날 크누트의 경험을 보면서 몽테뉴의 글이 떠올랐다.

사람은 치유하고자 하는 질병과 진단하고자 하는 사건과 상황을 전부 경험해야만 한다. … 나는 그런 사람만을 신뢰할 것이다. 그렇지 않은 사람들은 책상에 앉아 바다와 암초와 항구를 그리며 아무런 위험도 없는 곳에서 모형 배로 항해를 즐기듯이 우리의 길잡이 노릇을 하려 든다. 그 사람을 실제 세계 안에 던져 넣어보라. 뭘 해야 할지 몰라 쩔쩔맬 것이다.

34. 문어의 놀라운 지능과 커다란 눈, 늘 변화하는 형상이 경외감과 신비감을 불러일으킨다는 것이 크게 놀라운 일은 아닐 것이다. 나는 최근에 태즈메이니아에 사는 그레이엄 톰슨이라는 사람으로부터 편지를 받았는데, 뉴기니에서 조금 떨어진 머리섬에도 창조신 말로가 있다는 이야기였다. 말로도 문어 신으로 이들의 여덟 촉수는 세 섬에 사는 메리암족의 여덟 부족을 상징한다고 한다. 이 섬사람들은 기독교가 유입된 지 300년이 지난 지금까지도 이 창조 신화를 지키는데, 가령 머Mer섬의 교회 십자가가 "세 섬에 촉수를 걸친 문어 형상 위에 세워졌다"는 것이다.

35. 프랜시스 퍼터먼은 크누트처럼 색에 대한 백과사전적 지식과 그 물리적, 신경학적 토대, 그리고 다른 사람들이 느끼는 색의 의미와 가치를 습득했다. 퍼터먼은 (그리고 다른 색맹인들도) 색의 의미와 가치를 알고 싶어 한다. 그녀의 버클리 연구실을 찾았을 때 그녀가 수집한 수만 장서가 빼곡한 책꽂이가 특히 인상에 남았다. 그 가운데 많은 책이 시각장애인과 부분적 시각장애인의 특수교육과 재활훈련교육 과정에 관한 것이었다. 나머지는 암소시暗所視에 관한 것이었다. 한쪽 벽에서 본 제목들은《밤의 세계─해 질 녘부터 동틀 녘 사이에 벌어지는 놀라운 자연의 드라마The World of Night: The Fascinating Drama of Nature as Enacted between Dusk and Dawn》《밤의 자연Nature by Night》《밤에 본 산호초The Coral Reef by Night》《해 떨어진 뒤─밤 세계의 동물 이야기After the Sun Goes Down: The Story of Animals at Night》《그림자 책The Shadow Book》(사진미학 연구서)《어둠 속의 형상들Images from the Dark》《밤눈Night Eyes》《검은 것이 아름답다Black is Beautiful》(흑백 풍경 사진집) 등 전부가 그녀가 사랑하며 잘 아는 세계에 관한 책들이었다.

다른 쪽 벽에는 그녀 자신은 지각할 수도 잘 알 수도 없겠지만 그녀의 호기심을 끊임없이 유발하는 영원히 신기한 현상인 색에 관한 책이 책장 예닐곱 칸을 메우고 있었다. 일부는 색의 물리학 혹은 시각의 생리학에 관한 과학 논문이었고, 일부는 색의 언어학적 요소를 다룬 논문─《일상생활에서 가장 흔히 나타나는 750가지 색 관련 은유; 빨강과 기분 좋은 분홍에 관하여─일상 언어에서 사용되는 색 관련 어휘들The 750 Commonest Colour Metaphors in Daily Life; Seeing Red and Tickled Pink: Colour Terms in Everyday Lannguage》─이었다. 색에 관한 인류학 논문에서 비트겐슈타인의 저술까지 미학과 철학에 관한 서적도 있었다. 그저 색깔 있는 제목이 마음에 들어 수집한 것이라는 책도 있었다.

《나를 예쁘게 칠해줘요—멋지게 보이고 기분 좋게 만들어주는 색을 통해 발견하는 자연스러운 아름다움Colour Me Beautiful: Discover Your Natural Beauty through the Colour that Make You Look Great and Feel Fabulous》같은 것들. 그 밖에 《안녕 노랑, 개미와 벌과 무지개—빛깔 이야기 Hello Yellow, Ant and Bee and Rainbow: A Story about Colour》그리고 그녀가 아끼는 《싸락눈과 가자미 뼈—빛깔 세계의 모험Hailstones and Halibut Bones: Adventures in Colour》같은 청소년을 위한 책도 여러 권 있었다. 이 책들은 그녀가 색맹 어린이들에게 일상에서 흔히 보는 물건들의 빛깔, 갖가지 색깔이 '유발'하는 감정—색맹의 세계에서 없어서는 안 될 지식—을 '배우기' 위한 방편으로 추천한다고 했다.

퍼터먼은 시각에 장애가 있는 사람들을 위한 특수 선글라스에 대한 지식도 방대하여 핀지랩에 어떤 종류를 가져가야 할지도 조언해 주었다. 크누트는 프랜시스 퍼터먼에 대해 "색맹에게 어떤 보조 기구가 필요한지, 아주 실용적인 정보를 수집했어요. 자꾸만 자기는 과학적인 사람이 못 된다고 말하지만, 내가 보기에는 프랜시스야말로 진정한 의미의 연구자예요."

36. 바로 이것이 봅과 내가 연구했던, 날 때부터 사실상 맹인이었던 버질에게 일어난 일이었다(그의 사례는 《화성의 인류학자》의 '보이는 것과 보이지 않는 것' 장에서 소개했다). 버질은 수술로 시력이 회복될지도 모른다는 이야기를 듣고는 큰 관심을 보였고, 자기가 정말로 볼 수 있을 거라는 생각에 몹시 흥분했다. 의학적으로 수술은 '성공'이었지만, 버질에게 현실은 당혹스러웠다. 그의 세계는 철저히 시각 외적인 정보로만 구성되어 있었는데, 갑작스러운 시각적 자극이 그를 충격과 혼란 상태로 몰아넣은 것이다. 그는 새로운 감각의 작용, 시각의 작용에 당황

해하기만 할 뿐 그것을 어떤 식으로든 이해할 수 없었고, 거기에 어떠한 질서나 의미도 부여할 수 없었다. 이 시각의 '선물'은 그가 50년 동안 지켜왔던 존재 방식, 습관, 전략을 심각하게 뒤흔들어놓았고, 그는 눈을 감거나 캄캄한 곳에 앉아 이 겁나는 감각의 공격을 차단한 채 수술이 그에게서 빼앗아간 균형 감각을 되찾는 데 많은 시간을 보내야 했다.

그런가 하면 나는 최근에 중년이 되어 달팽이관 이식수술을 받은 한 청각장애 남성으로부터 멋진 편지를 한 통 받았다. 그는 버질이 경험한 것과 유사한 많은 어려움과 혼란을 겪었지만(사실 이식 달팽이관을 쓰자면 여러 가지 문제가 따르기도 하지만), 전에는 들을 수도 상상할 수도 없었던 선율과 화음을 즐기게 됐다고 한다.

37. 의학부에 들어간 원주민 청년 가운데 학위를 받은 학생은 아주 드물었다. 따라서 그렉 데버는 이 지역 주민들의 능력과 수요에 걸맞은 교육과정을 개발했다. 그렇게 해서 첫 학부를 개설하고는 무척이나 자랑스러워했다. 1기에 입학한 학생의 3분의 2가 졸업했으며, 폰페이 최초의 여성 의사도 탄생했다.

38. 칸의 기록을 보면 "수두의 주된 근원은 에스파냐, 한센병은 독일, 이질은 잉글랜드, 성병은 미국, 결핵은 일본으로 보면 된다." 한센병은 실로 태평양 전역에 만연했다. 핀지랩에는 상당히 최근까지 한센병 환자 수용소가 있었고, 괌에는 오랜 세월 대규모 한센병 환자 수용소가 존재했으며, 물론 잭 런던이 단편소설 〈코나의 보안관The Sheriff of Kona〉과 〈문둥이 쿨라우Koolau the Leper〉에서 서술했던 저 악명 높은 하와이 몰로카이섬의 한센병 환자촌도 빼놓을 수 없을 것이다.

39. 멜빌은 《오무》에 이에 관한 주를 달아놓았다.

부두 건달beach comber: 태평양의 뱃사람들 사이에 크게 유행하는 어휘로, 어떤 배에도 영구히 소속되지 않고 어디가 되었건 다음번 닻 내릴 때 하선한다는 불명예스러운 조건하에 고래잡이배로 가끔씩 단기 항해나 하는 떠돌이들한테 쓰는 말이다. 태평양과 한몸이 된 무모하고 방약무인한 패거리로, 다시 고향으로 향하는 항로에 몸을 싣고 혼Horn곶을 도는 일 따위는 생각하지도 않는다. 따라서 이들에 대한 평판은 나쁘다.

40. 서구의 질병은 태평양의 원주민 인구에 파괴적인 영향을 미쳤다. 군사적 정복이나 상업적 수탈, 종교의 영향보다 덜 파괴적이었다고 하기 어렵다. 잭 런던은 멜빌이 다녀간 뒤로부터 65년이 지나 타이피의 골짜기를 방문했다가 멜빌이 말했던 아름다운 경관이 거의 완전히 파괴된 것을 보았다.

이제 … 타이피의 골짜기는 한센병, 상피병, 결핵에 시달리는 비참한 피조물 여남은 사람만의 거주지가 되었다.

타이피에 무슨 일이 생긴 것인지 생각하면서 런던은 면역과 진화라는 두 가지 문제를 언급한다.

타이피 사람들은 육체적으로 강건했을 뿐만 아니라 더럽혀지지 않았다. 그들의 공기 속에는 우리의 공기에 들끓는 질병의 세균과 병균, 미생물이 없었다. 그런데 백인들이 타고 온 선박을 통해 온갖 질병을 유발하는 미생물이 유입되자 타이피 사람들은 그 앞에 무너져 고꾸라졌다.

하지만 자연선택으로도 설명이 된다. 우리 백인종은 수천 세대에 걸친 미생물과의 전쟁에서 살아남은 자들의 후손이다. 우리 가운데 이들 미세한 적을 유별나게 잘 받아들이는 체질을 지닌 이는 태어나는 즉시 죽었다. 살아남은 것은 놈들의 공격에 저항할 수 있었던 자들뿐이다. 살아남은 우리는 면역을 갖춘, 적응한 자—유해한 미생물의 세계에서 살 수 있는 최상의 상태를 갖춘 자—들이다. 가련한 마르키즈 사람들은 그러한 선택 과정을 거치지 않았다. 그들에게는 면역력이 없었던 것이다. 적을 잡아먹는 관습을 지켜온 그들이 이제는 눈에 보이지 않는, 그래서 화살과 투창으로는 싸울 수 없는 미세한 생물들에게 잡아먹힌 것이다.

41. 조아킴과 발렌타인, 두 사람 다 동물학자 에드워드 O. 윌슨이 '생명사랑'이라고 부르는 성향을 강하게 보여준다. 윌슨은 이것을 "사람이 다른 형태의 생명체에게 느끼는 타고난 친화력"—환경 친화적인 감정, 환경에 대한 감정으로도 확장될 수 있는 친화력—이라고 정의한다. 다중지능(수리논리적 지능, 시공간視空間적 지능, 운동감각적 지능, 사회적 지능 등등) 이론으로 잘 알려진 하워드 가드너는 그러한 '생물학적' 지능을 다른 지능과는 구분되는 별개의 것으로 보는 것 같다. 그러한 지능이 극도로 발달한 경우가 다윈이나 월리스가 될 것이다. 이 지능은 사람마다 정도는 다르겠지만 우리 모두에게 있다. 생물학자 이외에도 이 지능이 남달리 강한 정원사, 산림 전문가, 농민, 원예가, 어부, 말 조련사, 목동, 동물 조련사, 조류 관찰자 등이 직업이나 취미를 통해 자신의 능력을 발휘하기도 한다. 예술가들은 작품을 통해서 이 능력을 표현한다. 나는 이 방면으로는 D. H. 로렌스가 놀라운 능력을 보여줬다고 생각하는데, 그는 다른 동물의 영혼 속에 들어가는 능력이 있었으며 뱀이나 퓨마가 어떻게 생각하고 행동하는지를 그냥 선천적으로 알았던

듯하다. 생명사랑은 대물림되기도 한다(아버지와 아들이 대를 이어 식물학에 열정을 바쳤던 후커 부자, 트레이즈캔트 부자, 포스터 부자, 바트람 부자를 생각하면 될 것이다). 또한 투렛증후군이나 자폐증을 앓는 사람들한테서도 유별나게 많이 나타난다. 여기에는 어떤 신경학적 기저—언어 능력과 음악적 지능 따위—가 작용하는 것은 아닌가 하는 의문도 드는데, 이 능력은 경험과 교육을 통해서도 충분히 계발되지만 아무래도 타고나는 것만은 못하니 말이다.

42. 스티븐슨은 《남태평양에서》에서 태평양 지역 섬들이 가진 '사람을 끌어당기는 힘'에 대해 말한다.

이곳의 섬에 왔다가 떠나는 사람은 거의 없다. 처음 발 디딘 곳에서 그대로 늙어가는 것이다. 야자수 그늘과 무역풍이 그들이 죽는 그날까지 선선한 안식처가 되어주는데, 그들은 어쩌면 마지막 순간까지 집으로 돌아가는 꿈을 간직하고 있을지도 모른다. … 이 세상에 여기만큼 사람을 강하게 끌어당기는 곳은 없다.

43. 원래 길이 10킬로미터에 열대우림으로 덮였던 크라카토아섬의 3분의 2가 1883년의 대폭발로 사라졌지만, 남쪽에 남은 화산은 가까운 두 이웃 세르퉁, 판장과 나란히 서 있다. 이언 손턴은 여기 전부가 90미터나 되는 분출물 덮개에 뒤덮여 "나무 한 그루, 풀 한 포기, 파리 한 마리 살아남지 못했다"고 말한다. 3년 뒤 양치류가 처음으로 다시 서식하기 시작했다. 이어서 카수아리나속屬, 오스트레일리아에서 이동한 조류, 왕도마뱀이 나타났다.

44. (뉴질랜드, 마다가스카르, 뉴기니 같은) 대륙섬은 지질학적으로만 아니라 생물학적으로도 대양 섬과 전혀 다르다. 대륙섬은 실제로 대륙에서 떨어져 나온 조각이어서 (적어도 처음에는) 모(母)대륙에 서식하는 모든 종이 서식했을 것이다. 물론 떨어져 나온 다음에는 여느 섬과 마찬가지로 고립되었으며, 고립(과 바뀐 환경)으로 인해서 마다가스카르에만 있는 영장류나 뉴질랜드의 날지 못하는 새들 같은 눈부신 신종 분화가 일어났을 것이다.

45. J. B. S. 홀데인은 어떤 변종이든 진화하는 과정에서 변이의 속도를 높이는 방법으로, 100만 년에 1퍼센트 변화 속도를 1다윈이라고 명명할 것을 제안한다. 그러나 (조너선 와이너가《핀치의 부리》에서 설명했듯이) 진화는 훨씬 빠른 속도로 일어날 수 있다는 것이 밝혀졌다.

새로이 서식지가 된 대양 섬에서는 특히나 그렇다. 새로운 생태지를 제공하면서도 천적이나 경쟁자는 적은, 생명 활동에 우호적인 환경이기 때문이다. 그 뒤 과정에서는 긍정적이든 부정적이든 자연선택의 압박을 받아서 진화에 가속도가 붙기도 한다. 이렇듯, 바나나가 하와이에 들어온 것은 1,000년밖에 되지 않지만 벌써 다섯 종의 신종 바나나좀나방이 생겨났다. 피터 그랜트와 로즈메리 그랜트가 다프네 메이저섬의 다윈의 핀치를 대상으로 연구한 결과, 최근 발생한 극심한 가뭄이 진화의 속도를 높이는 데 이바지하는 것으로 나타났다. 이 가뭄을 겪은 뒤 이 핀치 집단은 부리와 몸뚱이의 크기가 확연하게 달라졌다(조너선 와이너가 계산한 '진화 속도'는 2만 5,000다윈이었다).

융기 현상도 호수나 단층, 산지 등 생물종이 서식할 수 있는 새로운 환경을 만들 수 있으며 섬 지역이 그러듯이 종의 형성을 앞당기기도 한다. 그렇듯 1만 2,000년밖에 안 된 빅토리아 호수에는 300종 이상의 시크리드 물고기가 서식하고 있다. 다윈의 핀치가 400만 년에 걸쳐 대략 20종으로 진화했다면, 빅토리아 호수에 서식하는 시크리드의 종 분화는 그보다 5,000배가 빨랐던 셈이다.

아주 유리한 환경 또는 매우 까다로운 환경을 인위적으로 제공할 수도 있다. 레스닉 연구팀은 민물고기 구피 무리를 천적이 가득한 폭포의 못에서 천적이 사실상 전무한 상류로 옮겨놓은 실험을 보고했다. 그 구피 무리는 4년 이내에 엄청난 변화를 겪었는데, 그 진화의 속도는 '정상적' 환경에서보다 수백만 배 빨랐다.

다윈은 진화는 극도로 더디나 지속적인 변화 과정이라고 여겼다. 지질 기록은 공백과 단절로 그득하지만(중간 형태가 발견되지 않는 경우가 많다), 다윈은 이것이 불완전하게 보존된 화석 유물일 뿐이라고 믿었다. 그는 이상적인 환경이라면 지속적인 진화 과정을 거쳐 빚어진 모든 연속적 변화, 극히 작은 변화까지 모두 발견할 수 있을 것이라고 생각했다.

그러나 많은 진화생물학자—그중에서도 특히 나일스 엘드리지와 스티븐 제이 굴드—가 지금은 진화사를 상당히 다르게 해석하며, 이러한 단절이 유물만의 문제가 아니라 진화 과정 자체가 본질적으로 단절적임을 보여주는 것이라고 본다. 그들은 환경이 수백만 년 동안 평형 혹은 정체 상태를 유지했으리라고 보는데, 그 기간 동안 생물종들은 근본적으로는 안정을 유지하다가 상대적으로 갑작스러운 (그리고 때로는 엄청난) 진화적 변화기를 거치면서 단 몇천 년(지질 기록으로는 눈 한 번 깜짝할 시간) 만에 새로운 종들을 탄생시킨다.

46. 잭 런던은 우아이타페 마을에서 "달빛을 받아 팔락거리며 반짝였다 희미해졌다 하는 희한한 형광색 꽃을 머리에 꽂고" 춤추는 보

라보라 사람들을 만났다.

47. 폴 서루는 사카우(많은 섬에서 카바라고 부른다)를 일러 "세상에서 가장 온순한 마약"이라고 했다. 쿡 선장도 타히티에 처음 갔을 때 이 술의 온순함을 강조했다(뉴질랜드에는 이것의 친척 종이 있는데, 그를 기려 캡틴쿠키아라고 부른다). 이 식물은 쿡 선장의 첫 항해를 서술한 생물학자들이 언급했지만, 이것을 '발견'한 공로는 보통 쿡의 2차 항해 때 동행했던 두 식물학자인 포스터 부자에게 돌아갔다. 그래서 이 식물은 그들 부자가 붙인 피페르 메티스티쿰 포르스트*Piper Methysticum Forst*라는 학명으로 불려왔다.

독일의 약리학자 루이스 레빈의 저서 《판타스티카Phantastica》에 이 식물의 효능이 웅변적으로 서술돼 있다. 나는 학생 때 이 책을 읽었는데, 어떤 효과일지 궁금해서 직접 해보고 싶었다. 레빈은 과용하지만 않는다면 효과는 온순하게 나타날 것임을 강조한다.

혼합액이 너무 강하지 않을 때는 걱정 없고 탈 없이 편안하고 만족스러우며 육체적으로나 정신적으로 흥분하지 않은 행복한 상태가 된다. … 이것을 마시면 알코올과 달리 화가 나거나 불쾌해지거나 남과 싸우려 들거나 떠들썩해지지 않는다. … 자신의 의식과 이성을 철저하게 제어하는 상태를 유지하는 것이다. 하지만 과다하게 마셨을 때는 팔다리가 피곤해지고, 근육이 더는 이성의 제어와 명령에 따르지 않으며, 걸음걸이가 느리고 불안정해져 어느 정도는 술 취한 사람처럼 보이며, 눕고 싶어진다. 눈은 앞에 있는 대상을 보지만 그것이 정확하게 무엇인지 알지 못하며 알고 싶어 하지도 않는다. 소리도 지각하기는 하지만 그것이 무슨 소리인지 알 수도, 알고 싶어 하지도 않는다. 그 대상이 아주 조금씩 흐릿해지다가 … 졸음에 짓눌리고 결국에는 잠이 든다.

우리는 폰페이에 도착했을 때 콜로니아의 차량이나 행인들이 유별나게 느린 것을 알아차렸지만 이른바 '섬 시간'이라고 하는 섬사람들 특유의 느긋함이려니 여기고 넘어갔다. 그러나 이 느림에는 분명 사카우가 유발하는 정신운동상의 지체 현상이 있다. 이 섬에서는 사카우가 널리 음용 및 과용되고 있지만, 그 작용은 대체로 위험하지 않다. G. A. 홀런드 박사는 미크로네시아에서 여러 해 연구하는 동안 사카우와 관련한 사고는 단 한 번밖에 접하지 못했다고 하는데, 한 노인이 사카우 모임이 끝나고 집으로 돌아오던 길에 발을 헛디뎌 목이 부러진 일이었다.

지난 세기에도 사카우를 알코올과 함께 마시면 안 된다는 의견이 나왔지만, 최근에 와서 관습상 제재는 많이 약해졌다. 폰페이의 젊은 세대 중에는 사카우를 맥주와 함께 마시는 젊은이들도 있는데, 그렇게 하면 혈압이 급격히 상승하며 잘못하면 급사할 수도 있다. 사카우를 장기간 마신 사람은 피부가 두꺼워져 각질이 되기도 하는데, 우리는 폰페이 노인 가운데 피부가 '고기비늘' 모양으로 갈라지는 어린선魚鱗癬 환자를 많이 보았다.

48. 존 업다이크는《백합의 아름다움In the Beauty of the Lilies》에서 제임스 조이스의 뒤집힌 전경/배경 이미지를 다시 뒤집어 "축축한 암청빛 하늘과 잡을 수 없는 별송이들"이라고 썼다.

49. 사카우를 마시면 이런 효과가 흔히 일어난다는 이야기는 듣지 못했다. 하지만 나는 마지막 사흘 동안 경미하나마 편두통으로 시

각 이상을 겪었다. 핀지랩에 온 뒤로 내내 불규칙한 물결무늬가 보였는데, 사카우가 이 증세를 악화시킨 것 같았다. 크누트는 자기도 가끔씩 편두통이 일어난다고 말했는데, 혹시 뇌에서 색을 관장하는 부위가 직접 자극받으면, 편두통으로 시각 이상이 일어났을 때 그러는 것처럼 평소에는 이런 것을 전혀 경험하지 않는 사람이라도 색 환각을 보는 것은 아닐까? 누군가 크누트에게 편두통이 일어날 때 안구에 압력이 가해지면서 색깔이 보이느냐고 물은 적이 있었는데, 그는 이렇게 대답했다고 한다. "뭐라고 대답해야 할지 모르겠습니다."

50. 핀지랩의 에드워드 씨네 이웃에 색맹 가족만 모여 사는 동네가 있다는 이야기를 들은 적이 있는데, 이 가족들이 서로 친척이라서 (핀지랩 주민들은 사실상 모두가 친척이라고 할 수 있지만) 한데 모여 사는 것인지 아니면 모두가 마스쿤이라서 그런 것인지는 알 수 없다.

2부 소철 섬

괌

51. 나중에 찾았는데, 리티코-보딕에 관한 아주 상세하고 탁월한 회상과 그 과학적 탐험에 얽힌 복잡한 이야기가 있기는 있었다. 《뉴요커》 1990년 10월 29일 자에 나온 테런스 몬메이니의 글이다.

52. 1916~1917년 겨울 유럽에서 시작된 바이러스성 수면병, 기면성 뇌염이 전 세계를 휩쓸더니 1920년대 중반에 가서야 잠잠해졌다. 많은 환자가 이 급성 질환에서 완쾌한 것으로 보였지만, 몇 년에서

10년 사이에 미지의 (그리고 때로는 진행성인) 뇌염후증후군에 희생되었다. 1940년대 전까지는 그런 환자가 수천 명이 나왔고, 당시의 모든 신경과 의사는 이 증후군을 생생하게 알고 있었다. 그러나 1960년대에 들어서면서 이 증후군 환자는 수백 명밖에 남지 않았다. 대다수가 심각한 장애 상태가 되어 만성질환 병상에서 잊혀져갔고, 그 시절에 훈련받던 신경의 가운데 이 병을 아는 사람은 얼마 되지 않았다. 파킨슨증 치료제로 L-도파를 처방할 수 있게 된 1967년, 남아 있던 뇌염후 환자 '집단' 혹은 공동체는 내가 아는 바로는 전 세계를 통틀어 두 군데(뉴욕 브롱크스의 베스에이브러햄 병원과 런던의 하이랜즈 병원)밖에 없었다.

53. 해리 짐머먼의 간략한 보고서는 사실 미 해군에 제출하기 위해 작성한 것이라 일반인들은 접할 수 없었고, 10년 가까이 그 존재조차 외부에 알려지지 않았다. 1950년대 후반에 들어서야 그의 논문이 괌병에 관한 최초의 보고서라는 사실이 알려졌다.

54. 아사오 히라노는 30년이 지난 뒤에도 괌 방문 때의 일을 생생하게 기억한다. 그곳에서 겪었던 길고 복잡했던 연구 과정과 즐거웠던 섬 생활, 그가 만났던 환자들, 사체를 부검했던 일, 그가 만들었던 현미경용 박편까지. 그는 연구 결과를 1961년 미국신경병리학회의 연례 학회 때 발표했다. 3년 뒤에 열린 같은 학회에서 스틸, 올스제우스키, 리처드슨이 똑같이 기이한 '신종' 질병인 진행성핵상신경마비에 관한 연구 결과를 발표했다. 히라노는 당시 "두 병의 조직과 세포의 특징이 본질적으로는 흡사하다"는 사실에 주목하고 그들이 제출한 논문의 토론자 자격으로 다음과 같은 결론을 내렸다.

지리적으로 떨어진 두 지역에서 발생하는 이 두 장애에서의 놀라울 정도로 비슷한 조직 반응은 임상과 병리학적인 의미에서뿐만 아니라 유전병과 유행병의 견지에서도 분명 주목할 가치가 있다.

55. 1997년 존 스틸이 나에게 편지로 새로 온 환자 이야기를 해주었다. 괌 남부 출신에 서른세 살 된 1963년생 차모로 남자로, 서른 살 때부터 반#파킨슨증이 발전하기 시작했다. 리티코-보딕 가족력이 있기는 하지만 그 남자가 보딕에 걸렸는지, 그것과는 무관한 형태의 파킨슨증인지는 아직 밝혀지지 않았다.

56. 프레시네는, 괌에서는 소철이 원래부터 흔했지만 "에스파냐 사람들이 와서 독성 즙을 분리하는 방법을 가르쳐줄 때까지는" 먹지 않았다는 인상을 받았다. 그러나 이 서술에는 의문의 여지가 있는데, 데이비드 존스의 《세계의 소철Cycards of the World》에 나와 있듯이, 많은 부족이 선사시대부터 소철의 용도와 조리법, 해독법을 알았기 때문이다.

연구 결과를 보면 오스트레일리아 원주민들은 최소한 1만 3,000년 전에 소철로 먹을거리를 만드는 기술을 발전시켰다. 어쩌면 독성 소철이 인류가 재배한 최초의 위험한 작물이었을 것이다. 그렇지만 치명적인 독소가 있다는 점을 감안하면, 인류가 소철의 일부를 식용으로 썼다는 것은 굉장히 이례적이다. … 만드는 법이 단순한 편이라 해도 … 실수할 여지는 있다. 되든 안 되든 직접 해서 배우는 과정을 거친 뒤에 그런 방법이 발전된 것이라고 감히 추측할 수 있으리라.

57. 소철은 정확히 말하자면 열매를 맺지 않는다. 열매는 꽃에서

오는데 소철은 꽃이 피지 않는다. 그러나 '열매'라고 말해도 무방한 소철 씨는 밝은 빛깔에 향기로운 외피(다육질 외피)에 싸여 있어 서양자두와 비슷하게 생겼다.

58. 레이먼드 포스버그는 평생을 열대식물과 섬 연구에 바쳤다. 그는 1985년 괌 대학 졸업식 연설 때 "어린 시절부터 섬에 매혹"되었던 이야기를 했다.

> 저는 지도에서, 초등학교 지리책에서 그리고 어려서 읽었던 멋진 책《오스트레일리아와 바다의 섬들Australia and the Islands of the Sea》에서 (그곳에) 매혹되었습니다. 섬을 보자마자 강하게 끌렸습니다. 그건 시에라 클럽에서 산타크루스섬을 방문했을 때였습니다. 캘리포니아 해안에서 가까운 섬이지요. (그곳의) 아름다운 풍광은 … 한 번도 저를 떠난 적이 없습니다.

제2차 세계대전 때 그는 말라리아 발생 지역의 전투부대에 퀴닌을 공급하기 위해 기나幾那 나무 껍질을 찾아 콜롬비아의 열대 밀림에서 일했고, 이 나무껍질을 9,000톤 수출하는 데 일조했다. 전쟁이 끝난 뒤에는 미크로네시아섬 지역 연구에 헌신하면서 그곳 식물종들의 생태를 상세히 수록한 목록을 만들고 개발 사업이 자연에 미친 영향과 저항력 없는 이 지역 토종 생물계에 외래종의 유입이 미친 영향을 연구했다.

59. 현재 식물학자들이 분류하는 소철은 200종과 11속이 넘는다. 최신 속인 플로리다소철과의 치구아속은 1990년 뉴욕 식물원의

데니스 스티븐슨이 콜롬비아에서 발견했다.

60. 일본소철은 때로 사고야자(혹은 왕사고)로, 남양소철은 가짜사
고야자(혹은 여왕사고)로 불린다. '사고'라는 어휘 자체는 하나의 속명으
로 식물에서 나온 식용 녹말을 가리킨다. 말하자면 (내 세대의 잉글랜드
어린이들이 알았던) 엄밀한 의미의 '사고'는 여러 야자나무(특히 사고야자)
의 몸통에서 얻는 것이지만, 식물학적으로 다르긴 해도 소철 줄기에서
도 얻을 수 있다. 일본소철 수컷의 나무 몸통은 약 50퍼센트가 녹말로
이루어져 있으며, 암컷은 이것의 절반가량 된다. 씨에도 상당량의 녹
말이 들어 있다. 물론 씨는 다시 자라지만, 몸통을 잘라내면 나무 전체
가 죽는다.

'칡녹말'도 비슷한 경우로, 엄밀히 말하자면 생강목에 속하는 마
란타과 식물인 칡의 뿌리줄기에서 얻는 것이지만, 자미아 등 다른 식물
에서 추출하기도 한다. 미국 플로리다의 원주민 세미놀족은 오랫동안
이 지역에서 야생하는 자미아소철을 사용해왔으며, 1880년대에는 상
당한 규모의 산업이 형성되어 이유식, 비스킷, 초콜릿, 스파게티 등의
재료가 되는 '플로리다칡'(자미아소철의 미국명)을 연간 20톤 이상 생산했
다. 이 산업은 과잉 수확으로 해당 소철이 멸종 위기에 처한 1920년대
에 폐업했다.

61. 오스트레일리아에 사는 레오니 몰로이가 편지로 북부 안헴
랜드에 사는 요릉우 부족이 소철을 어떻게 사용하는지 알려주었다.
현재 **빠른** 속도로 사라지고 있는 이들 부족은 소철을 신성한 음식으
로 취급한다. 보통은 특별한 큰 빵으로 만들어 의례를 통해 받거나 다
른 부족을 공격한 뒤 평화의 공물로 바친다. 할례를 받는 젊은이 머리

밑에 이 신성한 빵을 한 덩어리 놓으며 나중에 부족 원로들이 나눠 먹는다.

소철의 각 부위, 씨를 씻는 복잡한 닷새 동안의 공정을 부르는 이름이 최소 스물네 개이며, 이 닷새에도 각각 이름이 있다. 첫날은 곤-주룩, '젖은 손'이란 뜻이다. 둘째 날은 곤-반다니, '마른 손'이란 뜻이다(이날은 물에 적신 씨를 손으로 만지면 안 되기 때문에 그렇게 부른다). 셋째 날은 야쿠르-이르윤('잠 설치다') 혹은 각툰('구토'), 넷째 날은 부쿠-두무루누('부은 머리'란 뜻으로, 씨앗이 물에 불어 독이 스며 나오는 상태를 일컫는 이름일 것이다), 물이 말개지는 마지막 날은 부와약('사라짐')이다.

62. 데이비드 존스에 따르면 소철로 만드는 이 정종은,

러시안룰렛만큼 치명적이다. 약간의 독성을 갖고 있지만, 잘못했다가는 참여한 무리를 모조리 죽일 수도 있으니 말이다.

이 정종은 복어 요리와 잘 어울린다고 한다.

63. 헤오르흐 뤔프(후대에는 룸피우스로 알려졌다)는 20대부터 열정적인 자연학자이자 식물학자로서 네덜란드 동인도회사에 참여하여 1652년에 바타비아(자카르타의 옛 이름)와 몰루카제도로 떠났다. 그 뒤로 10년 동안 그는 동남아시아 지역을 두루 여행하면서 인도의 말라바르 해안에서 많은 시간을 보냈고, 거기서 1658년에 새로운 식물 한 종에 관한 기록을 남겼다. 이것이 문서로 기록된 최초의 소철로, 한 세기 뒤 린네는 이것을 키카스 키르키날리스(남양소철)라고 명명했으며, 소철류 가운데 가장 중요한 '유형'으로 분류했다. 몇 년 뒤 룸피우스는

몰루카제도 암본의 네덜란드 관리로 임명되어 동남아시아에 서식하는 식물 1,200종을 기술한 대작《암본의 약초들Herbarium Amboinense》 집필에 착수했다.

그는 1670년에 시력을 잃고 고통받았으나, 눈이 보이는 조수들의 도움을 받아 저술을 이어나갔다. H. C. D. 데 비트는 1952년 암스테르담 대학 식물원에서의 (룸피우스 250주기) 기념 연설 때 룸피우스가 《암본의 약초들》에 쏟아부은 노고를 상세히 묘사했는데, 저술에 무려 40년이 걸렸으며 그 기간 동안 아내와 딸의 죽음을 포함하여 연이은 가혹한 사건들에 의해 작업이 번번이 중단되었다고 했다.

> 때는 1674년 2월 17일이었습니다. 날이 어두워질 무렵 룀프 부인과 그의 막내딸이 그날 저녁 열릴 중국 신년 축하 행사를 구경하기 위해 한 중국 친구 집으로 갔습니다. 거리 곳곳이 오색찬란한 행렬로 메워져 있었죠. 사람들은 (그 무렵 앞을 전혀 보지 못하던) 룸피우스가 공기를 쐬러 가는 것을 보았습니다. 몇 분 뒤 끔찍한 지진이 그 마을 대부분을 파괴했습니다.

아내와 막내딸이 무너진 담장에 희생되었다.

룸피우스는 다시 원고를 쓰기 시작했지만 1687년 대화재가 일어나 암보이나(암본의 옛 이름)를 송두리째 불태우면서 그의 서재와 원고도 모두 불에 타버렸다. 그는 굴하지 않고 위대한 능력과 굳은 결의로써《암본의 약초들》을 다시 쓰기 시작했다. 그렇게 완성한 첫 여섯 권의 원본이 1692년 암스테르담을 향해 출발했으나, 배가 침몰하면서 그마저도 유실되었다(천만다행으로 바타비아의 총독 캄파위스가 룸피우스의 원고를 보호하기 위한 예방 조치로 네덜란드로 출항하기 전에 필사해놓은 것이 있었다). 룸피우스는 나머지 여섯 권을 계속해서 저술했지만 1695년 바타비아의 사무실에서 채색 그림 61장을 도둑맞으면서 다시 한번 시련을 맞았다. 룸피우스는 1702년 《암본의 약초들》을 완성하고 몇 달 뒤에 죽었다. 그러나 그의 위대한 저작은 18세기 중반까지도 발표되지 않았다. 온갖 불운을 겪고 완성된 저작에는 본문 1,700쪽에 아름다운 소철 그림 10여 편을 포함하여 700편의 그림이 실려 있다.

64. 쿡 선장과 함께 인데버강 항해를 떠났던 화가 시드니 파킨슨은 그들이 경험한 이 식물을 다음과 같이 묘사했다.

우리가 발견한 식물 가운데 ··· 남양소철의 배젖은 구우면 볶은 콩 맛이 났다. 그러나 우리 중에 그걸 먹은 사람 몇 명은 탈이 났다. 그들은 이 열매로 동인도의 사고녹말(사고야자에서 채취한 전분으로 만든 녹말—옮긴이) 같은 것을 만들었다.

남양소철은 오스트레일리아에는 자라지 않으니, 쿡 선장의 선원들이 보았던 그 소철은 이 지역 토종인 메디아소철(키카스 메디아)이었을 것이라고 데이비드 존스는 주장한다.

65. 풀완두신경중독lathyrism은 마비성 질환으로 인도에서 풀완두(라티루스 사티바)를 먹는 지역에서 나타나는 오랜 풍토병이다. 풀완두는 조금 먹는 것은 해롭지 않지만, 때로는 이것이 유일한 양식일 때가 있다. 그러면 마비될 것이냐 굶어 죽을 것이냐의 끔찍한 선택의 기로에 놓이는 것이다.

이 병은 어떤 면에서는 금주법 시대(1920~1933년)에 수십만 미국인을 마비시켰던 '제이크 마비'와 비슷하다. 어떻게든 술의 원료를 찾으려 했던 이 불우한 자들은 그 안에 마비를 일으킬 수 있는 독성(나중에 가서 밝혀진 바로는 유기인화합물이었다)이 다량 함유되어 있다는 것을 모르는 채 손쉽게 구할 수 있는 자메이카산 생강(이른바 '제이크') 추출물에 기댔다(나는 학생 때 그 작용의 원리를 해명하기 위해 닭을 실험동물로 써본 적이 있다).

미나마타병이 처음으로 드러난 것은 1950년대 중반, 이 만을에 워싼 일본의 어촌에서였다. 이 중독에 걸리면 처음에는 휘청거리고 경련이 일어나고 여러 감각 기능에 이상이 생기다가 (최악의 경우에는) 청력과 시력을 잃고 실성한다. 기형 출산율이 높아지며 가축과 바닷새까지 이 중독에 걸리는 것으로 보였다. 이 지역의 어류도 중독된 것이 아닌가 싶어 고양이에게 먹이로 주었더니 과연 동일한 치명적 진행성 신경질환이 나타났다. 미나마타만에서는 1957년에 어획이 금지되었고, 이와 함께 이 병도 사라졌다. 정확한 원인은 그때까지 밝혀지지 않았고, 그 이듬해가 되어서야 더글러스 매칼파인이 이 병의 임상 증세가 메틸수은중독(이 중독은 1930년대 말 잉글랜드에서 산발적으로 발생했다)의 증세와 사실상 동일하다는 사실을 발견했다. 그로부터 몇 년이 더 지나서야 그 독소의 근원이 밝혀졌다(컬랜드가 누구보다 큰 역할을 했다). 이 만에 있던 한 공장이 (독성이 중간 정도 되는) 염화제이수은을 바다로 방출하고 있었는데, 이것이 호수의 미생물에 의해 (매우 유독한) 메틸수은으로 화학변화를 일으켰다. 이것을 다시 다른 미생물들이 섭취하여 기나긴 먹이사슬을 타고 어류에게, 그리고 사람에게 이른 것이다.

66. 리티코나 보딕이 몇 년 동안 이런 식으로 거의 변화 없이 유지되는 것은 전형적인 파킨슨병이나 신경위축성경화증의 가차 없는 진

행 속도와는 완전히 다르지만, 이렇게 병세가 명백하게 정지되는 현상은 때로 뇌염후파킨슨증이나 근위축증에서도 나타난다. 내가 본 환자 셀마 B.는 1917년에 유행성 뇌염을 앓은 직후에 몸 한쪽에 경미한 파킨슨증이 나타났는데 75년이 넘도록 이 상태가, 근본적인 변화 없이 그대로 유지되었다. 또 랠프 G.라는 환자는 뇌염후증후군의 일환으로 한쪽 팔이 소아마비처럼 둔하게 쇠약해졌다. 그러나 이 상태는 50년 동안 진행되지도, 다른 부위로 퍼지지도 않았다(이것이 가이두섹이 뇌염후증후군을 진행성 질환이 아닌 과민 반응으로 보는 한 가지 이유다). 하지만 이처럼 병세가 정지되는 경우는 예외로, 리티코-보딕의 병세는 대부분 가차 없이 진행된다.

67. 나는 모든 생명체를 사랑하고 경배하는 줄 알았던 다윈이 《비글호 항해기》에서 "중국의 미식가들이 그토록 좋아하는 … 끈적끈적하고 역겨운 해삼"이라고 쓴 것을 보고 유감스러웠다. 사실 이 녀석들은 사람들한테 사랑받는 존재가 아니다. 윌리엄 에드윈 새퍼드는 그것을 보고 "커다란 갈색 민달팽이 모양으로 느릿느릿 기어다닌다"고 말했다. 《스나크호의 순항The Cruise of the Snark》에서 잭 런던은 발밑으로 "질척"거리고 "꿈틀"거리는 "괴물 같은 바다 달팽이"라고 묘사한다. 태평양의 산호초 유역을 ("오색찬란한 황홀경에 빠져") 스치듯 달리던 런던이 남긴 기록 가운데 유일하게 부정적인 내용이다.

68. 존 코트 비글홀은 태평양 탐험사를 세 시기—"선교 열풍과 황금 열풍으로 활발했던" 에스파냐 탐험가들의 16세기, 상업적인 목적을 떠안은 네덜란드 항해자들의 17세기, 끝으로 지식 탐구에 특히 몰두했던 잉글랜드와 프랑스의 탐험 시대"—로 설명한다. 탐험 활동에

활기를 불어넣은 데는 정복 열기 못지않게 호기심과 경탄도 한몫했을 거라고 그는 여긴다. "대양의 경이로운 세계를 보고 싶은 마음"으로 마젤란 탐험대에 자원한 신사 안토니오 피가페타가 분명히 그랬고, 최고의 항해사를 썼다. 자연학자들을 전인미답의 땅으로 이끌었던 네덜란드의 항해도 그랬다. 그리하여 17세기에 네덜란드 동인도회사로 간 룸피우스와 레이더는 생물학 지식에 중대하게 이바지했다(특히 유럽에는 그때까지 알려지지 않았던 소철과 다른 식물종들을 처음으로 기술하고 그림으로 묘사했다). 댐피어와 쿡이 특히 그랬는데, 그들은 어떤 면에서는 19세기의 위대한 자연학자·탐험가들에게 선구자가 되었다.

그러나 마젤란은 그만큼 좋은 평가를 받지 못했다. 특히나 괌을 발견하던 당시 상황은 엄청난 역경이었다. 대원들은 굶주리고 괴혈병에 신음하면서, 들쥐 고기, 삭구가 마모되는 것을 막아주는 들쥐 가죽을 먹고 버텨야 했다. 그들은 98일 동안 항해를 하다가 1521년 3월 6일에 마침내 육지를 보았다. 우마탁만에 돛을 내리고 해안에 내렸더니 원주민들이 소형 돛배와 갖가지 잡동사니를 훔쳐 갔다. 보통 때는 온화한 마젤란이었지만 이 사건에는 지독하게 대응하여 많은 대원을 데리고 섬으로 들어가 가옥 40~50채를 불태우고 차모로인 일곱 명을 죽였다. 그는 괌(그리고 로타)에 도둑들의 섬이라는 뜻으로 라드로네스라는 이름을 붙였고, 원주민들을 업신여기고 잔인하게 취급했다. 마젤란은 그로부터 얼마 지나지 않아 그의 도발 행위에 분노한 필리핀 원주민 군중들에게 살해당했다. 하지만 마젤란을 이 마지막 몇 달의 행적만으로 평가해서는 안 될 것이다. 그 전까지 그의 행동은 절제 있으면서도 대가다워서, 병들거나 혹은 화가 많고 조급하거나 때로는 반항하는 선원들을 능숙하게 다루었다. 또 마젤란 해협 발견 때도 원주민들을 만날 때면 으레 그래왔듯이 정중한 태도로 임했다. 그렇지만 마젤란에게도 에스파냐와 포르투갈의 다른 초기 탐험가들과 마찬가지로 일종의 폭력적인 열의가 자리 잡았다. 비글홀은 이것을 "일종의 기독교적 오만함"이라고 하면서, 마젤란이 말년에 이런 태도에 휩쓸린 것이라고 보았다.

훌륭한 피가페타는 이런 오만한 태도와는 거리가 멀었던 것으로 보인다. 그는 (마젤란이 죽을 때 자기도 부상을 당했지만) 그 항해의 전全 여정, 자연의 경이로움, 그들이 방문했던 부족들, 선원들의 절망감, 마젤란의 성격, 그 영웅적 면모와 허심탄회함, 깊이를 알지 못할 그의 사람됨, 그리고 치명적인 결함까지 그 모든 것을 자연학자, 심리학자, 역사가에게서 볼 수 있는 연민을 가지고 그려냈다.

69. 프레시네 항해에 관한 자크 아라고의 묘사에서 괌에 한센병이 돌던 시기의 무시무시한 상황을 엿볼 수 있다.

아니과에서 몇백 미터 떨어진 곳에 가옥 예닐곱 채가 있는데, 거기에 남녀 나병(한센병) 환자가 갇혀 있다. 이 병은 지독한 악성이어서 보통은 혀나 팔다리 일부를 잃으며, 전염된다고 한다. 나는 이 불쌍한 자들 가운데 둘을 그렸는데, 차마 눈 뜨고 볼 수 없는 참혹한 인간상이었다. 이 절망과 황폐의 동네가 가까워지면 공포로 온몸이 떨려온다. 나는 이 구질구질한 가옥을 넓혀서, 이 안에 이 섬에서 한센병을 심하게 앓는 모든 이를 모아놓고 외부와 어떠한 접촉도 금지시킨다면 이 땅에서 이 무시무시한 병을 쫓아낼 수 있을지도 모르겠다고 생각했다. 이 병은 환자를 바로 죽음에 이르게 하지 않더라도 최소한 수명을 단축시킨다. 환자들은 아마 이 병에 저주를 퍼붓고 있을 것이다(여기서는 이 병을 성자 라자로의 병이라고 부른다). 저 장면을 보라! 이제 태어난 지 며칠밖에 안 된 갓난아기가 한센병으로 망가진 여인의 품에 안겨 평화로이 잠들어 있고, 여인은 경솔하게도 품 안의 아기를 쓰다듬고 또 쓰다듬는다. 그러나 이는 거의 모든 집에서 볼 수 있는 광경이며, 정부는 거기에 아무런 제재도 내리지 않으니, 제 어미의 젖을 빠는 갓난아기는 죽음과 병도 함께 들이마시는 것이다.

70. 새퍼드의 기록을 거의 동시대인인 앙투안알프레드 마르슈의 서술과 비교해보면 그의 이해와 연민이 얼마나 귀한 것인지 알 수 있다. 마르슈는 차모로 사람들에 대해 이렇게 적었다.

(그들은) 어떤 진지한 일에도 종사하지 않는다. … 원주민들은 영리하지만 아주 게으르고 자존심이 세고 정직하지 못하며 감사할 줄을 모르고, 그들의 조상과 똑같이 도덕의식이라곤 없다. … 그들은 … 도무지 실없는 것에만 … 끝도 없이, 부끄러움도 없이 … 마음을 쏟는다. 우리의 문명에서 어떻게 덕을 볼 수 있는가를 깨친 사람들도 있으나, 몇 되지 않는다.

71. 작은 마을 우마탁은 이상할 정도로 평화로운, 궁벽한 땅이다. 하지만 마을 바로 앞에 마젤란 기념비가 하나 서 있어서 그가 곰에 상륙했던 1521년 봄의 그 중요한 날을 기억하고 있다. 저술가이자 역사가(이며 존의 딸인) 줄리아 스틸은 이 마을이 그 맨 처음 접촉의 순간을 상징한다고 본다.

우마탁에 대해 생각하면 할수록 우마탁을 생각하는 것이 좋았다. 대수롭지 않은 대역 배우가 역사의 무대에서 주인공을 맡은 것 같은, 중대한 의미를 지닌 이 마을을. 이 마을은 섬과 서양 문화가 충돌했던 첫 지점이요, 태평양 전체를 통틀어 자꾸만 되풀이되면서 섬 사회에 대변동을 일으킬 수많은 갈등의 첫 지점이었다. 마젤란에게 인도가 그랬던 것처럼, 그 점에서 우마탁은 나에게 이 세계와 그 구조에 대해 생각할 하나의 매개이자 하나의 개념이 되었다.

괌 대학의 더크 앤서니 발렌도프 같은 학자들은 마젤란이 1521년에 우마탁에 들어왔을 리가 없다고 믿는다. 발렌도프 연구팀은 최근 피가페타의 항해일지에 기록된 상륙 이야기에 견주면서 마젤란 항해의 마지막 시기를 재현하여 그의 선단이 처음 상륙한 곳은 괌의 남서부 해안 어느 지점이었다고 결론 내렸다. 마젤란의 첫 상륙은 아주 잠깐 주로 식량을 구하기 위해서였으며, 우마탁에 처음 상륙한 것은 좀 더 남쪽 항로로 이동한, 1565년의 레가스피의 탐험대였다.

72. 페나 호수는 괌에서 가장 큰 지상 저수지이지만 대부분의 민물은 이 섬의 북부에 매장된 짠물 지하수층 위로 흘러나와 생긴, 어마어마하게 큰 물웅덩이에서 공급된다. 페나호는 여기에다 공급량을 추가하기 위해 건설한 인공 호수다. 이 호수는 핵 저장 지역에서 사고가 발생할 경우 일어날 연쇄 작용을 막기 위한 하나의 '억제 시설'로 건설한 것이라는 소문이 있다.

73. 존은 돌이켜 생각해보면 이 몇 명 안 되는 비非 차모로인 이민자들이 진정한 리티코-보딕이나 전형적인 신경위축성경화증이나 파킨슨증에 걸렸는지 여부조차 확실하지 않다고 말한다. 그러나 차모로 피가 섞인 그들의 후손 중에는 리티코-보딕에 걸린 사람이 있다. 컬랜드는 1950년대의 기술로는 유전자 가설을 증명할 수 없었지만, 지금은 동료 W. C. 비더홀트와 함께 캘리포니아에 사는 차모로인들을 진료

하면서 그들 가운데 리티코-보딕이 나타나는지를 살펴보고 있다.

74. 칼턴 가이두섹은 치명적인 중추신경계 질환으로 한 세기 이상 이 지역의 풍토병이었던 쿠루가, 죽은 자의 뇌를 먹는 제의를 통해 감염될 수 있음을 발견했다. 이 병의 전염원은 새로 발견된 바이러스 형태로, 조직 속에 잠복해 있다가 오랜 시간이 지나서야 실제 증상이 나타나는, 이른바 느림보 바이러스였다. 가이두섹이 그 예리하고 정교한 의학적 호기심을 이 지역 토착 부족의 전통과 신앙에 대한 우호적이고도 심오한 지식과 결합시키지 않았더라면 쿠루는 해명되지 못했을지도 모른다. 그러한 의학과 생물학, 동물행동학에 대한 열정의 결합이 가이두섹의 모든 연구에 밑바탕이 되었으며, 그 열정이 그로 하여금 전 세계의 오지를 조사하게 만들었다. 가이두섹은 뉴기니의 쿠루와 리티코-보딕만이 아니라 그곳의 풍토병인 갑상샘 크레틴병과 유행성 간질 낭미충증, 가성반음양증, 뉴브리튼의 근이영양증, 뉴헤브리디스의 선천성 기형, 시베리아의 빌류이스크뇌염, 한국의 출혈열 콩팥증후군, 오스트레일리아 원주민들의 유전병, 그 밖의 많은 질병 (그는 1972년 해양탐사선 알파헬릭스호를 타고 답사하러 가는 길에 핀지랩에 잠시 들렀다)을 연구했다. 가이두섹은 지난 40년 동안 수백 편의 전공 논문 외에도 방대한 분량의 일기를 써왔는데, 이는 자연과학 연구에 장소와 사람에 대한 생생한 회고가 어우러져 우리 시대 가장 비범한 자연주의자이자 의사의 일생의 작업을 담은 귀한 기록이라 할 수 있다.

75. 제4의 병소는 뉴기니 남쪽에서 1980년에 보고된 신경질환이다. 연구자들은 이 질환에 (이 지역의 한 마을 이름을 따라) 앙구루구라는 이름을 붙여주었는데, 그루테아일란트와 인근 안헴랜드 지역에 사는

오스트레일리아 원주민들의 풍토병이다. J. E. 코트가 이끄는 연구팀이 관찰한 바에 따르면 이 병에 걸린 환자의 절반에게서 상위 및 하위운 동신경원과 관련 있는 불안정한 걸음걸이가 나타났다(이 때문에 원주민들 사이에서는 '새鳥인간'이라는 별명이 붙었다). 일부 환자는 소뇌증상과 핵상 마비를 보이며 일부는 어느 정도 파킨슨증과 치매 증세를 보인다. 이렇 듯 쿠루와 리티코-보딕이 임상적 유사성을 띠기에 즉각적으로 (리티코-보딕의 경우에 그랬듯이) 이 질환이 하나의 독립적인 장애인가 아니면 둘 또는 그 이상의 장애가 같이 나타나는 것인가 하는 의문이 제기된다. 또한 연구자들은 이 질환의 유전적 요인과 환경적 요인을 연구했다. 지 금은 단순한 멘델의 유전법칙을 발견할 수 있지만, 초기 기록은 그루 테아일란트에 대규모 망간 광산(1962년부터 노천 채굴해왔다)이 있다는 사 실, 소철 씨가 카사바와 더불어 섬사람들의 주식이라는 사실에 주목 했다.

오스트레일리아의 독물학자 마크 플로런스는 그루테아일란트에 서 오랜 시간을 지내며, 여기에는 유전적 요인과 독성 인자가 함께 작 용하는 것일 수도 있다고 생각하게 되었다. 플로런스는 흥미롭게도 괌, 이리안자야, 기이반도, 그루테아일란트가 전부 동일 경도에 밀집해 있 다는 사실을 지적하면서 최초의 유전자 돌연변이가 (실제로 존재했다면) 이 노선을 따라 이동한 뱃사람들에 의해서 퍼진 것이 아닌가 하는 의 문을 품는다. 그루테아일란트 사람들은 자기네가 주술에 씌어 병에 걸 렸다고 믿는다.

76. 괌에서 벌어진 생태계의 재앙은 데이비드 쾀멘이 《도도의 노래The Song of the Dodo: Island Biogeography in an Age of Extinction》에서 상세히 서술했다. 그는 1960년대에만 해도 수도 많고 종도 다양하던

괌의 토종 조류군이 어쩌다 겨우 20년 만에 멸종 위기에 처했는가를 이야기한다. 그때는 무엇이 이런 상황을 빚었는지 전혀 알 수 없었다.

새들은 다 어디로 갔는가? 무엇이 그들을 죽였는가? 하와이에서 그랬던 것처럼 어떤 외래 질병에 무너진 것인가? 축적된 디디티DDT에 희생된 것인가? 들고양이와 마모트, 투항하기를 거부하던 일본군 병사들한테 잡아먹힌 것인가?

1986년이 되어서야 비로소 괌의 '생태계 살해 수수께끼'가 풀렸다. 새를 잡아먹는 갈색나무뱀이 범인으로 밝혀진 것이다. 갈색나무뱀은 1950년대 남부의 열대 초원에서 시작하여 1980년에는 북부 산림에 이르기까지 폭발적으로 증식했는데, 이 시기는 대대적인 조류 멸종과 정확하게 일치한다. 1980년대 중반에는 갈색나무뱀이 0.64제곱킬로미터 면적에 13,000마리, 섬 전체에는 300만 마리가 있는 것으로 추정됐다. 이 무렵까지 새란 새는 다 잡아먹은 갈색나무뱀은 도마뱀과 도마뱀붙이, 그 밖의 도마뱀류에서 작은 포유류 등 다른 먹이로 돌아섰고, 그러자 이 동물들도 재앙이라 할 정도로 급감했다. 이런 현상과 함께 호랑거미 수가 엄청나게 늘어났는데(나는 도처에서 이 거미들이 쳐놓은 정교한 거미줄을 보았다) 아마도 도마뱀류가 줄어들었기 때문일 것이다. 이로써 균형을 이루었던 생태계가 급속도로 불균형 상태로 무너지기 시작했는데, 이를 생태학에서는 먹이사슬 도미노라고 부른다.

77. 린 롤러슨은 이보다 더 희귀한 나도히초미(리코포디움 플레그마리아) 이야기를 해주었는데, 예전에는 이 숲에 널려 있었지만 지금은 관상식물 표본으로 밀렵당해 거의 사라졌다고 한다. 나도히초미와 다시

마고사리삼 둘 다 오스트레일리아에서 볼 수 있는 식물로, C. J. 체임벌 린은 그곳에서 소철 사냥을 다니다가 이 식물에 매료되어 1919년《현 존하는 소철식물The Living Cycads》에서 이렇게 묘사했다.

원뿔꼴 장식 술이 달린 커다란 나도히초미와 나무에 기생하는 다시마 고사리삼은 나무에 기생하는 식물종 가운데 생김새가 가장 흥미로웠 다. 그런 기생식물이 붙어 있는 나무의 지름이 한 자 남짓하면 벌목꾼들 이 잘라버린다. 그보다 더 굵은 것이면 기어올라간다. 그들은 이 기생식 물이 흠집 없이 아름다울 경우 3페니, 비싸게는 6페니까지 받을 수 있 다는 것을 알아내는 즉시 25미터 높이도 마다 않고 올라간다.

78. 파킨슨병을 앓는 사람들을 가리켜 '파충류의" 눈빛을 가졌 다는 말을 쓸 때가 있다(이 표현은 샤르코에게로 거슬러 올라간다). 이것은 그 냥 재밌자고 (말하자면 경멸적으로) 쓰는 은유가 아니다. 파킨슨병은 포 유류에게 정교한 유연성을 부여하는 운동 근육 기능에 장애를 일으 켜 폭발적이라 할 만큼 갑작스럽게 움직임이 멈춰버리는 상태로 만드 는데, 이것이 일부 파충류의 습성을 연상시키는 것이다.

제임스 파킨슨은 의사면서 고생물학자로, 그의 1804년 책《옛 세 계의 화석 생물체Organic Remains of a Former World》는 선구적인 고생물 학 교과서로 꼽힌다. 그는 어떤 면에서는 파킨슨증을 일종의 원시 상 태로의 회귀, 그러니까 아주 오랜 과거에 있었던 어떤 '태곳적' 기능 형 태가 병을 통해서 폭로된 것으로 여긴 것은 아닌가 하는 생각이 든다.

파킨슨증이 정말로 그런 것인지 아닌지에 대해선 논쟁의 여지가 있지만, 뇌염후증후군을 앓는 사람들이 이따금씩 그러하듯, 희귀병으 로서 간뇌 부위에서 발생하는 아가미궁 간대성근경련을 앓는 사람들도 다양한 원시적 행동으로 복귀한다는 것을, 즉 원시적 행동을 노출시킨다는 것을 알 수 있을 것이다. 아가미궁 간대성근경련에서는 입천장과 가운데귀 근육, 목의 일부 근육이 박자감 있게 움직이는 증상—그 양상이 포착되지 않는 기이한 움직임—이 나타나는데, 이는 아가미궁의 근육조직이 퇴화한 흔적에 지나지 않는다. 아가미궁 간대성근경련은 사실상 사람에게 아가미의 움직임이 남아 있음을, 그러니까 진화사에서 우리의 선임자였던 어류 선조가 우리 안에 아직 남아 있다는 사실을 폭로하는 것이다.

79. 5년 전쯤 존은 응시마비 증상을 보이는 리티코-보딕 환자의 수에 의문이 생겼다. 신경안과 전문의인 그의 동료 테리 콕스는 정밀한 눈 검사를 통해 이 점을 확인했고, 이 환자들 중 절반의 망막에서 무언가 뒤틀린 흔적도 발견했다(이 흔적은 일반 검안경으로는 잘 보이지 않고 도상검안경 검사로만 볼 수 있다. 그래서 일반 눈 검사로는 놓치기 십상이다). 이 흔적은 망막색소의 표면 부분에만 있는 것으로 보였고, 아무런 증상도 야기하지 않은 것으로 진단했다. 존은 이렇게 말했다.

"이 망막색소 상피위축은 차모로 사람들한테서만 나타났어요. 1940년대부터 여기 살아온 백인 이민자나 필리핀 이민자들한테서는 발견되지 않았고요. 쉰 살 이하는 인종을 불문하고 드물어요. 제가 본 가장 어린 사람은 1957년생이었지요. 쉰 살 이상 되는 차모로인의 20퍼센트한테서 이 증세가 나타나지만, 리티코-보딕을 앓는 차모로인은 50퍼센트예요. 우린 1980년대 초에 망막세포 상피위축을 보였던 환자들을 계속해서 지켜봐왔는데, 3분의 2 이상이 10년 안에 리티코-보딕으로 발전했어요.

이 증세는 진행성 같지는 않아요. 오히려 몇십 년 전에 눈에 생겼던 어떤 외상의 흉터 쪽에 더 가깝죠. 우린 이것이 리티코-보딕의 표지 인자가 되지 않을까 생각해봤어요. 이 병과 동시에 나타나는 증세가 아닐까 하고 말이지요. 그걸 이제야 알아내긴 했지만요. 지금은 진행성핵상신경마비Progressive Supranuclear Palsy, PSP 환자나 뇌염 후파킨슨증 환자한테서도 비슷한 결과가 나오지 않을까 하고 연구하고 있어요.

말파리 애벌레 연구에서도 이와 비슷한 흔적이 발견된 게 있는데, 괌에는 말파리가 없거든요. 어쩌면 다른 종 파리의 애벌레한테서 그 흔적이 만들어진 걸지도 몰라요. 그렇다면 그놈이 리티코-보딕을 유발한 바이러스를 옮긴 거라고 봐야겠죠? 어쩌면 어떤 독소의 효과일지도 몰라요. 아직까지는 이것이 리티코-보딕에만 나타나는 건지 아닌지, 그게 중요한 건지 어떤지조차도 몰라요. 하지만 이런 식으로 맞아떨어지면 사람 환장한다는 거 아닙니까. … 이게 리티코-보딕이 어떤 미생물, 그러니까 어떤 바이러스가 유발하는 것이 아닐까 하고 생각하게 만드는 또 하나의 요소예요. 다른 면에서는 별 문제 없을 그냥 기생충이 이 병을 옮기는 것은 아닐까 하고 말이지요."

80. 게잡이원숭이의 영어명 cynomolgus monkey에서 'cyno-molgus'는 '개의 젖을 먹는다'는 뜻이다. '시노몰기Cynomolgi'는 고대 리비아에 살았던 부족 이름이다. 어째서 이런 이름이 원숭이한테 붙여졌는지는 알려지지 않았다. 하지만 존 클레이는 이 원숭이 종이 실제로 다른 동물에게 젖을 먹이는 일이 있으므로 '개에게 젖 먹이다'가 좀 더 나은 번역이라고 말한다.

81. 1920년대 일본의 한 의학지에 사이판에서 연수마비가 유달

리 많이 발생한다는 보고서가 한 편 수록돼 있는데 이것을 리티코의 발현으로 볼 수 있는지는 분명하지 않다. 가이두섹 등이 기술한 사이판의 리티코-보딕 환자 15명 가운데 두 명이 제1차 세계대전 전에 태어났고, 가장 젊은 사람은 1929년에 태어났다. 존의 설명으로는 그중 몇 환자의 부모가 괌이나 로타에서 태어났다고 한다.

82. 소철 신경독 연구는 1960년대 이후로 어느 정도 잠잠했다가 여러 곳에서 다시 활발하게 진행되고 있다. 텍사스 대학교 오스틴의 톰 메이브리와 딜리아 브라운슨은 소철과 리티코-보딕의 관계를 연구하면서 괌의 신경독으로 추정되는 물질이 쥐의 뇌세포 표본에서 보이는 효과를 관찰하고 있다. 또 (오스트레일리아) 국립환경독성연구센터의 앨런 시라이트는 동물 실험을 통해서 MAM과 BMAA의 효과를 연구하고 있다. 오랜 세월 BMAA의 독성을 연구해온 뉴사우스웨일스 대학의 마크 던컨은 소철과 리티코-보딕 사이에 어떤 연관성이 있는지 실증할 길이 없으며, 그간에 수집한 자료는 오히려 광물질 가설 쪽으로 기울어 있다고 본다. 하지만 괌의 소철 가루 처리 과정에서 빈번하게 나타나는 아연 오염 현상에 주목한 던컨은 (1992년 한 짧은 논문에서) "신경위축성경화증-파킨슨증 치매의 병인이 아연의 독성과 인과관계가 있는 것은 아닌가" 하는 의문을 제기했다.

83. 나와 이야기를 나누었던 주요 연구자 가운데 리티코-보딕의 병인으로 프리온prion(자가 증식하는 감염성 단백질 입자로, 단백질protein과 바이러스 입자virion의 합성어. 이 물질이 체내에 들어오면 단백질 구조를 변형시켜 신경계나 각종 조직을 파괴하는 독성 물질로 바뀐다. 이 작용으로 뇌에 구멍이 숭숭 뚫려 해면처럼 된다 하여 전염성해면상뇌병증이라고 통칭한다. 스크래피나 광우병을

유발하는 것이 프리온이라고 한다—옮긴이)을 꼽은 사람은 없었다. 그들은 저마다 자기 가설을 고집하는 것으로 보였다. 하지만 알마가 지나가는 말 같아도 진지하게 제기한 이 가설을 나도 생각해보았다. 이 책《색맹의 섬》의 초판이 출판된 뒤로 많은 독자가 프리온이 리티코-보딕의 원인일 수도 있지 않을까 하는 의문을 제기해왔는데 그 가운데는 걸출한 신경학자 로저 로젠버그(그의 전공은 알츠하이머병인데 가이두섹은 이를 전염성 없는 아밀로이드증으로 본다)와 뉴기니 연구 시절에 쿠루(프리온 질환의 본보기로, 가이두섹의 표현으로는 전염성 아밀로이드증)를 접했던 진화생물학자 제러드 다이아몬드가 있다.

쿠루와 크로이츠펠트야콥병에서는, (면양떨림병, 전염성밍크뇌증, 소해면상뇌증 즉 광우병 등) 다양한 동물 뇌 질환과 마찬가지로, 전염성 병인이 DNA도 RNA도 갖고 있지 않지만 그럼에도 뇌 단백질 속에서 어떤 변화를 야기할 수 있는 물질인 것으로 보인다. 그런 변화는 가차 없이 진행되(며 궁극적으로는 치명적이)지만 일단 자리를 잡고 나면 감염된 뒤로 수십 년 동안 발현되지 않을 수도 있다. 그처럼 위험한 잠복기를 거쳐 퇴행을 시작하는 것도 리티코-보딕의 특징이다. 다이아몬드는 이러한 이유에다 지리적, 유전적으로 제각각 다른 곳에서 출현했다는 이유까지 결합하여 이 병이 쿠루 같은 프리온 질환으로 증명되지 못하는 것은 아닌지 묻는다. 현재는 이를 증명할 만한 근거도, 리티코-보딕이 전염 또는 유전된다는 근거도 전혀 없다.

84. 장과 그의 동료들은 약 20년 동안 리티코-보딕이 발생한 괌 지역의 지리적 변화를 재조사하면서 이 병과 각 지역의 사이카신의 독성 정도에 매우 밀접한 상호 관계가 있음을 확인했다. 그러나 그 '상호 관계'가 아무리 밀접해도 그것이 단순한 인과관계를 의미한다고만

은 볼 수 없다. 단순한 멘델 법칙이 적용되는 희귀한 알츠하이머병, 파킨슨병, 신경위축성경화증이 있기는 하지만, 그것은 예외이지 규칙이 아니다. 일반 알츠하이머병, 파킨슨병, 신경위축성경화증은 실질적인 병상의 발현이 다양한 유전 및 환경 요인에 따라 달라지는 복잡한 장애로 보인다. 과연, 스펜스가 짚었던 대로, 그러한 유전자-환경 상호 관계에는 다른 많은 조건이 작용한다고 현재 밝혀지고 있다. 이렇듯 스트렙토마이신—결핵 치료제로 개발되었으나 일부 환자한테는 돌이킬 수 없는 신경농을 유발했다—의 희귀하나 끔찍한 부작용은 스트렙토마이신이 투여되지 않는 한 있는지조차 알 수 없는 한 미토콘드리아 DNA 결함의 유무에 달려 있음이 밝혀졌다.

이와 유사하게 미토콘드리아 DNA의 돌연변이에 의해서 유전성이지만 일반적인 멘델 유전 법칙에 적용되지 않는 다양한 장애가 발생할 수도 있다. 청각장애가 당뇨병, 신장병, 만성안구근육경련, 대뇌 변성과 함께 나타나는 희귀한 증후군이 이 경우에 해당할 것으로 보인다(이 증후군 혹은 아주 유사한 증후군은 1964년 허먼, 아길라, 색스가 최초로 기술했다). 미토콘드리아 DNA는 모계로만 유전되는데, 비더홀트 연구팀은 차모로 남성들이 실질적으로 몰살당해 전체 인구가 여성 몇백 명 수준으로 격감한 1670년에서 1710년 사이에 그러한 미토콘드리아 돌연변이가 발생하여 일정한 가족 간에 다음 세대로 퍼져나간 것이 아닌가 하는 의문을 제기했다. 다른 면에서는 양호한 환경적 매개체가, 치명적인 리티코-보딕의 퇴행을 촉발했을 여성들에게 그러한 돌연변이를 일으켰을 수도 있다.

로타

85. 마리 스톱스는 1880년 런던에서 태어나 10대에 이미 지칠 줄

모르는 호기심과 과학적 재능을 보였고, (여성이 의학계에 진입하는 것을 가로막았던 당대의 분위기와 비슷한) 강력한 반발을 무릅쓰고 유니버시티칼리지에 입학하여 식물학에서 금메달과 1등급 학위를 받았다. 이때 이미 고식물학에 대한 열정을 품었던 스톱스는 500명의 학생 가운데 홍일점으로 뮌헨 식물연구소에 들어갔다. 그녀는 소철 밑씨 연구로 식물학 박사 학위를 받아 여성 최초의 박사 학위 수여자가 되었다.

1905년에는 런던 대학에서 과학 박사 학위를 받았는데 영국의 최연소 이학박사 수여자였다. 이듬해에는 대영박물관에서 두 권짜리 방대한 저작《백악기 식물Cretaceous Flora》작업에 매달리면서 전문적인 식물학 지식 못지않은 필력과 재기 발랄한 상상력을 보여준 멋진 책《젊은이를 위한 식물의 삶 연구The Study of Plant Life for Young People》를 출판했다. 스톱스는 계속해서 많은 과학 논문을 발표했고, 1910년에는 또 하나의 대중서《고대의 식물Ancient Plants》을 출판했다. 이 시기에 그녀는 연애소설과 시를 쓰기 시작했고, 걸출한 일본인 식물학자와 이루지 못한 자신의 아픈 사랑 이야기를《일본에서 쓴 일기A Journal from Japan》라는 소설에 담아냈다.

이 무렵 스톱스는 식물학 이외의 분야에 흥미를 갖게 된다. 〈타임스〉에 여성 참정권을 지지하는 글을 발표한 스톱스는 여성이 정치적, 직업적으로뿐만 아니라 성적으로도 얼마나 해방되어야 하는가를 의식하게 되었다. 1914년부터는, 몇 년 동안은 고식물학 연구 작업도 병행하지만, 본질적으로는 사람의 사랑과 성을 중점적으로 다루었다. 그녀는 성관계를 소철 밑씨의 번식력을 묘사할 때처럼 명징하고 정밀한 방식으로 기술하여, 성교를 있는 그대로 객관적으로 서술한 최초의 저자가 되었다. 그러나 거기에는 D. H. 로렌스의 전조라 칭할 만한 부드러움도 있었다. 그녀의 책《부부애Married Love》(1918),《일하는 어머니들에게 보내는 편지A Letter to Working Mothers》(1919), 《눈부신 모성애 Radiant Motherhood》(1920)는 당대에 엄청난 인기를 누렸으며, 그녀의 필치나 권위는 필적할 이가 없었다.

훗날 스톱스는 미국의 피임법 선구자 마거릿 생어를 만나 영국에 피임법을 전파하는 활동을 벌였다. 1923년에《피임, 그 이론과 역사, 실천Contraception, Its Theory, History and Practice》이 출판되었고, 이를 기점으로 런던과 기타 등지에 마리 스톱스 진료소를 세웠다. 제2차 세계대전이 터지자 스톱스의 목소리, 즉 이 운동의 취지는 호소력을 얻지 못했고, 한때 온 세상에 알려졌던 그녀의 이름도 거의 잊혀졌다. 하지만 스톱스의 고식물학 사랑은 고령이 되어서도 식을 줄 몰랐으며, 그녀는 종종 진짜 첫사랑은 탄구炭球(식물 화석을 함유한 둥근 광물질 덩어리—옮긴이)였다고 말하곤 했다.

86. 공간의 거대함을 발견한 코페르니쿠스 혁명은 16세기와 17세기에 지구가 우주의 중심이라는 사람들의 생각에 심대한 충격을 던져주었는데, 이 충격을 파스칼보다 사무치게 그려낸 이는 없을 것이다. "눈에 보이는 이 세계 전체가 지각되지 않을 만큼 작은 하나의 점일 뿐이라니…." 파스칼은 탄식했다. 사람은 이제 "이 외진 자연의 한구석에서 길을 잃고… 붙박인 그 조그마한 방 안에 갇혀" 있다. 요하네스 케플러는 "보이지 않는 남모르는 공포감", 무한한 공간 속에서 "길 잃은" 느낌이라고 말한다.

바위와 화석에 주목하면서 지질학의 발전을 이룬 18세기는 (특히 로시, 굴드, 맥피가 강조했듯이) 시간에 대한 생각도 근본적으로 바꾸어놓았다. 진화적 시간, 지질학적 시간, '아득한 시간'은 사람들이 자연스럽게 혹은 편안하게 떠올린 개념이 아니었으며, 제창되었을 때는 공포와 저항을 불러일으켰다.

　지구가 사람과 동시대의 역사를 위해 만들어졌다고, 과거는 사람의 잣대로 측정되는즉 최초의 사람 아담으로 거슬러 올라가는 단 몇 세대 이상은 되지 않는다는 생각이 사람들에게는 편하게 받아들여졌다. 그러던 지구의 성서적 연대가 이제 어마어마하게 확장되어 영겁의 기간이 된 것이다. 어셔 대주교가 세계는 기원전 4004년에 창조되었다고 셈할 때, 뷔퐁은 세속의 자연관─사람이 지구에 등장한 것은 일곱 기의 맨 마지막이었다는 관점─을 도입하여 지구의 나이가 7만 5,000년이라는 낯선 주장을 펼쳤다. 그는 비공식적으로는 이 시간의 범위를 40배 더 크게 보았지만─원고 상태에서 그 숫자는 300만 년이었다─(로시의 주장에 따르면) 뷔퐁이 그 시대 사람들이 이렇게 큰 숫자를 이해하지 못할 것이고 시간의 "어두운 구덩이"에 공포를 느낄 것이라고 판단하여 수를 축소하여 발표한 것이다.

　태양계의 발생과 진화에 대한 생각을 담은 1755년의 저작《일반 자연사와 천체론Theory of the Heavens》에서 칸트는 "수백만 년과 세기"가 걸려서야 현재 상태에 도달했으며 천지창조는 초시간적이며 우주적인 것이라고 보았다. 이 관점의 등장으로, 뷔퐁의 말을 빌리자면, 우주론에서 "신의 손"이 제거되었으며 우주의 시간은 어마어마하게 확대되었다. 로시는 "후크 시대 사람들에게는 과거가 6,000년"이었지만 "칸트 시대 사람들이 의식한 과거는 수백만 년"이었다고 말한다.

　하지만 칸트의 수백만 년은 이론일 뿐 지구에 대한 어떤 구체적인 지식도, 지질학적으로 확고한 근거도 없었다. 지구 위에서 벌어진 온갖 사건들로 채워진 광대한 지질학적 시간 개념은 그다음 세기까지 나오지 않다가 라이엘이《지질학 원리》에 지질의 변화가 거대한 규모로 오랜 시간에 걸쳐 서서히 이루어진 것이라고 주장하면서 비로소 하나의 개념으로 자리 잡았고, 이로써 수억 년 전부터 지층이 쌓이고 또 쌓여 오늘날의 지표가 되었다는 의식이 형성되었다.

라이엘의 첫 책이 출판된 것은 1830년이었는데, 다윈은 비글호 항해를 떠날 때 이 책을 들고 갔다. '아득한 시간'에 대한 라이엘의 생각은 다윈의 진화론에도 없어서는 안 될 요소였으니 다윈은 캄브리아기의 동물이 빙하가 녹는 것만큼이나 느린 과정을 거쳐 오늘날의 형태로 진화하기까지 적어도 3억 년이 걸렸으리라고 추산했다.

우리의 시간 개념을 다룬 스티븐 제이 굴드의 저서 《시간의 화살, 시간의 순환Time's Arrow, Time's Cycle》은 인류는 과학이 가한 "그 순진해빠진 자기애에 대한 두 차례의 능욕"—코페르니쿠스 혁명과 다윈 혁명—을 견뎌야 했다는 프로이트의 유명한 진술로 시작한다. 여기에 프로이트는 (굴드의 표현에 따르면 "역사상 가장 겸손하지 못한 선언"으로) 자신의 것, 즉 프로이트 혁명을 추가했다. 그러나 굴드는 프로이트가 그 목록에서 가장 위대한 진보의 하나로 코페르니쿠스 혁명과 다윈 혁명을 잇는 데 반드시 필요한 고리인 '아득한 시간'의 발견을 빼먹었음을 지적한다. 굴드는 "프로이트의 네번째 혁명이라는 언짢은 상황을 견뎌낸" 오늘날에도 아득한 시간의 실체를 (개념적 혹은 은유적 차원이 아니라) 실감 나게, 체계적으로 이해하기란 여전히 어렵다고 말한다. 하지만 그는 이 혁명이 저 넷 가운데 가장 심오한 것이었을 수도 있다고 생각한다.

영겁에 걸쳐 온갖 자잘한 효과를 빚어내고 마무르면서 진화의 눈먼 움직임을 가능하게 만든 것은 '아득한 시간'이었다. 새로운 자연관, 신의 결단은 없으나 그 나름으로 참으로 숭고하다 할 기적과 천우신조로서 이루어진 자연관을 열어젖힌 것도 '아득한 시간'이다. "이 생명관에는 장엄함이 깃들어 있다"고 다윈은 《종의 기원》의 저 유명한 마지막 문장에서 말한다.

이 행성이 확고한 중력의 법칙에 따라 회전하는 동안 그토록 단순한 시작으로부터 가장 아름답고 가장 경이로운 생명체가 무한히 생겨나고 진화해왔으며 또한 진화하고 있는 것이다.

87. 칼 니클라스가 이 식물에 대해 쓴 것이 있다.

노목을 땅속에 얽어맨 거대한 뿌리줄기의 길이가 얼마나 되는지 고개를 갸우뚱할 따름이다. 땅밑 뿌리로 서로 이어져 있는 수백 그루의 노목은 사실 단 하나의 생명체인데, 아마도 지구 역사상 가장 큰 생물일 것이다.

나는 오스트레일리아에서 연대가 마지막 빙하기로 거슬러 올라간다고 하는 남극 너도밤나무 숲을 보았다. 이 숲의 나무들이 전부 연결되어 있다고 해서 하나의 생명체라고 하는데, 뿌리와 몸통이 많기는 하지만 기는줄기와 곁가지가 이음매 없는 직조물처럼 뻗어 있었다. 최근에 미시간에서 땅속에서 무지막지하게 자라는 곰팡이돗자리 아르밀라리아 불보사(알뿌리뽕나무버섯)가 발견되었는데, 면적이 약 12만 제곱미터에 무게는 100톤이 넘는다. 이 미시간 균류 식물의 땅속 섬유세포는 유전적으로 동일 조직이며, 따라서 지구상에서 가장 큰 생물로 불려왔다.

이런 경우에는 무엇이 하나의 생물 혹은 하나의 개체를 이루는가 하는 개념 자체가 모호해진다. (군체 산호의 폴립 같은 특수한 경우를 제외하면) 동물계에서는 그런 일이 좀처럼 없는 것에 대해 스티븐 제이 굴드가 《짚더미 속의 공룡Dinosaur in a Haystack》에서 다루었다.

주석

88. 양치류, 야자류, 소철류는 겉모습이 비슷해 보이지만 서로 관계가 없으며 계통이 다른 식물군에서 왔다. 사실 이들의 '공통된' 생김새는 상당히 독립적으로 진화했다. 다윈은 이 같은 수렴 진화의 산 증인들에 매료되었는데, 이처럼 자연선택이 각기 다른 시간대에 각기 다른 상황에서 각기 다른 형태로 이루어짐으로써 같은 문제를 유사한 방법으로 해결한 것이라고 보았다.

니클라스는 목질처럼 아주 기본적인 특징조차도 수많은 식물과가 서로 별개로 발생해왔다는 사실을 강조하면서, 가볍고 단단한 재질이 필요한 곳에서는 언제든 곧추선 형태의 나무가 생겨났다는 점을 지적한다. 이렇듯 나무 속새, 나무 석송, 소철, 소나무, 참나무는 전부가 다른 원리에 의해서 나무가 되었으며 진정한 의미의 나무라고 볼 수 없는 나무고사리와 야자는 대신에 다른 방식, 그러니까 유연하지만 점성 있는 줄기 조직이나 뿌리 껍질로 줄기를 질기게 만들어 스스로의 단점을 보강한 것이다. 소철은 목질이 연하고 견고함은 떨어지지만 대신 사철 내내 푸른 잎으로 철갑을 두른 듯 몸통을 강화한다. 그밖에 오래전에 멸종한 설엽목은 나무 형태를 띠지 않고서 밀도 높은 목질을 키웠다.

동물계에서도 수렴 진화를 볼 수 있는데, 많은 종족의 동물이 다른 눈으로 진화한 것이 좋은 예가 될 것이다. 해파리, 벌레, 갑각류, 곤충, 가리비, 오징어와 그 밖의 두족류에 척추동물까지 다양한데 이 모든 동물의 눈이 구조도 다르고 기원도 다르지만 모두가 같은 기초 유전자의 작용에 의존한다. 눈 발달에 핵심적 역할을 하는 유전자 연구와, 몸과 내장기관의 형태발생을 결정하는 호메오박스 유전자 같은 여타의 유전자 연구는 이러한 유전자의 작용이 모든 생명체의 근본적인 통일성에, 그 누구의 예상보다도 더 근본적으로 깊이 관여하고 있음을 밝혀냈다. 리처드 도킨스의 최근 저작《불가능한 산 오르기Climbing Mount Improbable》에서 특히 눈 발달에 대한 탁월한 논의를 만나볼 수 있다.

89. 로버트 숌버그는 큰가시연꽃을 발견했을 때의 흥분을 이렇게 썼다.

때는 1837년 1월 1일, 우리는 자연의 장애에 맞서 버비스강을 거슬러 올라가느라 안간힘을 쓰다가 물의 흐름이 멈추어 웅덩이가 된 지점에 이르렀다. 이 웅덩이의 한쪽 끝에서 무언가가 내 눈길을 끌었다. 그게 뭔지 알 수는 없었지만 나는 선원들에게 노를 빨리 저으라고 다그쳤고, 배는 이윽고 내 호기심을 일으켰던 그 물체에 접근했다! 짜잔! 경이로운 식물이었다! 지금까지 겪었던 시련은 다 잊었다. 식물학자로서 포상을 받은 것 같았다. 잎은 지름이 1.5미터에서 2미터 사이로 펑퍼짐하고, 움푹하게 테두리가 쳐 있었으며, 위는 연두빛에 아래는 선홍빛이었는데, 물 위에 떠 있었다. 나는 이 놀라운 식물 곁에 달라붙은 채 순백색에 장밋빛, 분홍빛이 은은하게 퍼지는 무수한 꽃잎으로 이루어진 화려한 꽃을 구경했다.

그리고 이 큰가시연꽃이 사는 수조에 떠 있는 거대한 이파리 밑에는 민물해파리라고 하는 이상한 동물이 서식한다는 것을 나중에 알았다. 이 종은 1880년에 발견되었는데 최초의 민물해파리로 여겨졌다(하지만 나중에 가서 해파리형 몸체의 히드로충강 림노코디움임이 밝혀졌다). 민물해파리는 오랫동안 인공 환경—식물원의 수조—에서만 발견되었지만 지금은 괌의 페나호를 비롯하여 몇 군데 호수에서도 서식하는 것으로 보인다.

90. 벨비치아의 수명은 2,000년 이상이다. 그래서 아프리칸스어 (남아프리카공화국에서 사용하는 네덜란드어—옮긴이)로는 트베이블라르크아니두드라고 하는데, '두 잎은 죽지 않는다'는 뜻이다.

91. 아주 근사한 총서의 하나인 존 길모어의 《영국의 식물학자들 British Botanists》은 제2차 세계대전 도중에 출판된 것으로, 내가 아주 좋아하는 책이었다. 길모어는 위대한 식물 탐험가이자 연구가요, 명성 높은 식물학자 아버지 윌리엄 잭슨 후커(글래스고 대학에서 오랫동안 식물학을 가르친 뒤 큐 식물원 초대 원장이 된 인물)의 아들이었던 조지프 후커의 삶을, 그리고 무엇보다도 다윈과의 관계를 생생하고도 감동적으로 그려냈다.

"자네는 내게 변함없이 공감해준 단 하나의 존재라네." 다윈은 후커에게 보낸 편지에 이렇게 썼다. (후커는) 《비글호 항해기》 교정 원고를 눈뜨자마자 읽기 위해 베개 밑에 두고 잠들던 시절부터 다윈 최후의 안식처인 (웨스트민스터) 사원으로 관 덮는 보를 들고 들어가던 그날까지 다윈에게 가장 허물없고 가장 믿을 만한 친구였다. 다윈이 1844년 자연선택설의 첫 발상을 알린 이도 후커였고, 15년 뒤에 바뀐 생각을 처음 알린 이도 후커였다. 1858년 어느 날 아침에 다윈이 앨프리드 러셀 월리스로부터 자신이 막 발표하려 했던 자연선택설과 동일한 이론을 설명한 논문을 받아 보고는 의심의 여지없는 자신의 우선권을 월리스에게 충동적으로 양보하려던 것을 자제시키고, 린네 학회에서 저 유명한 이중발

표회를 열도록 조처한 것도 바로 후커였다. 그리고 1909년 다윈 탄생 100주년 기념일, 아흔둘의 나이에도 여전히 활력 넘치는 훤칠한 모습으로 그는 케임브리지 행사에 출석하여 자신이 그토록 혼신의 힘을 다해 도왔던 친구에게 경의를 바쳤다.

그러나 다윈주의의 역사에서 맡았던 역할 말고도 조지프 후커 경은 계통식물학자이자 식물지리학자요 탐험가로서 당대의 그 누구보다도 우뚝 솟았던 인물이다.

"식물을 그가 아는 것처럼 아는 사람은 드물었으며, 앞으로도 드물 것이다." 보어 교수는 이렇게 썼다. 그는 어린 시절을 아버지가 교수 생활을 했던 글래스고에서 보냈다. 그 집에 차곡차곡 쌓이던 식물 표본과 장서는 훗날 큐 식물원 소장품의 토대가 되었는데, 식물원에서 가까운 그 집에서 그는 아침부터 밤까지 식물과 생활하고 숨 쉬었을 것이다. 글래스고 시절에 키운 식물을 향한 열정이 그의 평생에 심오한 영향을 미쳤다.

92. 필립 헨리 고스는 1856년 (익명으로 출간한) 안내서 《큐의 온실을 거닐며Wanderings through the Conservatories at Kew》에서 소철을 다음과 같이 묘사한다.

온실의 남동쪽 끝자락에 큼직한 구역을 차지하고 서 있는 식물 무리에서 우리는, 이름표에 적힌 명칭은 다양하나, 하나의 공통점을 본다. 원기둥 같은 몸통 꼭대기에서 활처럼 굽은 깃털 모양 이파리가 사방으로 뻗어내린 이 식물의 생김새는 어느 정도는 야자와 닮았고 또 나무고사리와도 닮았지만, 전자의 당당한 우아함도 후자의 섬세한 기품도 없다. 그들의 지나친 견고함과 잎이 가시처럼 뾰족하게 자라는 성질은 거부감을 자아낸다.

뛰어난 생물학자이자 기독교 근본주의자인 고스는 한 해 뒤 기괴한 저작《배꼽Omphalos》(《종의 기원》이 나오기 겨우 두 해 전에 출판되었다)에서 천지창조는 단칼에, 눈 깜짝할 사이에 창조되었다는 자기 믿음에 (머나먼 과거가 있었다는 증거물로 보이는) 화석의 존재를 끼워 맞추고자 했다. 그는 "시간을 초월한 시간"(고스는 신은 세계가 제대로 '기능'하게 하기 위해서 지구를 산과 골짜기가 현재 상태로, 나무는 나이테가 다 자란 상태로, 그리고 아담과 이브는 머리카락과 손톱과 배꼽이 다 달려 있는 상태로 창조했고, 따라서 우리가 지구와 우주의 나이를 추정할 때 신뢰할 근거는 전혀 없다고 주장했다—옮긴이)이라는 주장 속에서 동물과 식물 화석 무더기로 마무리된 지구 땅덩어리 전체가 신의 손으로 한순간에 창조되었고 과거의 모습 그대로일 뿐 변한 것은 아무것도 없다고, 따라서 현존하는 어떤 생물도 그 화석들과는 무관하다고 주장했다. 그는 아담도 마찬가지로 한순간에 (어린이도 아니고 출산되지도 않았으며 탯줄도 없이—그래도 배꼽은 있는) 젊은이로 창조되었고, 소철도 잎자리가 빽빽한 것이 수백 살은 먹었을 것처럼 보이지만 상당히 최근에 창조되었을 것이라고 주장했다.

고스는 천지창조가 끝난 지 한 시간 뒤의 지구를 둘러보는 가상 여행으로 독자들을 초대하여 동물과 식물의 파노라마를 보여준다.

독자 여러분께서 이 가시잎소철속을 좀 봐주셨으면 한다. 우아한 야자나무의 풍자화마냥 흉물스러운 이 식물은 주물사가 거푸집으로 떠낸 야자나무가 아닌가 싶다. 거칠고 뻣뻣하고 굵은 몸통에서 뻗어나온 활처럼 굽은 갈래잎 여남은 장이 칼처럼 날카로운 모양의 작은 잎을 에워싸고 있지만, 뿔같이 단단한 성질과 푸르스름한 색깔은 심히 불쾌하고 거슬린다. 이 단단한 왕관 한가운데에 거대한 솔방울 같은 열매가 매달려 있다. … 이 무지막지한 소철속 식물이 700살에서 800살은 먹었다고

필립 헨리 고스가 흉물스러운 식물이라고 말한 가시잎소철속(엔케팔라르토스).
그의 《배꼽》중에서.

주석

봐도 전혀 얼토당토않은 추측은 아닐 것이라고 생각들 하시겠지만 …
아니올시다. 이 식물은 방금 전에 창조되었다는 말씀!

이 엉뚱한 생각은 (기본적으로 증명도 반증도 할 수 없으니 가설이라고는
부를 수 없겠는데) 고생물학자 진영과 신학자 진영 쌍방으로부터 비웃음
을 사고 말았다.

93. 고스는 큐 식물원 안내서에서 금모구척(키보티움)에 대해서도
별스러운 설명을 달았다.

(그것은) '스키타이의 양Scythian Lamb'(금모구척金毛狗脊은 금빛 솜털로 덮여
있고 생김새가 개의 척추뼈를 닮았다고 해서 붙은 이름이다—옮긴이)이라는
이름의 기묘한 식물로, 이에 관한 흥미로운 이야기가 많이 전해진다. 그
중에서도 가장 흥미로운 것은 이것이 절반은 동물, 절반은 식물로서 곁
에 있는 식물을 집어삼키는 힘이 있다는 이야기다. 하지만 실제로는 키
보티움 바로메츠라는 학명의, 포복 자세에 털 많은 줄기로 이루어진 양
치류 식물일 뿐이다. 납작 엎드린 자세와 털이 더부룩한 모습이 웅크린
짐승 같기는 하다.

94. 이 책의 초판을 쓸 때 나는 유럽에서 빈, 함부르크, 뮌헨의 식
물원을 방문했는데 전부가 서로 자기 식물원이 세계에서 가장 오래된
화분 식물을 소장하고 있다고 주장했다. 그들이 말하는 그 식물은 소
철류(키카스 키르키날리스 혹은 엔케팔라르토스 알텐스타이니)였다.
이 오래된 소철의 생명력도, 사람들이 이 소철에 쏟는 사랑도 비
범하다. 빈의 마리아테레지아궁의 식물원은 제2차 세계대전 때 폭격

으로 거의 모든 식물이 죽었는데, 그 가운데 200년 된 남양소철 한 그루만 살아남아 오늘날까지 번성하고 있다. 드레스덴에서는 (로키 슈미트가 독일의 식물원에 관한 매력적인 책에서 말하듯이) 1945년의 무자비한 폭격 때 식물원은 말할 것도 없고 도시 자체가 초토화했으나, 한 헌신적인 정원사가 그 폐허 속에서 수령이 200년도 한참 넘어 무게 또한 몇백 킬로그램이 나가는 키카스 키르키날리스 한 그루만을 구해냈다. 그 소철은 현재 신축된 식물원에서 볼 수 있으며, 온몸에 1945년 폭격의 상흔이 남아 있으나 여전히 건강하고 왕성하게 자라고 있다.

95. 큐 식물원이나 암스테르담 식물원의 소철을 보면 이 식물이 얼마나 연약한지 실감되는 한편, 특별하고 희귀한 종의 생존을 끊임없이 위협하는 조건을 생각하지 않을 수 없게 된다. 아프리카 태생 가시잎소철속(엔케팔라르토스 우디)이 50종 넘게 자라는 케이프타운의 커스텐보슈 식물원에 갔을 때 이것이 더욱 뼈저리게 느껴졌다. 개중에는 흔한 종도 있고 희귀한 종도 있지만, 1895년 메들리 우드 박사가 발견한 우드가시잎소철(엔케팔라르토스 우디)은 수나무 혼자 번식하는 아주 진기한 종이다. 원종에서 꺾꽂이한 것(무성생식으로 생겨난 클론)이 재배되고는 있지만, 이 종의 다른 나무는 암나무가 되었건 수나무가 되었건 전혀 발견되지 않았다. 미지의 암나무가 어딘가에 존재하지 않는 한 우드가시잎소철은 수분受粉, 즉 짝짓기를 하는 일은 없을 것이다. 그리고 커스텐보슈의 이것이 지구상 최후의 한 그루가 될 것이다.

밀렵꾼의 침입을 막기 위해 이름표도 없이 철제 담장만으로 둘러놓은 이 커스텐보슈 식물원의 고독한 표본을 보노라니 야히 부족 최후의 생존자 이시 이야기가 생각났다. 내 눈앞에는 소철 판 이시가 있었다. 그러고는 수억 년 전에 그토록 대단했던 수많은 나무 속새, 나무

우드가시잎소철, 일명 이시소철. 더글러스 구드의《아프리카의 소철들Cycads of Africa》중에서.

석송, 나무고사리가 어떻게 해서 위태로울 정도로 줄어들어 단 백 그루로, 단 열 그루로 그리고 단 한 그루밖에 남지 않게 되었는가, 생각에 잠겼다. 그리고 언젠가는 이 한 그루마저 사라질 것이며, 오로지 저 슬픈, 응축된 기억만이 석탄 속에 남을 것이다.

　　(또 하나의 진기한 소철로 여성판 이시인 쓰촨소철 한 그루가 최근 중국 한 사원의 정원에서 발견되었는데, 다른 표본이 있는지는 아직껏 알려진 바 없다. 이 나무는 1996년 5월에 다른 종들과 함께 중국의 토종 소철 기념우표로 발행되었다.)

　　96. 괌 북부에는 소철로 뒤덮인 열대건조림이 한 군데 있다. 로타의 소철 숲은 습도가 더 높은 '중습성'으로, 폰페이에 있는 것 같은 진정한 열대우림은 아니다. 몇 해 전부터 로타의 희귀한 열대림이 무섭게 파괴되고 있는데, 주범은 일본인들의 골프장 건설이다. 우리는 밀림 속을 돌아다니다가 그런 개발 현장 한 곳을 목격했다. 무지막지한 불도저가 땅을 파헤치면서 수십 제곱킬로미터에 이르는 숲을 마구잡이로 베어내고 있었다. 이 섬에 현재 세워진 골프장이 셋인데 앞으로 몇 군데 더 들어선다고 한다. 처녀림을 그런 식으로 순식간에 밀어버리면 산성토가 산호초로 쏟아져내려 산호초의 자연환경을 부양하는 산호를 다 죽이게 된다. 또한 밀림이 존속할 수 없을 만큼 잘게 쪼개질 것이고 그러면 몇십 년도 되지 않아서 동물 식물 가릴 것 없이 생태계 전체가 붕괴할 것이다.

　　97. 체임벌린은 《현존하는 소철나무The Living Cycads》에서 디오온 에둘레의 나이를 세는 방법을 설명하는데, (야생에서) 쉰 살이면 성숙기가 되고 그뒤로는 평균 2년마다 새 잎이 돋는다고 한다. 체임벌린은 줄기의 비늘잎 수를 세서 해마다 나는 잎의 수로 나누면 나무의 나이가

중국의 고유 소철 종을 그린 기념우표(그림: 쩡샤오리엔曾孝濂)

나온다고 설명했다. 그는 한 아름다운 표본을 언급하는데 이 기준에 따르면 970살이지만 키는 1.5미터도 되지 않는다고 설명했다. 체임벌린은 소철 중에는 수명이 세쿼이아속(평균 수명이 2,000년이며, 오래 산 것은 3,300년 된 것도 있다—옮긴이)과 맞먹는 것도 있지 않을까 생각했다.

98. 소철속의 열매는 특징과 모양, 크기가 다양하다. 레피도자미아 페로프스키야나와 이주가시잎소철(엔케팔라르토스 트란스베노수스)의 커다란 열매는 무게가 40킬로그램 이상 나가고 가장 작은 자미아소철의 열매는 30밀리그램밖에 되지 않는다. 그러나 이 원통형 몸통에 붙은 조각 비늘의 무늬는 큰 것이건 작은 것이건 전부가 코르크 마개 뽑이나 시계태엽의 소용돌이처럼 솔방울에서 볼 수 있는 복잡한 기하학적 무늬, 해바라기꽃 안의 소용돌이 모양 씨 배열과 같다. 이런 잎차례는 수 세기 동안 많은 식물학자와 수학자의 호기심을 끌어왔는데, 소용돌이무늬 자체가 로그함수적일뿐만 아니라 서로 반대 방향으로 비스듬하게 난 조각 비늘의 줄을 세어보면 오른쪽 줄의 수와 왼쪽 줄의 수가 일정한 비례로 나타나기 때문이다. 이렇듯 소철 방울열매의 소용돌이 줄 수는 솔방울과 마찬가지로 5와 8인데, 이 비스듬한 줄을 분수로 표시하면 2/1, 3/2, 5/3, 8/5, 13/8, 21/13, 34/21… 이런 식으로 계속된다. 이 분수 배열은 13세기 수학자 레오나르도 피보나치의 이름을 따서 피보나치 수열이라고 부르는데, 황금분할의 비인 1.618대 1로 수렴된다.

이 배열은 잎이나 조각 비늘이 겹치지 않게끔 꾸러미를 짓는 최적의 방법 그 이상도 이하도 (괴테를 위시하여 많은 사람들이 생각한 것 같은 어떤 신비한 뜻이 담긴 원형이라거나 관념적 이상도) 아닐 테지만, 보는 이의 눈에 즐거움을 주며 사고를 자극한다. 잎차례는 (케임브리지 대학의 식물학 교수

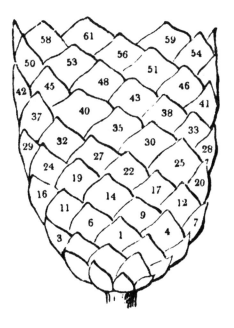

소철 방울열매의 잎차례. 존 S. 헨즐로의 《서술적·생리학적 식물학의 원리》 중에서.

이자 다윈의 스승이었던) 존 S. 헨즐로 목사(1796~1861)를 매료시켜 그는 저서《서술적·생리학적 식물학의 원리Principles of Descriptive and Physiological Botany》에서 이를 설명했으며, 다시 톰슨(1860~1948, 스코틀랜드의 생물학자, 수학자—옮긴이)의 독특한 (그리고 아주 유명한) 저작《성장과 형태에 관하여On Growth and Form》에서 상세히 다루어졌다. 17세기 초 존 네이피어(1550~1617, 스코틀랜드의 수학자이자 신학자—옮긴이)는 로그 개념을 창안했는데 속새의 성장을 관찰하다가 발상을 얻은 것이라고 하며, 위대한 식물학자 니어마이어 그루도 17세기에 "식물을 관찰하다 보면 먼저 수학적 물음이 일어날 것"이라고 말한 바 있다.

자연, 그중에서도 생물체의 형태와 성장을, 관념론이나 각 개체의 고유한 성질 따위는 배제한 채 수학적으로 결정(혹은 제약)하는 풍조가 현재, 특히 혼돈(카오스) 이론과 복잡성 이론이 창안되고 발전한 지난 몇십 년 동안 아주 강하게 나타나고 있다. 프랙탈(차원분열도형)이 말하자면 우리 의식의 일부가 된 지금, 우리는 산, 풍경, 눈송이, 편두통 등 어디에서나 프랙탈을 보게 되지만, 식물계야말로 이것이 두드러지는 곳이다. 4세기 전 네이피어가 정원에서 로그함수를 보았고, 7세기 전 피보나치가 황금분할을 발견한 곳이 바로 식물계였다.

99. 괴테가 끝없이 찾아다녔던 식물의 형태를 말한다. '형태학'의 학문적 기초를 세우고 그 이름을 붙인 것도 괴테였다. 그는 진화에 대해서는 전혀 몰랐지만 일종의 논리적 혹은 형태학적 미적분을 통해서 모든 고등식물이 어떤 원시적인 유형, 그가 원형식물Ur-pflanze이라고 불렀던 가설적 조상 식물에서 나온 것이라고 생각했다(괴테는 파두아 식물원에서 한 야자나무를 보다가 이 생각이 떠올랐다고 기록했는데, 이 나무는 지금도 '괴테의 야자'라고 불리며 그의 생가에서 자라고 있다). 그의 가설적 원형식물

에는 잎이 달려 있는데 이것이 꽃잎, 꽃받침, 꽃실과 꽃밥 등 꽃의 온갖 복잡한 부위로 변태할 수 있다고 보았다. 괴테가 민꽃식물을 고려했더라면 솔잎난을 그의 원형식물로 받아들였을지도 모른다는 생각이 도저히 내 머릿속을 떠나지 않는다.

괴테의 절친한 벗이었던 훔볼트는 《식물의 인상Physiognomik der Gewdehse》에서 괴테의 형태론을 채택했다(사실 그는 괴테의 개념을 확대하여 식물에만이 아니라 바위와 광물의 형태, 산을 비롯하여 다양한 자연의 형상에 힘을 미치는 범우주적 조형력까지 다루었다). 훔볼트는 식물군의 인상은 "기본적으로 열여섯 가지 식물의 형태에 의해서 결정된다"고 주장한다. 그는 그 가운데 무엽류인 카수아리나속 식물(속씨식물), 마황(원시적인 겉씨식물), 속새속 식물(속새) 같은 다양한 식물이 포함된다고 보았다. 훔볼트는 대단히 뛰어난 실용 식물학자였으며 이들 종의 식물학적 차이를 매우 잘 알고 있었지만, 괴테가 그랬던 것처럼 그 역시도 생물학을 관통하는, 모든 개별 과학과 교차하는 원리, 즉 형태발생 혹은 형태적 제약의 일반 원리를 찾고자 했다.

식물 수지상樹枝狀의 기원은 어떤 초생初生의 원형과 조화하여 나타나는 것이 아니라 표면 대 부피의 비율, 즉 광합성 면적을 최대화하는 아주 단순한 기하학적 원리에 따라서 형성되는 것이다. 이와 비슷한 경제적 조건이 많은 생물의 형태에도 적용되는데, 신경세포의 수지상결정이나 호흡수呼吸樹(해삼류의 호흡기관으로 나뭇가지처럼 가늘게 갈라진 모양을 띠고 있어 이렇게 부른다—옮긴이) 등이 그 예다. 이렇듯 잎이나 다른 복잡한 형태가 없는 솔잎난 같은 '원형Ur'식물이 자연의 가장 기본적인 생명 형태를 보여주는 본보기가 될 것이다.

모든 고등식물이 어떻게 원시적인 고생솔잎난류의 형태에서 파생했는가를 추적하는 괴테의 가설을 최근에 W. 짐머먼이 지계강—양치류의 한 강—가설로 유비한 바 있다. 그리고 괴테의 형태학에 대한 유비 가설은 생물의 자기조직화, 복잡성, 보편발생학론 등에서 찾아볼 수 있다.

100. 새퍼드가 꽝의 소철 수풀을 보았을 때도 이처럼 머나먼 과거로 돌아가는 기분을 느꼈다. 그는 그들의 "흉터 많은 원기둥형 몸통과 뻣뻣하고 갈래지고 빤득거리는 이파리는 … 이상적인 석탄기 숲의 그림"이 아닐까 하는 생각이 든다고 썼다.
존 미켈이 속새에 대해 쓴 글에서도 비슷한 정서가 느껴진다.

그들 사이를 거니노라면 SF소설 속으로 들어간 것 같은 기분이다. 나는 멕시코의 에퀴세움 기간테스 진열대 앞에 처음 섰던 순간을 생생히 기억한다. 내가 석탄기의 숲으로 돌아갈 길을 찾았는데 생각지도 못한 공룡이 그 속새 사이로 튀어나온 것 같은 느낌이었다.

뉴욕의 길거리만 걸어다녀도 고생대를 느낄 수 있다. 이 동네에서 가장 흔한 (필시 오염에도 잘 버티는) 나무의 하나인 은행나무는 페름기 은행류에서 거의 변하지 않고 살아남은 유일한 종이다.
다윈은 《종의 기원》에서 한때는 널리 서식했으나 지금은 많이 줄어 소수로 외딴 ("경쟁이 … 다른 어느 곳보다 덜 치열할") 지역에 서식하는 종, 흡사 유물처럼 보이는 그 원시력 생물을 "살아 있는 화석"이라고 불렀다. 예를 들면 은행나무는 옛날에 매우 흔한 종이었지만(1,500만 년 전에 스포케인 홍수가 덮치기 전까지 태평양 북서부의 주요 식물이었다) 지금은 한 종밖에 남지 않았으며, 중국의 한 작은 지역에 재배종으로 존재한다. 20세기에 떠들썩했던 "살아 있는 화석"의 발견은 1938년의 공극류 물고기 라티메리아, 데본기에 멸종된 것으로 알려졌다가 1950년대에 발견된 연체동물문[1]이다(이 놀라운 발견으로 볼 때 저 광대한 영역인 대양에 아직도, 어떤 버려진 질퍽한 '섬'에 삼엽충, 필석류, 암모나이트, 벨렘나이트가 살아 있다는 소식 같은 놀라운 발견이 기다리고 있을지도 모른다는 기대를 품음직하다). 식물계에도 이처럼 흥분되는 발견이 있었다. 오래전에 멸종되었다고 믿었던 겉씨식물 울레미소나무가 1994년에 오스트레일리아에서 발견되었다. 1997년에는 마다가스카르의 열대우림에서 3000만 년 전에 멸종된 것으로 여겨지던 아주 원시적인 속씨식물 타크타자니아가 발견되었다(내 안의 어리석고도 낭만적인 심성은 아직도 언젠가 거대한 석송이나 속새가 발견될 날이 오기를 꿈꾼다).

101. 게가 야자열매를 먹는다는 이 기이한 적응 양태가 다윈의 호기심을 끌었고, 그는 이를 《비글호 항해기》에 기록했다.

앞서 야자열매를 먹고 사는 게를 잠깐 언급한 적이 있는데 육지 어디에서나 흔히 볼 수 있는 이 게는 괴물처럼 크게 자라며 야자집게와 아주 유사한 종이거나 같은 종이다. 두 앞발 끝에는 아주 힘 좋고 묵직한 집게가 달려 있고 뒷발에는 힘도 훨씬 약하고 훨씬 가느다란 집게가 달려 있다. 처음에는 게가 질긴 껍질로 싸인 단단한 야자열매를 짜갠다는 것이 도저히 가능해 보이지 않았다. 하지만 리스크 씨가 실제로 그 장면을 본 게 한두 번이 아니라고 장담했다. 게는 우선 열매에 붙은 껍질의 섬유질을 한 가닥 한 가닥 뜯어내는데, 반드시 움푹 파인 눈구멍 세 개가 있는 쪽에서 시작한다. 이것이 다 끝나면 힘센 집게발로 눈구멍 하나를 큰 구멍이 뚫릴 때까지 때려댄다. 그리고는 뒷발의 가느다란 집게발로 열매를 뒤집어 알부민이 풍부한 하얀 배젖을 짜낸다. 나는 게와 야자나무처럼 특이한 본능을 보여주는 사례를 본 적이 없으며, 생태계의 계보에서 너무 동떨어져 보이는 이 두 생물이 서로에게 적응한 양태도 특이하기는 매한가지다.

야자집게가 야자열매를 훔칠 요량으로 야자나무에 기어올라간다는 일부 기록이 있는데, 나는 이것이 가능할 것이라고는 생각하지 않지만 판다누스속이라면 이 일이 훨씬 쉬울 것이다. 리스크 씨는 내게 이 일대 섬의 야자집게들은 땅에 떨어진 야자열매만 먹고 산다고 이야기해주었다. (사실, 야자집게는 높은 야자나무로 기어올라가 묵중한 집게발로 열매를 잘라내기도 한다.)

102. 소철은 양치식물이나 구과식물처럼 바람으로 꽃가루받이를 한다고 알려져 있지만, (체임벌린을 포함하여) 초기 저자들은 꽃가루받이 시기에 가끔씩 수소철의 방울열매 속이나 그것의 부근에서 벌레들이 발견된다는 점에 주목했다.

1980년, 마이애미의 페어차일드 열대식물원에서 일하던 크누트 노르스토그와 데니스 스티븐슨은 이 식물원에 들여온 소철 다수가 암수나무 다 건강했고 심은 간격도 1~2미터밖에 되지 않는데 번식력 있는 씨를 전혀 생산하지 못한다는 것과 원래 있던 자미아소철은 번식력이 꽤나 왕성하다는 것을 알아차렸다. 두 사람은 바구미가 애벌레 때 수자미아소철의 방울열매를 먹고는 성충이 되어서 꽃가루가 뒤덮인 작은홀씨잎을 퍼뜨리고 다닌다는 것을 발견했다. 암나무의 방울열매가 이런 식으로 꽃가루받이를 하는 것일까?

스티븐슨과 노르스토그는 (칼 니클라스, 프리실라 포셋, 앤드루 보비즈 등) 다른 연구자들과 함께 이 가설을 아주 꼼꼼하게 확인했다. 그들이 관찰한 바로는 바구미가 수나무 방울열매 표면에서 먹고 짝짓기하고 그다음으로 방울열매 속으로 들어가 계속해서, 꽃가루가 아니라 작은 홀씨잎의 밑 부분을 갉아 먹는다. 그러고는 그 작은홀씨잎 안에서 알을 까고, 애벌레가 부화하고 성충이 되어서야 홀씨잎을 갉아 먹어 끝 부분을 통해 밖으로 나온다. 이 가운데 어떤 바구미는 암나무의 방울 열매로 옮겨 가는데, 암방울열매는 꽃가루받이 준비가 되면 특이한 향과 열을 뿜지만 벌레에게 독성이 있기 때문에 먹지는 못한다. 암방울열매의 비좁은 틈을 타고 속으로 기어들어간 바구미는 꽃가루를 먹을 수 없자 그 안에 더 있어야 할 이유를 찾지 못하고 도로 수방울열매로 돌아간다.

소철은 이런 식으로 바구미에 의존해서 꽃가루받이를 하며, 바구미는 소철 열매에서 온기와 보금자리를 얻는다. 어느 쪽도 상대가 없으면 생존할 수 없다. 벌레와 소철의 이 친밀한 관계, 이 공진화共進化는 가장 원시적인 꽃가루받이 방식으로, 벌레를 꾀는 향기와 빛깔을 지닌 속씨식물이 진화하기 훨씬 전인 고생대로 곧장 거슬러 올라간다.

(다양한 벌레가 소철의 꽃가루받이를 돕지만 주로 딱정벌레와 바구미가 이 일을 하는데, 벌이 꽃가루받이를 해주는 소철이 딱 한 종 있다. 달콤한 소철 꿀이 떠오르지 않는가?)

103. 이런 놀라운 적응력을 생각하면 소철이 그들 나름으로 얼마나 근사한 식물인지, 그리고 이것을 생태계의 사다리에서 '고등' 속씨식물보다 열등한 '원시' 혹은 '하등' 식물로 보는 것이 얼마나 무의미한 노릇인지 느낄 것이다. 우리는 꾸준한 진화적 발전 혹은 진보라는 (물론 궁극의 단계는 자연에서 '최고' 산물인 우리라는) 개념에서 헤어나지 못하고 있다. 그러나 자연 그 자체에 그러한 경향, 전 지구적 차원의 진보 혹은 지향이 있다는 증거는 없다. 다윈이 주장했듯이, 자기가 사는 지역의

조건에 적응할 뿐이다.

자연이 진보한다는 우리의 착각을 스티븐 제이 굴드만큼 폭넓은 지식을 구사하여 재치 있게 고찰한 이는 없는데, 특히 최근(1996년)의 저서 《풀하우스Full House》가 그의 생각을 잘 보여준다. 굴드는 그런 오해가 우리의 인식 속에 세계에 대한 잘못된 도상학을 심어놓은 나머지 양치식물 시대를 겉씨식물 시대가 계승하고 이를 다시 현재의 속씨식물 시대가 계승한 것이라고, 마치 앞 시기의 생물들이 더는 존재하지 않는 것처럼 생각하게 된 것이라고 말한다. 많은 초기 종이 새로운 종으로 대체되었으나, 양치식물이나 겉씨식물처럼 매우 적응력 높은 생명 형태로 꿋꿋이 살아남아 열대림에서 사막까지 생태계 요소요소를 차지하고 있는 종들도 있다. 굳이 따져야겠다면, 정작 우리가 사는 곳은 박테리아 시대라고 굴드는 주장한다. 지난 30억 년 동안 그래왔다고.

굴드가 잘 설명했듯이 말과가 되었건 사람과가 되었건 어떤 하나의 계통만 보고 진화나 진보에 대해 어떤 결론을 내려서는 안 된다. 우리는 지구 위의 모든 생명체, 모든 종의 전체 그림을 봐야 한다. 그런다면 자연의 성격을 규정하는 것은 진보가 아니라 무한한 새로움과 다양성이요, 이는 무한히 다른 형태로 적응해가는 과정임을, 그 어떤 것도 '고등'이냐 '하등'이냐로 볼 수는 없음을 알 수 있을 것이다.

104. 바닷물을 통해서 씨를 퍼뜨리는 것이 소철의 분포에 한 가지 중요한 수단이었을 것이라는 주장을 처음 제기한 것은 다윈이었으며, 그는 이들 씨가 짠물에 떠다니면서 살아남는 능력을 알아보기 위한 실험도 했다. 그는 많은 씨가 먼저 말랐을 때 아주 오랫동안 물에 떠다닐 수 있음을 알아냈다. 예를 들어 말린 개암나무 열매를 물에 90일 동안

띄워둔 뒤 땅에 심자 싹이 났다. 다윈은 이 기간과 해류의 속도를 견주어 많은 씨가 (소철 씨 같은) 특별한 부력층이 없더라도 보통 1,600킬로미터를 항해한다고 보았다. 그는 이렇게 결론 내렸다. "씨나 열매가 큰 식물은 일반적으로 여행 거리에 제약이 있으며, (또한) 다른 어떤 수단으로도 좀처럼 운반되기 힘들다."

그는 부목浮木이 때로는 바다의 운송꾼 노릇을 하기도 하며, 어쩌면 빙산도 그 역할을 할 수 있다고 썼다. 그는 빙하기 때 아조레스제도의 "일부가 얼음을 타고 온 씨앗들의 저장고"였을 것이라고 생각했다. 그러나 린 롤러슨은 다윈이 생각하지 못한 (생각이 미치기만 했더라면 무척이나 매료되었을) 한 가지 대양 운송 수단이 있다면서, 화산 분출 때 바다로 날려 들어간 부석浮石이 뗏목 구실을 했다고 주장했다. 부석은 오랜 세월 바다에 떠다니면서 큰 씨앗만이 아니라 동물과 식물도 운반했을 것이다. 크라카토아의 화산이 폭발하고 3년 뒤 코스라이에 섬 앞의 수평선에서 코코야자와 여타 식물을 실은 부석 뗏목이 발견되었다.

물론 씨앗만 들어와서 되는 것은 아니고 서식하기 좋은 환경을 찾아야 한다. "한 알의 씨앗이 양호한 땅에 떨어져 성숙하게 될 확률이란 그 얼마나 실낱같은가!" 다윈은 탄식했다. 북마리아나제도(파간, 아그리한, 알라마간, 아나타한, 아순시온, 마우그, 우라카스)에 소철 씨가 들어왔던 것은 확실하지만, 이 일대는 화산 활동이 너무 활발한 불안정한 환경이어서 생존에 적합한 서식지가 되지 못했다.

105. 소철류와 야자류는 생김새가 비슷해서 왕왕 혼돈을 일으키곤 한다. 디오온 에둘레는 '처녀야자'라는 속칭으로 불리며, 메디아소철은 '오스트레일리아견과야자'라고, 마크로자미아 리에들레이는 '자미아야자'라고 불리며, 키카스 레볼루타(일본소철)와 키카스 키

르키날리스(남양소철)는 둘 다 '사고야자'라고 불린다. 소철류의 독일어는 'palmfernen(야자양치류)'이다. 그러나 이것은 비전문가들이 겪는 혼돈일 뿐이다. 소철류와 양치류에 관해서는 분류학자들도 혼돈을 일으키는데, 멋쩍은 실수도 있지만 시사하는 바가 큰 것도 있다. 한때 S. 파라독사로 불리던 스탄거리아Stangeria가 좋은 예가 될 텐데 이 소철은 잎이 양치류와 아주 비슷하며 남아프리카공화국의 해안에 서식한다. 19세기 초에 이 식물을 처음 수집한 식물학자들은 이것이 로마리아속 양치류라고 믿었다. 이 초기 표본이 열매를 맺지 못했던 것이 분명하다. 왜냐면 1853년에 첼시약 초원의 (두 해 전에 수집한) 표본에 갑자기 큼직한 솔방울이 열리자 식물학자들이 기겁했던 것이다. 모두가 경악하고 몇몇은 어리둥절했지만, 이것을 즉각 소철로 재분류하고 이름도 스탄거리아로 정정했다.

스탄거리아가 '양치류'였다가 겉씨식물 소철로 밝혀졌다면, 도무지 양치류 같지 않은 특성 때문에 식물학자들을 헷갈리게 만들던 얼레지(나도고사리삼과)가 양치류로 재분류된 것은 더욱 놀라운 사건이었다. 이들의 특성은 소철류를 비롯하여 여러 겉씨식물을 낳은 원겉씨식물의 특성과 매우 비슷한 것으로 밝혀졌다. 그뿐만 아니라 얼레지가 실제로 원겉씨식물이고, 아직도 살아 있으며, 3억 4000만 년 전에 멸종된 것으로 알았던 그때부터 지금까지 줄곧 번성해왔다는 놀라운 주장이 제기되고 있다.

또 하나의 이례적인 양치류 물부추(물부추속)도 뜻밖에 아주 오래된 식물임이 밝혀졌는데, 이 경우에는 오래전에 멸종된 고생대의 석송이었다. 이 사실이 밝혀지자 (전 세계의 호숫가에서 자라며 풀처럼 생긴) 보잘 것없던 물부추가 순식간에 우리가 상상할 수 없이 오래된, 사라진 세계와 이 세계를 이어주는 살아 있는 고리라는, 계통발생학적으로 새로운 지위를 획득했다.

106. 바닷가 소철의 분류와 명명의 역사는 곡절이 많다. 마젤란과 함께 항해했던 피가페타가 괌과 로타의 소철을 관찰하기는 했던 것 같은데, 기술이 너무 모호해서 그 내용을 그대로 받아들이기는 어려웠다. 소철을 주변의 야자나무들과 한눈에 구별하기 위해서는 식물학자 혹은 분류학자의 안식이 있어야 했다. 그러한 식물학적 기술은 다음 세기가 되어서야 레이더와 룸피우스라는 두 인물한테서, 거의 같은 시기에, 나왔다. 일생이나 관심사나 많은 면에서 같은 길을 추구했던 두 사람 모두 네덜란드 동인도회사 소속 장교였다. 처음으로 소철을 기술한 것은 룸피우스로, 1658년 말라바르 해안에서였다. 하지만 1680년대 말라바르의 총독이 되어《인도 말라바르의 정원Hortus Indicus Malabaricus》을 출판한 것은 룸피우스의 아래 연배인 레이더의 몫이었다. 룸피우스와 레이더의 소철은 같은 종으로 여겨졌으며, 린네는 둘 다 키카스 키르키날리스라고 명명했다. 처음에는 바닷가와 섬에 서식하는 모든 소철을 키카스 키르키날리스라고 불렀고, 프랑스 식물학자 루이 뒤 프티투아르가 1804년 아프리카 동부 해안에서 한 소철종을 발견했을 때도 당연히 키카스 키르키날리스라는 이름을 붙였다. 사반세기 뒤에 하나의 독자적인 종으로 인정되어 키카스 투아르시로 이름이 바뀌기는 했지만 말이다. 룸피우스의 이름은 그가 죽은 지 한 세기 반 뒤인 1859년, 그가 몰루카제도에서 처음 기술했던 그 소철의 이름에 쓰이게 되었다.

지난 몇 해 동안 태평양 소철의 분류를 재검토하려는 노력이 이루어졌지만 켄 힐이 보고한 바 "물에 떠다니는 종자들을 통해서 … 유전자 구조가 서로 다른 종들이 일정 지역을 연달아 서식지로 삼는 바람에" 이 작업은 몹시도 복잡해졌다.

현재 식물학자들은 학명 키카스 키르키날리스를 내륙에 서식하며 씨에 부력이 없는 (원래 레이더의《인도 말라바르의 정원》에 수록되었던) 키큰 인도 지역 소철로 국한하는 추세다. 아무튼 힐은 이렇게 정리했다. 서태평양의 소철은 룸피소철 분류군에 속하며, 마리아나제도 소철은 이 분류군 내에서 하나의 독립된 종으로 키카스 미크로네시카(미크로네시카소철)라고 명명한다. 시러큐스의 소철 분류학자 데이비드 드 로번펠스는 키카스 키르키날리스가 인도와 스리랑카에만 서식한다는 점에는 동의하지만, 괌 소철은 예전에 명명된 키카스 켈레비카(셀레베스소철)에 속한다고 본다. 하지만 괌 소철은 이미 두 세기 동안이나 키카스 키르키날리스라고 불려온 터라 앞으로도 이 이름으로 불릴 것으로 보이며, 식물학자들만이 '제' 이름을 쓰자고 주장할 것 같다.

107. 원시림, 소철 숲은 어떤 문화에서건 경외심, 종교적 혹은 신비적인 감정을 불러일으키는 것 같다. 브루스 채트윈은 오스트레일리아의 소철 골짜기를 일러 원주민들의 '꿈의 노래Songlines'(오스트레일리아 원주민 부족의 전통 노래. 조상들이 여행한 모든 길을 이야기하는 이 노래에는 그들의 창조 신화와 전설, 민담, 자연 현상, 토템 신앙 등이 담겨 있으며, 장거리 여행을 떠날 때 이 노래를 길잡이로 삼기도 한다—옮긴이)와, 일부 원주민 부족이 죽기 전에 마지막 순례를 떠나는 신성한 장소에 "중대한 의미를 부여하는 곳"이라고 한다. 그러한 광경, 생의 마지막 순간 소철을 만나 그 위에서 죽어가는 것이 '꿈의 노래' 마지막 소절이다.

108. '아득한 시간deep time'이라는 표현은 존 맥피가 처음 썼다. 그는 저서《분지와 산맥Basin and Range》에서 아득한 시간을 가장 많이

의식하는 이들—지질학자들—이 이 개념을 어떻게 자기 내면의 지적, 감정적 존재로 받아들이는가를 설명한다. 그는 한 지질학자의 말을 인용한다. "머리가 온통 지구의 시간 척도 생각뿐입니다. 이제는 저도 모르게 그 생각을 하고 있는 거예요. 그러다 보면 지구하고 벗이 된 것 같은 기분이 들죠."

그러나 직업이 지질학자나 고생물학자가 아닌 우리 보통 사람들조차 양치식물이나 은행, 소철처럼 기본적인 형태를 영겁의 세월 동안 보존해온 생명체를 보게 되면 내면의 감정, 무의식에 변화가 일어날 것이며, 전과는 달라진, 어떤 초월적인 세계관을 갖게 될 것이다.

참고문헌

논문

Aguirre, G. D., and L. F. Rubin. "Pathology of hemeralopia in the Alaskan malamute dog." *Investigative Ophthalmology* 13, no. 3: 231-235 (March 1974).

Ahlskog, J. E.; S. C. Waring; L. T. Kurland; R. C. Petersen; T. P. Moyer; W. S. Harmsen; D. M. Maraganore; P. C. O Brien; C. Esteban-Santillan; and V. Bush. "Guamanian neurodegenerative disease: Investigation of the calcium metabolism/heavy metal hypothesis." *Neurology* 45: 1340-44 (July 1995).

Anderson, F. H.; E. P. Richardson, Jr.; H. Okazaki; and J. A. Brody. "Neurofibrillary degeneration on Guam: Frequency in Chamorros and non Chamorros with no known neurological disease." *Brain* 102: 65-77 (1979).

Bailey-Wilson, Joan E.; Chris C. Plato; Robert C. Elston; and Ralph M. Garruto. "Potential role of an additive genetic component in the cause of amyotrophic lateral sclerosis and parkinsonism-dementia in the Western Pacific." *American Journal of Medical Genetics* 45: 68-76 (1993).

Bell, E. A.; A. Vega; and P. B. Nunn. "A neurotoxic amino acid in seeds of Cycas circinalis." In M. G. Whiting, ed., *Toxicity of Cycads: Implications for Neurodegenerative Diseases and Cancer. Transcripts of Four Cycad Conferences.* New York: Third World Medical Research Foundation, 1988.

Brody, Jacob A.; Irene Hussels; Edward Brink; and Jose Torres. "Hereditary blindness among Pingelapese people of eastern Caroline Islands." *Lancet* 1253-57 (June 1970).

Carr, Ronald E.; Newton E. Morton; and Irwin M. Siegel. "Achromatopsia in Pingelap islanders." *American Journal of Ophthalmology* 72, no. 4: 746-56 (October 1971).

Cawte, J.; C. Kilburn; M. Florence. "Motor neurone disease of the western Pacific: Do the foci extend to Australia." *Neurotoxicology* 10, no. 2: 263-270 (Summer 1989).

Chen, Leung. "Neurofibrillary change on Guam." *Archives of Neurology* 38; 16-18 (January 1981).

Cody, Martin, and Jacob Overton. "Short-term evolution of reduced dispersal in island plant populations." *Journal of Ecology* 84: 53-62 (1996).

Cox, Terry A.; James V. McDarby; Lawrence Lavine; John Steele; and Donald B. Caine. "A retinopathy on Guam with high prevalence in lytico-bodig." *Ophthalmology* 96, no. 12: 1731-35 (December 1989).

Crapper McLachan, D.; C. McLachlan; B. Krishnan; S. Krishnan; A. Dalton; and J. Steele, "Aluminum and calcium in Guam, Palau and Jamaica: implications for amyotrophic lateral sclerosis and parkinsonism-dementia syndromes on Guam," *Environmental Geochemistry and Health* 11, no. 2: 45-53 (1989).

Cuzner, A. T. "Arrowroot, cassava and koonti." *Journal of the American Medical Assoc.* 1: 366-69 (1889).

de Laubenfels, D. J. "Cycadacées." In H. Humbert and J.-F. Leroy, eds., *Flora de Madagascar et des Comores. Gymnosperms.* Paris; Museum National d Histoire Naturelle (1978).

Diamond, Jared M. "Daisy gives an evolutionary answer." *Nature* 380: 103-04 (March 1996).

-. "The last people alive." *Nature* 370: 331-32 (August 1994).

-. "Outcasts of the islands." *The New York Review of Books*: 15-18 (6 March 1997).

Duncan, Mark W. "B-methylamino-L-alanine (BMAA) and amyotrophic lateral sclerosis-parkinsonism dementia of the western Pacific." *Annals New York Academy of Sciences* 648: 161-168 (May 1992).

Duncan, Mark W.; John C. Steele; Irwin J. Kopin; and Sanford P. Markey. "2-Amino-3-(methylamino)-propanoic acid (BMAA) in cycad flour: an unlikely cause of amyotrophic lateral sclerosis and parkinsonism-dementia of Guam." *Neurology* 40: 767-72 (May 1990).

Feigenbaum, Annette; Catherine Bergeron; Robert Richardson; John Wherrett; Brian Robinson; and Rosanna Weksberg. "Premature atherosclerosis with photomyoclonic epilepsy, deafness, diabetes mellitus, nephropathy, and neurodegenerative disorder in two brothers: A new syndrome?" *American Journal of Medical Genetics* 49, 118–24 (1994).

Futterman, Frances. *Congenital Achromatopsia: A guide for professionals.* Berkeley: Resources for Limited Vision, 1995.

Gajdusek, D. Carleton. "Cycad toxicity not the cause of high-incidence amyotrophic lateral sclerosis/parkinsonismd-ementia on Guam, Kii Peninsula of Japan, or in West New Guinea." In Arthur J. Hudson, ed., *Amyotrophic Lateral Sclerosis: Concepts in Pathogenesis and Etiology,* Toronto: University of Toronto Press, 1987.

 –. "Foci of motor neuron disease in high incidence in isolated populations of East Asia and the Western Pacific." In Lewis P. Rowland, ed., *Human Motor Neuron Diseases,* 363–93. New York: Raven Press, 1982.

 –. "Motor-neuron disease in natives of New Guinea." *New England Journal of Medicine* 268: 474–76 (1963).

 –. "Rediscovery of persistent high incidence amyotrophic lateral sclerosis/parkinsonism-dementia in West New Guinea (Irian Jaya, Indonesia)." *Sections of the 1993 Journal of D. Carleton Gajdusek,* 489–544, Bethesda: National Institutes of Health, 1996.

Gajdusek, D. Carleton, and Andres M. Salazar. "Amyotrophic lateral sclerosis and parkinsonian syndromes in high incidence among the Auyu and Jakai people of West New Guinea." *Neurology* 32, no. 2: 107–26 (February 1982).

Garruto, Ralph M. "Early environment long latency and slow progression of late onset neurodegenerative disorders." In S. J. Ulijaszek and C. J. K. Henry, eds., *Long Term Consequences of Early Environments.* Cambridge: Cambridge University Press, 1996.

Garruto, Ralph M.; Richard Yanagihara; and D. Carleton Gajdusek. "Cycads and amyotrophic lateral sclerosis/parkinsonism dementia." Letter to the editor, *Lancet* 1079 (November 1988).

Geddes, Jennian F.; Andrew J. Hughes; Andrew J. Lees; and Susan E. Daniel. "Pathological overlap in cases of parkinsonism associated with neurofibrillary tangles." *Brain* 116: 281–302 (1993).

Gibbs, W. Wayt. "Gaining on fat." *Scientific American* 8, 88–94 (August 1996).

Glassman, Sidney F. "The flora of Ponape." *Bernice P. Bishop Museum Bulletin* 209. Honolulu: 1952.

Hachinski, V. C.; J. Porchawka; and J. C. Steele. "Visual symptoms in the migraine syndrome." *Neurology* 23: 570–79 (1973).

Haldane, J. B. S. "Suggestions as to quantitative measurement of rates of evolution." *Evolution* 3: 51-56 (March 1949).

Hansen, Egil. "Clinical aspects of achromatopsia." In R. F. Hess, L. T. Sharpe, and K. Nordby, eds., *Night Vision: Basic, Clinical and Applied Aspects.* Cambridge: Cambridge University Press, 1990.

Herrmann, Christian, Jr.; Mary Jane Aguilar; and Oliver W. Sacks. "Hereditary photomyoclonus associated with diabetes mellitus, deafness, nephropathy, and cerebral dysfunction." *Neurology* 14, no. 3: 212-21 (1964).

Higashi, K. "Unique inheritance of streptomycin-induced deafness." *Clinical Genetics* 35, no. 6: 433-36 (1989).

Hill, K. D. "The *Cycas rumphii* (Cycadaceae) in New Guinea and the Western Pacific." *Australian Systematic Botany* 7: 543-67 (1994).

Hirano, Asao; Leonard T. Kurland; Robert S. Krooth; and Simmons Lessell. "Parkinsonism-dementia complex, an endemic disease of the island of Guam. I-clinical features." *Brain* 84, part IV: 642-61 (1961).

Hirano, Asao; Nathan Malamud; and Leonard T. Kurland. "Parkinsonism-dementia complex, an endemic disease on the island of Guam. II-pathological features." *Brain* 84: 662-79 (1961).

Hubbuch, Chuck. "A queen sago by any other name." *Garden News*, Fairchild Tropical Garden, Miami, Florida (January 1996).

Hudson, Arthur J., and George P. A. Rice. "Similarities of Guamanian ALS/PD to post-encephalitic parkinsonism/ALS: possible viral cause." *The Canadian Journal of Neurological Sciences* 17, no. 4: 427-33 (November 1990).

Hughes, Abbie. "Seeing cones in living eyes." *Nature* 380: 393-94 (4 April 1996).

Hussels, I. E., and N. E. Morton. "Pingelap and Mokil atolls: achromatopsia? *American Journal of Human Genetics* 24: 304-07 (1972).

Jacobs, Gerald H.; Maureen Neitz; Jess F. Degan; and Jay Neitz. "Trichromatic color vision in New World monkeys." Letter to the editor, *Nature* 385: 156-58 (July 1996).

Johnson, Thomas C.; Christopher A. Scholz; Michael B. Talbot; Kerry Kelts; R. D. Ricketts; Gideon Ngobi; Kristina Beuning; Immaculate Ssemmanda; and J. W. Gill. "Late Pleistocene desiccation of Lake Victoria and rapid evolution of cichlid fishes." *Science* 273: 1091-93 (23 August 1996).

Kato, Masahiro. "The phylogenetic relationship of *Ophioglossaceae*." *Taxon* 37, no. 2: 381-386 (May 1988).

Kauffman, Stuart. "Evolving evolvability." *Nature* 382: 309-10 (25 July 1996).

Kiloh, L. G.; A. K. Lethlean; G. Morgan; J. E. Cawte; and M. Harris. "An endemic neurological disorder in tribal Australian aborigines." *Journal of Neurology,*

Neurosurgery, and Psychiatry 43: 661–668 (October 1980).

Kisby, Glen E.; Mike Ellison; and Peter S. Spencer. "Content of the neurotoxins cycasin and BMAA in cycad flour prepared by Guam Chamorros." *Neurology* 42. no. 7: 1336–40 (1992).

Kisby, Glen E.; Stephen M. Ross; Peter S. Spencer; Bruce C. Gold; Peter B. Nunn; and D. N. Roy. "Cycasin and BMAA: candidate neurotoxins for Western Pacific amyotrophic lateral sclerosis/parkinsonism–dementia complex." *Neurodegeneration* 1: 78–82 (1992).

Kurland, Leonard T. "Geographic isolates: their role in neuroepidemiology." *Advances in Neurology* 19: 69–82 (1978).

–. "*Cycas circinalis* as an etiologic risk factor in amyotrophic lateral sclerosis and other neurodegenerative diseases on Guam." In Dennis W Stevenson and Knut J. Norstog, eds., *Proceedings of CYCAD 90, the Second International Conference on Cycad Biology*, 29–36. Milton, Australia: Palm & Cycad Societies of Australia, Ltd., June 1993.

Lawden, Mark C.; and Peter G. Cleland. "Achromatopsia in the aura of migraine." *Journal of Neurology, Neurosurgery, and Psychiatry* 56: 708–709 (1993).

Lebot, Vincent, and Pierre Cabalion. "Les kavas de Vanuatu: Cultivars de *Piper methysticum* Forst." Trans. R. M. Benyon, R. Wane, and G. Kaboha. Noumea, New Caledonia: South Pacific Commission, 1988.

Lepore, F. E.; J. C. Steele; T. A. Cox; C. Tillson; D. B. CaIne; R. C. Duvoisin; L. Lavine; and J. V. Mc.Darby. "Supranuclear disturbances of ocular motility in lytico-bodig." *Neurology* 38, no. 12: 1849–1853 (December 1988).

McGeer, Patrick L.; Claudia Schwab; Edith G. MeGeer; R. L. Haddock; and John C. Steele. "Familial nature and continuing morbidity of the amyotrophic lateral sclerosis–parkinsonism dementia complex of Guam." *Neurology* 49, no. 2: 400–409.

Miller, Donald T.; David R. Williams; G. Michael Morris; and Junzhong Liang. "Images of cone photoreceptors in the living human eye." *Vision Research* 36, no. 8: 1067–79 (1996).

Mollon, J. D. "'Tho' she kneel'd in that place where they grew⋯': The uses and origins of primate colour vision." *Journal of Experimental Biology* 146: 21–38 (1989).

Monmaney, Terence. "This obscure malady." *The New Yorker*: 85–113 (29 October 1990).

Morell, Virginia. "Predator-free guppies take an evolutionary leap forward." *Science* 275: 1880 (28 March 1997).

Morton, N. E.; R. Lew; I. E. Hussels; and G. F. Little. "Pingelap and Mokil atolls: historical genetics." *American Journal of Human Genetics* 24, no. 3: 277-89 (1972).

Mulder, Donald W; Leonard T. Kurland; and Lorenzo L. G. Iriarte. "Neurologic diseases on the island of Guam." *U.S. Armed Forces Medical Journal* 5, no. 12: 1724-39 (December 1954).

Niklas, Karl. "How to build a tree." *Natural History* 2: 49-52 (1996).

Nordby, Knut. "Vision in a complete achromat: a personal account." In R. F. Hess, L. T. Sharpe, and K. Nordby, eds., *Night Vision: Basic, Clinical, and Applied Aspects.* Cambridge: Cambridge University Press, 1990.

Norstog, Knut. "Cycads and the origin of insect pollination." *American Scientist* 75: 270-79 (May-June 1987).

Norstog, Knut; Priscilla K. S. Fawcett; and Andrew P. Vovides. "Beetle pollination of two species of Zamia: Evolutionary and ecological considerations." In B. S. Venkatachala, David L. Dilcher, and Hari K. Maheshwari, eds., *Essays in Evolutionary Plant Biology.* Lucknow: Birbal Sahni Institute of Paleobotany, 1992.

Norstog, Knut; Dennis W. Stevenson; and Karl J. Niklas. "The role of beetles in the pollination of *Zamia furfuracea* L. fil. (Zamiaceae)." *Biotropica* 18, no. 4, 300-06 (1986).

Norton, Scott A., and Patricia Ruze. "Kava dermopathy." *Journal of the American Academy of Dermatology* 31, no. 1: 89-97 (July 1994).

Proceedings: "Toxicity of cycads: implications for neurodegenerative diseases and cancer." In Marjorie Grant Whiting, ed., *Transcripts of Four Cycad Conferences.* [1st, 2nd, 4th, 5th] New York: Third World Medical Research Foundation, 1988.

  -. "Third conference on the toxicity of cycads." *Federation Proceedings* 23, no. 6, pt. 1: 1336-88 (November-December 1964).

  -. "Sixth international cycad conference." *Federation Proceedings* 31, no. 5: 1465-1546 (September-October 1972).

Raynor, Bill. "Resource management in upland forests of Pohnpei: past practices and future possibilities." *ISLA: A Journal of Micronesian Studies* 2, no. 1: 47-66 (Rainy season 1994).

Reznick, David N.; Frank H. Shaw; F. Helen Rodd; and Ruth G. Shaw. "Evaluation of the rate of evolution in natural populations of guppies (*Poecilia reticulata*)." *Science* 275: 1934-1937 (28 March 1997).

Rogers, Robert F., and Dirk Anthony Ballendorf. "Magellan s landfall in the Mariana Islands." *Journal of Pacific History* 24, no. 2: 193-208 (1989).

Sacks, Oliver. "The divine curse: Tourette s syndrome among a Mennonite family." *Life*, 93-102 (September 1988).

—. "Coelacanth dated." Letter to the editor, *Nature* 273: 463 (9 February 1995).

—. "Eat, drink, and be wary." *The New Yorker*: 82-85 (14 April 1997).

Sacks, Oliver, and Robert Wasserman. "The case of the colourblind painter." *New York Review of Books* (19 November 1987).

Sharpe, Lindsay T., and Knut Nordby. "Total colorblindness: an introduction." In R. F. Hess, L. T. Sharpe, and K. Nordby, eds., *Night Vision: Basic Clinical and Applied Aspects*. Cambridge: Cambridge University Press, 1990.

Small, John K. "Seminole bread-the conti." *Journal of the New York Botanical Garden* 22: 121-37 (1921).

Spencer, Peter S. "Are neurotoxins driving us crazy? Planetary observations on the cause of neurodegenerative diseases of old age." In Roger W. Russell, Pamela Ebert Flattau, and Andrew M. Pope, eds., *Behavioral Measures of Neurotoxicity: Report of a Symposium*. Washington, D.C.: National Academy Press (1990).

—. "Guam ALS/parkinsonism-dementia: a long latency neurotoxic disorder caused by 'slow toxin(s)' in food?" *Canadian Journal of Neurologic Sciences* 14, no. 3: 347-57 (August 1987).

Spencer, Peter S., and Glen E. Kisby. "Slow toxins and Western Pacific amyotrophic lateral sclerosis." In Richard Alan Smith, ed., *Handbook of Amyotrophic Lateral Sclerosis*. New York: Marcel Dekker, 1992.

Spencer, Peter S., and H. H. Schaumburg. "Lathyrism: A neurotoxic disease." *Neurobehavioral Toxicology* 5: 625-29 (1983).

Spencer, Peter S.; R. G. Allen; G. E. Kisby; and A. C. Ludolph. "Excitotoxic disorders." *Science* 248: 144 (1990).

Spencer, Peter S.; Glen E. Kisby; and Albert C. Ludolph. "Slow toxins, biologic markers, and long-latency neurodegenerative disease in the Western Pacific region." *Neurology* 41: 62-66 (1991).

Spencer, Peter S.; Peter B. Nunn; Jacques Hugon; Albert Ludolph; and Dwijendra N. Roy. "Motorneurone disease on Guam: possible role of a food neurotoxin." Letter to the editor, *Lancet* 1: 965 (April 1986).

Spencer, Peter S.; Valerie S. Palmer; Adam Herman; Ahmed Asmedi. "Cycad use and motor neurone disease in Irian Jaya." *Lancet* 2: 1273-74 (1987).

Steele, John C. "Guam seaweed poisoning: common marine toxins." *Micronesica* 26, no. 1: 11-18 (June 1993).

-. "Historical notes." *Journal of Neural Transmission* 42: 3-14 (1994).

-. "Micronesia: health status and neurological diseases." In K. M. Chen and Yoshiro Yase, eds., *Amyotrophic Lateral Sclerosis in Asia and Oceania.* Taiwan: National Taiwan University Press, 1984.

Steele, John C., and Tomasa Quinata-Guzman. "The Chamorro diet: an unlikely cause of neurofibrillary degeneration on Guam." In F. Clifford Rose and Forbes H. Norris, eds., *ALS: New advances in toxicology and epidemiology,* 79-87. Smith-Gordon, 1990.

-. "Observations about amytrophic lateral sclerosis and the parkinsonism-dementia complex of Guam with regard to epidemiology and etiology." *The Canadian Journal of Neurological Sciences* 14, no. 3: 358-62 (August 1987).

Steele, John C.; J. Clifford Richardson; and Jerzy Olszewski. "Progressive supranuclear palsy. A heterogeneous degeneration involving the brain stem, basal ganglia and cerebellum with vertical gaze palsy and pseudobulbar palsy, nuchal dystonia dementia." *Archives of Neurology* 10: 333-59 (April 1964).

Steele, Julia. "Umatac." *Pacifica* 5, no. 1: 20-27 (Spring 1996).

Stopes, Marie C. "On the double nature of cycadean integument." *Annals of Botany* 19, no. 76: 561-66 (October 1905).

Thompson, Laura. "The native culture of the Mariana Islands." *Bernice P. Bishop Museum Bulletin* 185. Honolulu: 1945.

Weisler, M. I. "The settlement of marginal Polynesia: new evidence from Henderson Island." *Journal of Field Archaeology* 21: 88-102 (1994)

Whiting, Marjorie Grant. "Toxicity of Cycads." *Economic Botany* 17: 270-95 (1963).

-. "Food practices in ALS foci in Japan, the Marianas, and New Guinea." *Fed Proc* 23: 1343-45 (1964).

Yanagihara, R. T.; R. M. Garruto; and D. C. Gadjusek. "Epidemiological surveillance of amyotrophic lateral sclerosis and parkinsonism-dementia in the Commonwealth of the Northern Mariana Islands." *Annals of Neurology* 13, no. 1: 79-86 (January 1983).

Yase, Y. "The pathogenesis of amyotrophic lateral sclerosis." *Lancet* 2: 292-95 (1972).

Yoon, Carol Kaesuk. "Lake Victoria s lightning-fast origin of species." *The New York Times,* C1-4 (27 August 1996).

Zhang, Z. X.; D. W. Anderson; N. Mantel; G. C. Román. "Motor neuron disease on Guam: geographic and familial occurrence, 1956-85." *Acta Neurologica Scandinavica* 94, no. 1: 51-59 (July 1996).

Zimmerman, H. M. "Monthly report to medical officer in command." *USN Medical Research Unit No. 2* (June 1945).

Zimmerman, W. "Main results of the 'Telome Theory.'" *The Paleobotanist*, Birbal Sahni Memorial Volume, 456–70 (1952).

저서

Allen, Mea. *The Hookers of Kew* 1785–1911. London: Michael Joseph, 1967.

–. *The Tradescants.* London: Michael Joseph, 1964.

Arago, J. *Narrative of a Voyage Round the World in the Uranie and Physicienne Corvettes, Commanded by Captain Freycinet.* 1823. Reprint, Bibliotheca Australiana, vol. 45; Amsterdam: N. Israel, and New York: Da Capo Press, 1971.

Ashby, Gene. *Pohnpei: An Island Argosy.* 1983. Revised ed., Rainy Day Press, P. O. Box 574, Kolonia, Pohnpei F.S.M., 96941; or 1147 East 26th Avenue, Eugene, Oregon 97403,

–. *Some Things of Value...: Micronesian Customs and Beliefs.* 1975. By the Students of The Community College of Micronesia. Revised ed., Kolonia, Pohnpei, and Eugene, Oregon: Rainy Day Press, 1993.

Barbour, Nancy. *Palau.* San Francisco: Full Court Press, 1990.

Beaglehole, J. C. *The Exploration of the Pacific.* 1934. Reprint, third ed. Stanford: Stanford University Press, 1966.

Beekman, E. M. *Troubled Pleasures: Dutch Colonial Literature from the East indies 1600–1950.* Oxford: Oxford University Press, 1996.

Bell, Alexander Graham. *Memoir Upon the Formation of a Deaf Variety of the Human Race.* New Haven: National Academy of Science, 1883.

Bornham, Chris H. *Welwitschia: Paradox of a Parched Paradise.* Capetown: C. Struik, 1978.

Botting, Douglas. *Humboldt and the Cosmos.* London: Sphere Books, 1973.

Bower. F. O. *The Origin of a Land Flora.* London: Macmillan and Co., 1908.

Brower, Kenneth. *Micronesia: Island Wilderness.* Photography by Robert Wenkam. New York: Friends of the Earth, 1975.

Browne, Janet. *Voyaging: Charles Darwin.* Vol. 1. New York: Alfred A. Knopf, 1995.

Cahill, Kevin M., and William O'Brien. *Tropical Medicine: A Clinical Text.* London: Heinemann Medical Books, 1990.

Campbell, David G. *Islands in Space and Time.* Boston: Houghton Mifflin, 1996.

Carr, D. J., ed. *Sydney Parkinson: Artist of Cook's Endeavour Voyage.* Canberra: Australian National University Press, 1983.

Chamberlain, Charles Joseph. *The Living Cycads.* 1919. Reprint, New York: Hafner, 1965.

Chatwin, Bruce. *The Songlines.* New York: Viking Penguin, 1987.

Cook, James. *The Explorations of Captain James Cook in the Pacific: As Told by Selections of His Own Journals, 1768-1779.* New York: Dover, 1971.

Crawford, Peter. *Nomads of the Wind: A Natural History of Polynesia.* London: B.B.C. Books, 1993.

Critchley, Macdonald. *Sir William Gowers, 1845-1915: A biographical appreciation.* London: William Heinemann. 1949.

Dampier, William. *A New Voyage round the World.* 1697. London: Adam & Charles Black, 1937.

Darwin, Charles. *The Autobiography of Charles Darwin (1809-1882), with original omissions restored.* Nora Barlow, ed. London: William Collins, 1958.

-. *The Voyage of the Beagle,* 1839, revised ed. 1860. Reprint, Leonard Engel, ed. New York: Doubleday and Co., 1962.

-. *On the Structure and Distribution of Coral Reefs*[1842]; *Geological Observations on the Volcanic Islands*[1844] *and parts of South America: Visited during the Voyage of H. M. S. Beagle*[1846]. John W. Judd, ed. London: Ward, Lock, and Co., 1890.

-. *On the Origin of Species by Means of Natural Selection.* 1859. London: Everyman s Library, J. M. Dent & Sons, 1951.

-. *Diary of the Voyage of the H. M. S. Beagle.* Unpublished letters and notebooks. Nora Barlow, ed. New York: Philosophical Library, 1946.

Dawkins, Richard. *Climbing Mount Improbable.* London: Viking, 1996.

De Pineda, Antonio. *Descripciones de la Isla de Cocos (Islas Marianas).* 1792. Marjorie G. Driver, ed. Guam: Micronesian Area Research Center, 1990.

Dibblin, Jane. *Day of Two Suns: U.S. Nuclear Testing and the Pacific Islanders.* New York: New Amsterdam, 1988.

Edelman, Gerald M. *Bright Air, Brilliant Fire: On the Matter of the Mind.* New York: Basic Books, 1992.

Eldredge, Niles. *The Miner's Canary: Unravelling the Mysteries of Extinction.* New York: Prentice Hall, 1991.

Farrell, Don A. *The Pictorial History of Guam.* 3 vols. Vol. 1, *The Americanization: 1898-1918.*; vol. 2, *The Sacrifice: 1919-1943.*; vol. 3, *Liberation-1944.* Tamuning, Guam: Micronesian Productions, 1984-91.

Figuier, Louis. *Earth before the Deluge*, fourth revised edition, 1865.

Freycinet, Louis Claude de Saulces de. *Voyage Autour du Monde*. 13 vols. Paris: Pillet Aine, 1839.

Gilmour, John. *British Botanists*. London William Collins, 1944.

Le Gobien, Charles, S. J. *Histoire des Isles Marianes, Nouvellement converties à la Religion Chrétienne; & de la mort glorieuse des premiers Missionaires qui y ont prêché la Foy*. Second ed., Paris: Nicolas Pepie, 1701.

Goethe, Johann Wolfgang. "The Metamorphosis of Plants"(1790), in *Goethe's Botanical Writings*. Reprint, Bertha Mueller, trans. and ed. Woodbridge, Connecticut: Ox Bow Press, 1989.

Goode, Douglas. *Cycads of Africa*. Capetown: Struik Winchester, 1989.

Gosse, Philip Henry. *Omphalos: An Attempt to Untie the Geological Knot*. London: John van Voorst, 1857.

[Gosse, Philip Henry.] *Wanderings through the Conservatories at Kew*. London: Society for Promoting Christian Knowledge, 1856.

Gould, Stephen Jay. *Dinosaur in a Haystack: Reflections in Natural History*. New York, Harmony Books, 1995.

-. *Full House: The Spread of Excellence from Plato to Darwin*. New York, Harmony Books, 1996.

-. *Time's Arrow, Time's Cycle*. Cambridge: Harvard University Press, 1987,

Grimble, Arthur. *A Pattern of Islands*. London: John Murray, 1952.

Groce, Nora Ellen. *Everyone Here Spoke Sign Language: Hereditary Deafness on Martha's Vineyard*. Cambridge: Harvard University Press, 1985.

Henslow, J. S. *The Principles of Descriptive and Physiological Botany*. London: Longman. Rees, Orme, Brown & Green; and John Taylor, 1835.

Hess, R. F.; L. T. Sharpe; and K. Nordby, eds. *Night Vision: Basic, Clinical and Applied Aspects*. Cambridge: Cambridge University Press, 1990.

Hirsch, A. *Handbook of Geographical and Historical Pathology*. London: New Sydenham Society, 1883.

Holder, Charles Frederick. *Living Lights: A Popular Account of Phosphorescent Animals and Vegetables*. London: Sampson Low, Marston & Co., 1887.

Holland, G. A. *Micronesia: A Paradise Lost? A Surgeon s Diary of Work and Travels in Oceania, the Joys and the Pains*. Montreal: 1993.

Hough, Richard. *Captain James Cook*. London: Hodder & Stoughton, 1994.

Humboldt, Alexander von. *Personal Narrative of Travels to the Equinoctial Regions of America during the Years 1799-1804*. London: George Routledge and Sons, 1852.

-. *Views of Nature: Or Contemplations on the Sublime Phenomena of Creation.* 1807. London: Henry G. Bohn, 1850.

Hurd, Jane N. *A History and Some Traditions of Pingelap, An Atoll in the Eastern Caroline Islands.* University of Hawaii, unpublished master's thesis, 1977.

Isely, Duane. *One Hundred and One Botanists.* Ames, Ia,: Iowa State University Press, 1994.

Jones, David L. *Cycads of the World.* Washington, D.C.: Smithsonian Institution Press, 1993.

Kahn, E.J.,Jr. *A Reporter in Micronesia.* New York: W. W. Norton & Co., 1966.

Kauffman, Stuart. *At Home in the Universe: The Search for the Laws of Self-Organization and Complexity.* Oxford: Oxford University Press, 1995.

Kroeber, Theodora and Alfred Kroeber. *Ishi in Two Worlds: A Biography of the Last Wild Indian in North America.* Berkeley: University of California Press, 1961.

Langston, J. William and Jon Palfreman. *The Case of the Frozen Addicts.* New York: Pantheon, 1995.

Lessard, W. O. *The Complete Book of Bananas.* Miami: W. O. Lessard, 19201 SW 248th Street, Homestead, Florida 33031, 1992.

Lévi-Strauss, Claude. *The Savage Mind.* Chicago: University of Chicago Press, 1968.

Lewin, Louis. *Phantastica: Narcotic and Stimulating Drugs—Their Use and Abuse.* 1931. Reprint, London: Routledge & Kegan Paul, 1964.

-. *Über Piper methysticum (kawakawa).* Berlin: A. Hirschwald, 1886.

London, Jack. *The Cruise of the Snark: A Pacific Voyage.* 1911. Reprint, London: Kegan Paul International, 1986.

-. *The House of Pride and Other Tales of Hawaii.* New York: Macmillan & Co., 1912.

Lyell, Charles. *Principles of Geology.* 3 vols. London: John Murray, 1830-1833.

Marche, Antoine-Alfred. *The Mariana Islands.* Robert D. Craig, ed. Mariana Islands: Micronesian Area Research Center, 1982.

Mariner, William. *An Account of the Natives of the Tonga Islands in the South Pacific Ocean,* 2 vols. Edinburgh: Constable & Co., 1827.

McPhee, John. *Basin and Range.* New York: Farrar, Straus & Giroux, 1980.

Melville, Herman. *Journals, 1849-1860.* In Howard C. Horsford & Lynn Horth, eds., *The Writings of Herman Melville,* vol. 15. Evanston and Chicago: Northwestern University Press and The Newberry Library, 1989.

-. *Omoo.* 1847. *The Writings of Herman Melville,* vol. 2. Evanston and Chicago: Northwestern University Press and The Newberry Library, 1968.

-. *Typee*. 1846. *The Writings of Herman Melville*, vol. 1. Evanston and Chicago: Northwestern University Press and The Newberry Library, 1968.

-. "The Encantadas". 1854. In *Shorter Novels of Herman Melville*. New York: Liveright, 1978.

Menard, H. W. *Islands*. New York: Scientific American Books, 1986.

Merlin, Mark; Dageo Jano; William Raynor; Thomas Keene; James Juvik; and Bismark Sebastian. *Tuhke en Pohnpei: Plants of Pohnpei*. Honolulu: Environment and Policy Institute, East-West Center, 1992.

Mickel, John and Evelyn Fiore. *The Home Gardener's Book of Ferns*. New York: Holt, Rinehart and Winston, 1979.

Niklas, Karl J. *The Evolutionary Biology of Plants*. Chicago: University of Chicago Press, 1997.

Norstog, Knut J. and Trevor J. Nicholls. *The Biology of Cycads*. Ithaca: Cornell University Press, 1997.

O'Connell, James F. *A Residence of Eleven Years in New Holland and the Caroline Islands: Being the Adventures of James F. O'Connell. Edited from his Verbal Narration*. Boston; B. B. Mussey, 1836. Reprint with introduction by Saul H. Reisenberg, Canberra; Australian National University Press, 1972.

Orliac, Catherine, and Michel Orliac. *Easter Island: Mystery of the Stone Giants*. 1988. New York: Harry N. Abrams, 1995.

Peck, William M. *A Tidy Universe of Islands*. Honolulu; Mutual Publishing Co., 1996.

-. *I Speak the Beginning Anthology of Surviving Poetry of the Northern Mariana Islands*. Commonwealth Council for Arts and Culture, Saipan, Northern Mariana Islands 96950, 1982.

Pigafetta, Antonio. *Magellan's Voyage Around the World by Antonio Pigafetta: Three Contemporary Accounts*. Charles E. Nowell, ed. Evanston, Ill.: Northwestern University Press, 1962.

Prusinkiewicz, P. and A. Lindenmayer. *The Algorithmic Beauty of Plants*. New York: Springer Verlag, 1990.

Quammen, David. *The Song of the Dodo: Island Biogeography in an Age of Extinctions*. New York: Scribner, 1996.

Raulerson, Lynn and Agnes Rinehart. *Ferns and Orchids of the Mariana Islands*. Guam: Raulerson & Rinehart, P. O. Box 428, Agana, Guam 96910, 1992,

-. *Trees and Shrubs of the Northern Mariana Islands*. Coastal Resources Management, Office of the Governor, Saipan, Northern Mariana Islands 96950, 1991.

Raup, David M. *Extinction: Bad Genes or Bad Luck?* Intro. by Stephen Jay

Gould. New York: W. W. Norton & Co., 1992.

Rheede tot Draakestein, Hendrik A. van. *Hortus Indicus Malabaricus*. Amsterdam: J. v. Someren & J. v. Arnold Syen, 1682.

Rogers, Robert F. *Destiny s Landfall: A History of Guam*, Honolulu: University of Hawai i Press, 1995.

Rose, June. *Marie Stopes and the Sexual Revolution*, London and Boston: Faber and Faber, 1992,

Rossi, Paolo. *The Dark Abyss of Time: The History of the Earth and the History of Nations from Hooke to Vico*. Chicago: University of Chicago Press, 1984,

Rudwick, Martin J. S. *Scenes from Deep Time*. Chicago: University of Chicago Press, 1992.

Rumphius, Georg Everhard. Herbarium Amboinense. Amsterdam: J. Burmann, 1741.

Sacks, Oliver. *An Anthropologist on Mars*. New York: Alfred. A. Knopf, 1995.

–. *Awakenings*. 1973. Revised ed., New York: Harpercollins. 1990.

–. *Migraine*. 1970. Revised ed., Berkeley: University of California Press, 1992.

Safford, William Edwin. *The Useful Plants of the Island of Guam*. Contributions from United States National Herbarium, vol. 9. Washington, DC.: Smithsonian Institution, 1905.

Schmidt, Loki. *Die Botanischen Garten in Deutschland*. Hamburg; Hoffman und Campe, 1997.

Scott, Dukinfield Henry. *Studies in Fossil Botany*. London; Adam & Charles Black, 1900.

Semon, Richard. *The Mneme*. 1904. London: Allen & Unwin, 1921.

Simmons, James C. *Castaways in Paradise: The Incredible Adventures of True-Life Robinson Crusoes*. Dobbs Ferry, N.Y.: Sheridan House, 1993,

Slaughter Thomas P. *The Natures of John and William Bartram*. New York: Alfred A. Knopf, 1996.

Stanley, David. *Micronesia Handbook: Guide to the Caroline, Gilbert Mariana, and Marshall Islands*. Chico, California: Moon Publications, 1992.

–. *South Pacific Handbook*. Fifth ed., Chico, California: Moon Publications, 1994.

Stevenson, Dennis., ed. *Memoirs of The New York Botanical Carden, Vol. 57: The Biology, Structure, and Systematics of the Cycadales*. Symposium Cycad 87, Beaulieu–sur–Mer, France, April 17–22. New York: New York Botanical Garden, 1987.

Stevenson, Robert Louis. *In the South Seas: The Marquesas, Paumotus and Gilbert Islands*. 1900. Reprint, London: Kegan Paul International, 1986.

Stopes, Marie C. *Ancient Plants: Being a Simple Account of the Past Vegetation of the Earth and of the Recent Important Discoveries Made in this Realm of Nature Study.* London: Blackie, 1910.

Theroux, Paul. *The Happy Isles of Oceania: Paddling the Pacific.* New York: Ballantine Books, 1993.

Thompson, D'Arcy Wentworth. *On Growth and Form,* 2 vols. 1917. Reprint, Cambridge: Cambridge University Press, 1959.

Thomson, Keith S. *Living Fossil: The Story of the Coelacanth.* New York: W. W. Norton, 1991.

Thornton, Ian. *Krakatau: The Destruction and Reassembly of an Island Ecosystem.* Cambridge: Harvard University Press, 1996.

Turrill, W. B. *Joseph Dalton Hooker: Botanist, Explorer, and Administrator.* British Men of Science Series. London: Thomas Nelson and Sons, 1963.

Unger, Franz. *Primitive World.* 1858.

von Economo, Constantin. *Encephalitis Lethargica: Its Sequelae and Treatment.* 1917. Reprint, Oxford: Oxford University Press, 1931.

Wallace, Alfred Russel. *Island Life, or The Phenomena and Causes of Insular Faunas and Floras including a Revision and Attempted Solution of the Problem of Geological Climates.* 1880. Third ed., London: Macmillan and Co., 1902.

–. *The Malay Archipelago: The Land of the Orang-Utan and the Bird of Paradise, A Narrative of Travel with Studies of Man and Nature.* 1869. Tenth ed., New York: Macmillan and Co., 1906.

Warming, E. *A Handbook of Systematic Botany.* 1895. London: Swan Sonnenschein, 1904; New York: Macmillan and Co., 1904.

Weiner, Jonathan. *The Beak of the Finch: A Story of Evolution in Our Time.* New York: Alfred A. Knopf, 1994.

White, Mary E. *The Nature of Hidden Worlds.* Balgowlah, Australia: Reed Books, 1990.

–. *The Greening of Gondwana.* Balgowlah, Australia: Reed Books, 1986.

Wieland, G. R. *American Fossil Cycads,* 2 vols. Washington, D.C.: Carnegie Institution of Washington, vol. 1: 1906; vol. 2: 1916.

Wilson, Edward O. *Biophilia.* Cambridge: Harvard University Press, 1984.

–. *The Biophilia Hypothesis.* Washington, D.C.: Island Press, 1993.

–. *Naturalist.* Washington, D.C.: Island Press, 1993.

Wittgenstein, Ludwig. *Remarks on Colour.* G. E. M. Anscombe, ed. Berkeley: University of California Press, 1978.

찾아보기

잎차례 phyllotaxis 314, 315n

지은이..올리버 색스 Oliver Sacks

1933년 영국 런던에서 태어났다. 옥스퍼드 대학교 퀸스 칼리지에서 의학 학위를 받았고, 미국으로 건너가 샌프란시스코와 UCLA에서 레지던트 생활을 했다. 1965년 뉴욕으로 옮겨 가 이듬해부터 베스에이브러햄 병원에서 신경과 전문의로 일하기 시작했다. 그 후 알베르트 아인슈타인 의과대학과 뉴욕 대학교를 거쳐 2007년부터 2012년까지 컬럼비아 대학교에서 신경정신과 임상 교수로 일했다. 2002년 록펠러 대학교가 탁월한 과학 저술가에게 수여하는 '루이스 토머스상'을 수상했고, 옥스퍼드 대학교를 비롯한 여러 대학에서 명예박사 학위를 받았다. 2015년 안암이 간으로 전이되면서 향년 82세로 타계했다. 올리버 색스는 신경과 전문의로 활동하면서 여러 환자들의 사연을 책으로 펴냈다. 인간의 뇌와 정신 활동에 대한 흥미로운 이야기들을 쉽고 재미있게 그리고 감동적으로 들려주어 수많은 독자들에게 큰 사랑을 받았다. 〈뉴욕타임스〉는 문학적인 글쓰기로 대중과 소통하는 올리버 색스를 '의학계의 계관시인'이라고 불렀다.

지은 책으로 베스트셀러 《아내를 모자로 착각한 남자》를 비롯해 《색맹의 섬》《뮤지코필리아》《환각》《마음의 눈》《목소리를 보았네》《나는 침대에서 내 다리를 주웠다》《깨어남》《편두통》 등 10여 권이 있다. 생을 마감하기 전에 자신의 삶과 연구, 저술 등을 감동적으로 서술한 자서전 《온 더 무브》와 삶과 죽음을 담담한 어조로 통찰한 칼럼집 《고맙습니다》, 인간과 과학에 대한 무한한 애정이 담긴 과학에세이 《의식의 강》, 자신이 평생 사랑하고 추구했던 것들에 관한 우아하면서도 사려 깊은 에세이집 《모든 것은 그 자리에》를 남겨 잔잔한 감동을 불러일으켰다.

홈페이지 www.oliversacks.com

옮긴이..이민아

이화여자대학교 중어중문학과를 졸업하고 책을 번역한다. 옮긴 책으로 올리버 색스의 《깨어남》《마음의 눈》《온 더 무브》와 빌 헤이스의 《인섬니악 시티─뉴욕, 올리버 색스 그리고 나》를 비롯해 《해석에 반대한다》《맹신자들》《얼굴의 심리학》《채링크로스 84번지》《시간의 지도》 등 다수가 있다.

이메일 주소 mnlulee@gmail.com

표지그림..이정호

일러스트레이터. 직접 쓰고 그린 처녀작 《산책Promenade》으로 영국 일러스트레이터 협회 AOI가 주관한 2016 월드일러스트레이션 어워즈에서 최고영예상을 수상했다.

색맹의 섬

개정판 1쇄 펴냄 2018년 8월 22일
개정판 3쇄 펴냄 2022년 1월 20일

지은이 올리버 색스
옮긴이 이민아
펴낸이 안지미

펴낸곳 (주)알마
출판등록 2006년 6월 22일 제2013-000266호
주소 04056 서울시 마포구 신촌로4길 5-13, 3층
전화 02.324.3800 판매 02.324.7863 편집
전송 02.324.1144

전자우편 alma@almabook.com
페이스북 /almabooks
트위터 @alma_books
인스타그램 @alma_books

ISBN 979-11-5992-194-0 03400

알마는 아이쿱생협과 더불어 협동조합의 가치를 실천하는 출판사입니다.

종이 표지_인사이즈 모딜리아니 120g/㎡ 본문_그린라이트 80g/㎡